中国生物种质与实验材料资源发展研究报告

2019—2020

国家科技基础条件平台中心　著

科学技术文献出版社
SCIENTIFIC AND TECHNICAL DOCUMENTATION PRESS

·北京·

图书在版编目（CIP）数据

中国生物种质与实验材料资源发展研究报告. 2019—2020 / 国家科技基础条件平台中心著. —北京：科学技术文献出版社，2023.6

ISBN 978-7-5235-0439-0

Ⅰ.①中… Ⅱ.①国… Ⅲ.①生物资源—种质资源—研究报告—中国—2019-2020 Ⅳ.① Q-92

中国国家版本馆 CIP 数据核字（2023）第 120570 号

中国生物种质与实验材料资源发展研究报告2019—2020

策划编辑：周国臻　责任编辑：刘英杰　周 默　责任校对：张永霞　责任出版：张志平

出 版 者	科学技术文献出版社
地　　址	北京市复兴路15号　邮编　100038
编 务 部	（010）58882938，58882087（传真）
发 行 部	（010）58882868，58882870（传真）
邮 购 部	（010）58882873
官方网址	www.stdp.com.cn
发 行 者	科学技术文献出版社发行　全国各地新华书店经销
印 刷 者	北京地大彩印有限公司
版　　次	2023 年 6 月第 1 版　2023 年 6 月第 1 次印刷
开　　本	787×1092　1/16
字　　数	283千
印　　张	16
书　　号	ISBN 978-7-5235-0439-0
定　　价	118.00元

《中国生物种质与实验材料资源发展研究报告 2019—2020》

编 写 组

组 长　苏　靖

副组长　王瑞丹　李加洪

成 员　（按姓氏拼音排序）

包爱民　卜晓翠　蔡　杰　蔡　磊　曹　轲

曹永生　陈　聪　陈　军　陈彦清　陈业渊

陈叶苗　陈跃磊　程　苹　程　涛　程腊梅

崔　燚　代巧云　邓　菲　范　涛　范昌发

范治成　方　汭　高　苒　高　翔　高孟绪

巩　薇　关菲菲　郝　捷　何　云　何明跃

贺　鹏　赫运涛　胡敏华　胡思婧　黄　平

黄州萍　贾文文　姜孟楠　蒋　琳　金显仕

金效华　阚　莹　康九红　孔宏智　李　琼

李德铢　李俊雅　李俊瑶　李梦龙　李世贵

李笑寒　李业芳　梁春南　梁宏伟　林　戈

林富荣　刘　柳　刘江宁　刘英杰　刘玉琴

刘运忠　刘志鸿　刘中民　刘佐民　卢　凡

吕龙宝　马　超　马　旭　马俊才　马士卉

南　雪　　倪庆纯　　潘鲁溪　　乔格侠　　秦　川
仇文颖　　沈海默　　石　蕾　　宋　丹　　孙　冰
孙永华　　汤高飞　　唐　霜　　仝　舟　　王　晋
王　科　　王　磊　　王　强　　王　祎　　王呈珊
王建东　　王力荣　　王忠卫　　魏　强　　魏　炜
魏海雷　　吴林寰　　吴巧丽　　吴思宇　　谢景梅
熊　佳　　徐　波　　徐振国　　许东惠　　严小新
杨　眉　　杨志荣　　姚海雷　　于　洋　　于海波
喻亚静　　岳　琦　　张庆合　　赵　静　　赵　君
赵付文　　赵庆辉　　郑劲松　　郑勇奇　　周琼琼
周天成　　周晓农　　邹　健

主　笔　卢　凡　　马俊才　　程　苹　　吴林寰

前　言

　　生物种质和实验材料资源一般指经过长期演化自然形成（如化石、岩矿）或人为改造（包括收集整理、遗传改造等）的重要物质资源，具有战略性、公益性、长期性、积累性和增值性的特点，主要包括植物种质资源、动物种质资源、微生物种质资源、人类遗传资源、标本资源和实验材料资源。生物种质和实验材料资源的收集、保存和共享利用等工作是国家科研条件能力建设的重要内容，生物种质和实验材料保藏机构是国家科技基础条件平台建设的重要组成部分。

　　生物资源在国家保障和协调生态文明、经济发展、人民健康和生物安全方面具有重要战略价值，加强其保护、保存和研究利用意义重大。生物种质和实验材料资源是科技创新的重要物质基础，历来是科技资源领域国际竞争和争夺的焦点。联合国 2019 年 5 月发布《生物多样性和生态系统服务全球评估报告》显示，近百万种物种可能在几十年内灭绝，全球生物资源保护和可持续利用正受到前所未有的挑战；2020 年，联合国《生物多样性公约》秘书处发布了第 5 版《全球生物多样性展望》（GBO-5），对全球履行"爱知生物多样性目标（2010—2020 年）"进行了全面评估；2019 年 5 月，美国农业部发布动物基因组研究新版蓝图（2018—2027）——《从基因组到表型组：改善动物健康、生产和福利》，着重通过发挥基因组技术潜力来提高动物生产效率所需工作；2020 年 5 月，欧盟发布了新的 2030 年生物多样性战略，通过加强对自然的保护和恢复，改善和扩大保护区网络及制订一项雄心勃勃的欧盟自然恢复计划，使生物多样性在 2030 年前得以恢复。

　　我国是最早签署和批准联合国环境与发展大会《生物多样性公约》的缔约国之一，十分重视生物种质和实验材料资源收集、保存和开发利用工作。经过长时间的艰苦努力，特别是国家科技基础条件平台建设以来，我国生物种质资源的收集、保存和共享利用工作取得了长足发展。目前，我国已收集保藏作物种质资源 146.14 万份、园艺种质资源 6.579 万份、林草种质资源 13.16 万份、野生植物种质资源 12.04 万份、热带作物种质资源 2.70 万份；家养动物资源 133.62 万份、水产及水生

动物资源 5071 种 19.27 万份、寄生虫资源 16.13 万份；微生物及病毒资源 40.17 万株；人脑组织 742 例、人类遗传资源实物标本 2300 万份、干细胞资源 9.46 万份；植物、动物和岩矿化石标本 3392 万份；非人灵长类实验动物 22 300 个、啮齿类实验动物 437 个品系、遗传工程小鼠 16 970 个、人类疾病动物模型 1018 种、实验细胞 3294 株系逾 5.7 万份、国家标准物质实物资源 67.1 万单元。生物种质和实验材料资源的开发利用工作取得积极成效，有力支撑了经济社会创新发展和重大科技创新任务的实施。

面向"十四五"，我国科技发展将迎来新一轮重要战略机遇期。面对科技创新和国民经济发展要求，我们要抓住历史机遇，准确把握需求，不断完善生物种质和实验材料资源保藏机构和平台建设，大力加强资源收集、保存、共享和开发利用工作，有效支撑服务重大科技创新任务，充分发挥生物种质和实验材料资源对科技、经济、社会发展和国家安全的重要支撑保障作用。

《中国生物种质与实验材料资源发展研究报告 2019—2020》由国家科技基础条件平台中心牵头，以国家科技资源基础调查数据为本底，在编写过程中得到了生物种质和实验材料领域国家科技资源共享服务平台、中国科学院科技促进发展局及相关领域专家的大力支持，得以最终成稿。由于时间和水平有限，内容难免出现疏漏，恳请国内外同行专家和读者不吝指正！

《中国生物种质与实验材料资源发展研究报告 2019—2020》编写组

目　录

第1章　概　述 1

　1.1　生物种质与实验材料资源具有重要战略意义 2

　1.2　生物种质与实验材料资源管理体系日趋完善 2

　1.3　生物种质与实验材料资源管理体系保障服务能力进一步提升.............4

　1.4　生物种质与实验材料资源研发不断取得突破 4

第2章　生物种质资源 9

　2.1　植物种质资源 10

　2.2　动物种质资源 38

　2.3　微生物种质资源 63

第3章　人类遗传资源 79

　3.1　健康与疾病资源 80

　3.2　干细胞资源 92

　3.3　人脑组织资源 104

第4章　标本资源 113

　4.1　植物标本资源 114

　4.2　动物标本资源 122

　4.3　菌物标本资源 135

　4.4　岩矿化石标本资源 144

第5章　实验材料资源 157

　5.1　实验动物资源 158

　5.2　实验细胞资源 183

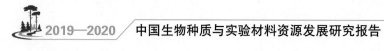

5.3 标准物质资源 192

5.4 科研用试剂资源 205

第6章 国际动态 213

6.1 政策规划 214

6.2 国际研究与开发进展 221

6.3 国际机构 232

6.4 前沿技术 242

第 1 章

概　述

1.1 生物种质与实验材料资源具有重要战略意义

生物种质与实验材料资源主要包括植物种质资源、动物种质资源、微生物种质资源、人类遗传资源、标本资源和实验材料资源。生物种质资源是保障国家粮食安全、生态安全、能源安全、人类健康安全的重要战略性资源。实验材料资源是生命科学原始创新的基础支撑。提升国家生物种质与实验材料资源库的服务能力，是建设创新型国家的关键环节。

世界主要发达国家和新兴国家普遍重视生物种质与实验材料资源的收集、保存和开发利用，以现代生物技术为基础的生物种质资源的保护和可持续利用已是全球竞争的战略重点之一。在生物技术高度发展的今天，生物种质资源已经成为一个国家重要的战略资源，也是衡量一个国家综合国力的指标之一，关系到国家主权和安全。制定合理的种质资源保护策略，加强对生物多样性的保护、维持和可持续利用，关系到国民经济发展和社会稳定。2020 年 12 月，中央经济工作会议明确提出，要加强种质资源保护和利用，加强种子库建设；要开展种源"卡脖子"技术攻关，立志打一场种业翻身仗。

加强顶层设计是确保我国生物种质与实验材料资源得到全面、系统保护，并为将来的利用发挥作用的基本保障。从全球格局来看，大型的种质资源保存设施都集中在发达国家，除国家经济实力给予保障外，更体现出这些国家对科技和创新发展的前瞻性规划和战略性布局。经过多年的发展，我国生物种质与实验材料资源的研究和保藏水平持续提高，许多类型的资源保有量跃居世界前列，但我国生物种质与实验材料资源的结构仍有待优化，资源覆盖面仍需扩大。当前，我国经济社会发展面临新形势、新要求、新征程，在此节点，回顾和总结我国生物种质资源已经取得的进展，并在此基础上对我国生物种质资源未来发展进行系统谋划，才能为我国在生态文明建设、种业、生物技术和生物安全领域的关键核心技术实现重大突破提供科学支撑，为实现我国在 2035 年进入创新型国家前列的宏伟蓝图做出贡献。

1.2 生物种质与实验材料资源管理体系日趋完善

自 1999 年以来，我国通过实施科技基础性工作专项及科技基础条件平台建设，逐步推动并持续支持国内种质资源的调查和收集。据统计，2006—2019 年，共设立了 278 个国家科技基础资源调查项目，对于推动科技进步、促进基础学科发展、支撑经济社会发展和保障国家安全具有重要战略意义和不可替代的作用。

"十一五"期间，科技部、财政部会同有关部门落实《2004—2010 年国家科技基础条件平台建设纲要》《"十一五"国家科技基础条件平台建设实施意见》，组织实施了一批国家科技基础条件平台建设项目，初步具备了开放共享服务的物质基础。"十二五"以来，科技部、财政部根据国家科技平台的建设和运行规律，着力机制和制度创新，组织开展了国家科技平台认定工作，认定了 28 家国家科技平台，初步搭建国家科技平台体系。2019 年，为规范管理国家科技资源共享服务平台，完善科技资源共享服务体系，推动科技资源向社会开放共享，科技部、财政部以国家目标和战略需求为导向，按照分类管理的原则，对原有国家平台开展了优化调整工作。目前，国家科技资源共享服务平台包括 20 个国家科学数据中心和 31 个国家生物种质与实验材料资源库。作为国家科技创新体系及创新基地的一部分，国家资源库建设对推动相关学科领域发展、支撑国家科技创新具有重要作用。

国家资源库在已经研制的资源共享描述规范、技术操作规程等标准规范基础上，积极探索资源汇交模式，建立汇交机制，有序推进国家科技计划项目实施所形成的实物资源及相关数据信息的汇交、整理和保存任务，提升资源开发利用能力。据统计，2020 年，31 个国家资源库共完成 2000 余个国家科技基础资源调查专项、国家重点研发计划等在内的一批国家重大科技计划及地方相关科技计划项目绩效评估的资源汇交，汇交资源量超过 200 万份。

在政策法规方面，我国进一步完善国家资源库规章制度体系。在植物种质资源领域，近年来，我国农业种质资源保护与利用工作取得积极成效，但仍存在丧失风险加大、保护责任主体不清、开发利用不足等问题，为加强农业种质资源保护与利用工作，2019 年 12 月，国务院办公厅印发《国务院办公厅关于加强农业种质资源保护与利用的意见》。在动物种质资源领域，2020 年 2 月，为了全面禁止和惩治非法野生动物交易行为，革除滥食野生动物的陋习，维护生物安全和生态安全，有效防范重大公共卫生风险，十三届全国人大常委会第十六次会议表决通过了《全国人民代表大会常务委员会关于全面禁止非法野生动物交易、革除滥食野生动物陋习、切实保障人民群众生命健康安全的决定》。在人类遗传资源方面，2019 年 5 月 28 日，国务院正式发布《中华人民共和国人类遗传资源管理条例》，旨在有效保护和合理利用我国人类遗传资源，维护公众健康、国家安全和社会公共利益。在国家安全方面，2020 年 4 月，十三届全国人大常委会第十七次会议审议了《中华人民共和国生物安

全法（草案）》，有助于从法律层面解决我国生物安全管理领域存在的问题，对于确保生物技术健康发展、保护国民身体健康、维护国家生态安全等具有十分重要的意义。

1.3 生物种质与实验材料资源管理体系保障服务能力进一步提升

近年来，我国生物种质与实验材料资源保藏量稳步上升。截至 2020 年底，31 个国家资源库拥有实物资源保存库 377 096 个，共保藏作物种质资源 146.14 万份，园艺种质资源 6.579 万份，林草种质资源 13.16 万份，野生植物种质资源 12.04 万份，热带作物种质资源 2.70 万份，家养动物资源 133.62 万份，水产及水生动物资源 5071 种 19.27 万份，寄生虫资源 16.13 万份，微生物及病毒资源 40.17 万株，人脑组织 742 例，人类遗传资源实物标本 2300 万份，干细胞资源 9.46 万份，植物、动物和岩矿化石标本 3392 万份，非人灵长类实验动物 22 300 个，啮齿类实验动物 437 个品系，遗传工程小鼠 16 970 个，人类疾病动物模型 1018 种，实验细胞 3294 株系逾 5.7 万份，国家标准物质实物资源共享量 67.1 万单元。

国家资源库除了持续开展资源的标准化、规范化和定向化收集保存外，也逐渐通过资源的整理整合和平台构建，向开放共享和专题服务转变，实现资源服务的标准化、信息化。截至 2020 年底，31 个国家资源库逐步形成了超过 4000 人的专职团队，资源库共发布和运行相关标准规范累计超过 6000 项。通过信息化手段的支持，极大地提升了资源数字化程度，通过与中国科技资源共享网的互联互通，有效地促进了资源共享。31 个国家资源库实现 5840 万条资源记录的数字化，开放共享的资源记录达到 5428 万条。2020 年，累计服务用户单位 28 428 个，累计服务用户 653 233 人次，在线服务系统人员访问量达 18 099 130 人次。

1.4 生物种质与实验材料资源研发不断取得突破

近年来，我国在生物种质与实验材料资源的研发方面取得突破性进展，在作物育种、疫苗研发、模型构建、基因组研究和药物研发等方向产生一系列重大研究成果。

（1）作物育种

随着世界人口的不断增长和耕地环境的持续恶化，当前，农业正面临着粮食短缺的严峻考验，预计到 2050 年，全球人口将达到 100 亿，而传统的育种手段将不能满足全球人口的粮食需求。CRISPR 介导的植物基因组编辑技术可以对作物进行定点改造，进而实现作物的精准育种，因此，利用 CRISPR 加速作物的遗传改良有望成为解决粮食短缺问题的重要方法。2019 年 7 月 29 日，《科学》发表人物专访介绍了中国科学院遗传与发育生物学研究所高彩霞研究员在植物基因编辑领域的研究进展，以及中国科学家、中国政府在基因编辑领域付出的巨大努力和取得的重要成绩；同时表达了中国科学家对尽早开放基因编辑作物进入农业生产第一线以保证中国粮食生产安全的强烈愿景。2020 年 3 月 17 日，高彩霞研究组与哈佛大学 David R. Liu 研究组合作成功建立并优化了适用于植物的引导编辑系统——Plant Prime Editing，PPE，并在重要农作物水稻和小麦基因组中实现精确的碱基替换、增添或删除。

（2）疫苗研发

在疫苗研发方面，我国政府在新型冠状病毒感染（以下简称"新冠感染"）疫情早期布置了 5 条技术路线，其中包括 3 个灭活疫苗、1 个病毒载体疫苗和 1 个重组蛋白疫苗，截至 2021 年 7 月，有 7 款新冠疫苗批准附条件上市或紧急使用，在目前预防接种中发挥着重要作用。已获批的疫苗包含国药集团中国生物北京生物制品研究所有限责任公司的新冠灭活疫苗（Vero 细胞）、科兴中维的新冠灭活疫苗（Vero 细胞）、康希诺重组新冠疫苗（5 型腺病毒载体）、国药集团中国生物武汉生物制品研究所有限责任公司的新冠灭活疫苗（Vero 细胞）、中科院微生物研究所和安徽智飞龙科马公司联合研发的重组新冠疫苗（CHO 细胞）、深圳康泰生物制品股份有限公司的新冠灭活疫苗和中国医学科学院医学生物学研究所的新冠灭活疫苗。

（3）模型构建

在人类疾病动物模型构建方面，2019 年 6 月，中国科学院深圳先进技术研究院与美国麻省理工学院、中山大学及华南农业大学合作，建立了新型自闭症非人灵长类动物模型，有助于药物和基因疗法的开发和应用。在配合国务院联防联控机制科技攻关组安排的多条技术路线，开发新型冠状病毒（SARS-CoV-2）疫苗过程中完成有效性评价方面，动物模型也提供了必要支撑。2020 年 5 月，中国医学科学院医学实验动物研究所秦川团队联合来自中国疾病预防控制中心病毒病预防控制所、中国医学科学院病原生物学研究所、中国医学科学院医学生物学研究所的团队，建立了国际首个 SARS-CoV-2 感染肺炎的转基因小鼠模型，突破了疫苗、药物从实验室向临床转化的关键技术瓶颈。

肠道微生物资源库的建设是开发利用肠道微生物的基础，是认知宿主—微生物互作机制和开发微生物药物的关键。2020年1月，中国科学院微生物研究所研究人员构建的小鼠肠道微生物资源库包括126种微生物及其基因组，其中77种微生物是首次成功分离培养的新物种，并对其进行了分类学鉴定和命名，这些新物种的发现和鉴定，大幅提高了对于小鼠肠道菌群高通量16S rRNA扩增子测序数据的物种注释比例。2020年5月，中国科学院武汉病毒研究所/生物安全大科学研究中心成功开发新型冠状病毒（SARS-CoV-2）转基因小鼠模型，该模型的建立为测试潜在疫苗和抗病毒药物提供了有利的工具。

（4）基因组研究

2020年2月，中国科学院植物研究所研究人员利用三代测序的Nanopore数据和二代测序的Illumina数据，通过一系列精细设计的去污染流程，得到了119 Mb（contig N50 796.64 kb、scaffold N50 1.09 Mb）的芽胞角苔（*Anthoceros angustus*）基因组组装结果，获得了第一个高质量的角苔参考基因组。2020年11月，4名植物研究领域的著名科学家共同署名在 *Molecular Plant* 发文，提出了"水稻全基因组蛋白标签计划"（RPTP）的倡议，旨在通过国际合作在全基因组范围内为水稻的每一个蛋白编码基因原位融合一个蛋白标签。

对于人类首次遭遇的新型冠状病毒，中国科学院武汉病毒研究所在2020年1月1日进行病毒分离，1月2日完成了病毒的基因测序，1月5日分离得到病毒毒株，1月9日完成国家病毒资源库入库及标准化保藏。2020年1月12日，中国疾控中心、中国医学科学院、中国科学院武汉病毒研究所作为国家卫生健康委指定机构向世界卫生组织提交新型冠状病毒基因组序列信息，在全球流感共享数据库（GISAID）发布共享。2020年2月7日，我国国家生物信息中心（CNCB）/国家基因组科学数据中心（NGDC）首批自主收录的5株2019新型冠状病毒基因组序列实现与美国NCBI核酸数据库GenBank数据同步与共享。

（5）药物研发

2019年11月，由中国海洋大学、中科院上海药物研究所、上海绿谷制药有限公司联合研发的一款治疗阿尔茨海默病新药——甘露特钠胶囊（商品名"九期一"，代号GV-971）已通过国家药品监督管理局批准，可用于轻度至中度阿尔茨海默病，可改善患者认知功能。该药为全球首次上市，将为患者提供新的治疗方案。

新冠感染疫情发生后，科研人员积极开展筛选试验，寻找可能对新型冠状病毒有治疗作用的药物。中科院上海药物所蒋华良院士、清华大学饶子和院士领衔的联合小组综合利用虚拟筛选和酶学测试相结合的策略，重点针对已上市药物及自建的

"高成药性化合物数据库"和"药用植物来源化合物成分数据库"进行了药物筛选，迅速发现了30种可能对新冠感染有治疗作用的药物、活性天然产物和中药。华中科技大学同济药学院李华教授、沈阳药科大学无涯学院陈丽霞教授、军事医学研究院国家应急防控药物工程技术研究中心钟武研究员和李行舟研究员等组成联合攻关小组，又发布了33种潜在有用药物。中国中医科学院中药研究所成功构建了适合中药治疗新冠感染药效评价的病证结合动物模型，并用此模型完成16种药物的评价验证工作，证明了一批已用于临床抗新冠感染中成药品种的有效性。

第 2 章

生物种质资源

2.1 植物种质资源

2.1.1 植物种质资源建设与发展

2.1.1.1 植物种质资源

植物种质资源是指具有实际或潜在价值的植物遗传物质的载体。植物种质资源是植物育种、遗传理论研究、生物技术研究和农业生产的重要物质基础，与人类的生存和发展密切相关。植物种质资源主要包括农作物种质资源、林木（含竹藤花卉）种质资源等，其形式有 DNA、细胞、组织、根、茎、叶、芽、花、种子、果实和植株等。植物种质资源的保存方式主要为种质库、种质圃、试管苗库、超低温库、DNA 库、保护区等。

中国是全球生物多样性大国之一，野生高等植物达 35 112 种，占全球种数的 12%，其中药用、观赏、经济植物十分丰富，有许多在农、林、牧、医药和轻化工业上非常重要的植物种质资源。我国有着近万年的农业史和至少 5000 年的文明史，是世界上三大农业起源地和八大作物起源中心之一，植物种质资源不管是数量还是多样性都位居世界前列。据统计，我国与粮食和农业有关的植物物种有 9631 个，其中栽培和野生近缘植物物种 3269 个。在栽培作物中，我国有 528 个类别，包含 1339 个栽培种和 1930 个野生近缘种，分属于 138 科 557 属。

2.1.1.2 国际植物种质资源建设与发展

（1）作物种质资源全球变化

根据联合国粮农组织（FAO）统计，全球共建造有 1750 个种质库，共保存 740 万份种质资源，但其中重复资源占 70%～75%。由联合国粮农组织（FAO）、全球农作物多样性信托基金（Crop Trust）和国际农业研究磋商组织（CGIAR）等国际组织牵头，不断加强全球农作物种质资源的整合与备份保存，同时也加强了种质资源信息的整合与共享，但新资源收集与保存较为缓慢。因新冠感染疫情，国际各主要作物种质资源库工作都受到了巨大影响，收集和共享几乎处于停滞或半停滞状态。

全球最大的作物种质资源库是由农作物多样性信托基金负责管理的位于挪威斯瓦巴岛的斯瓦尔巴全球种子库（Svalbard Global Seed Vault），截至 2022 年底，保存有 108.1 万份种质资源，包括 1113 属 5852 种，来自 66 个国家的 87 个种质库，其中小麦属的种质资源最多，为 21.3 万份，水稻属的次之，为 17.1 万份。国际农业研究磋商组织 2012 年起将其下属的包括国际玉米小麦改良中心（CIMMYT）、国际水稻所（IRRI）和国际生物多样性中心（Bioversity International）等在内的 11 个研究所的作物种质资源库进行整合，建立了种质库平台（Genebank Platform），截至 2022 年 12 月已整合水稻、玉米、小麦、马铃薯、食用豆、谷子、高粱等 30 类农作物种质资源，保存总量为 77.31 万份，所有保存资源中可共享的为 62.19 万份，43.9 万份实现了备份保存。美国建立了目前世界上最大的植物种质资源保存体系，由美国农业部农业研究服务局（ARS）负责协调管理，包括国家遗传资源保存中心（即国家长期库）1 个、国家中期库 15 个、国家种质圃 9 个、地区引种站 4 个，承担资源引种、收集、保存、鉴定和分发共享工作，截至 2020 年，共保存植物种质资源 239 科 2488 属 13 426 种，共 60 万份，保存总量较上年仅增长 5000 余份。

在信息管理和共享方面，由国际农业研究磋商组织发起，目前由全球农作物多样性信托基金管理的植物种质资源信息门户网站系统：Genesys 系统（https://www.genesys-pgr.org），将对基于联合国粮农组织"粮食与农业植物遗传资源国际条约"框架下的各国和各国际组织约 450 个研究机构所保存的农作物种质资源信息进行整合并开放共享。该系统已整合 410.41 万份农作物种质资源的数据信息，成为目前世界上最大的农作物种质资源信息系统。

（2）野生植物资源全球变化

与传统的种质资源收集保存方式相比，通过低温干燥技术建立种子库，仍然被认为是对植物种质资源进行保藏性价比最高的策略。全球范围内建成的绝大部种子库都是以农作物种子为保藏对象，但在已保存的 50 000 ~ 60 000 种植物中，野生植物仍然在物种数量上占据绝对优势。

根据资料调查统计，截至 2020 年底，全球范围内开展野生植物种质资源收集保藏的机构、保藏各类资源总量和类型及依托单位如表 2-1 所示。

表 2-1　全球主要的野生植物种质资源库

国家/地区	保藏机构名称	保藏量	保藏类型	依托单位
英国	千年种子库（Millennium Seed Bank）	39 681 种 96 637 份	种子	英国皇家植物园邱园（Royal Botanic Gardens Kew）
澳大利亚	国家种子库（National Seed Bank）	4000 种 7700 份	种子	澳大利亚国家植物园（Australian National Botanic Gardens）
澳大利亚	植物银行（Plant Bank）	5156 种 11 104 份种子，35 种 723 份（瓶）组织培养物	种子、无菌培养物	悉尼皇家植物园（Royal Botanic Garden Sydney）

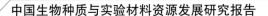

续表

国家/地区	保藏机构名称	保藏量	保藏类型	依托单位
以色列	以色列植物基因库（Israel Plant Gene Bank）	2070 种 30 000 份，包括 15 000 份以色列本土种子	种子	以色列农业研究中心（Agricultural Research Organization Volcani Center）
韩国	白头大干种子库（Baekdudaegan Global Seed Vault）	4046 种 61 941 份	种子	白头大干国家树木园（Baekdudaegan National Arboretum）
美国	国家高草草原种子库（National Tallgrass Prairie Seed Bank）	1739 种 10 386 份	美国中部高草草原物种种子	芝加哥植物园（Chicago Botanic Garden）
欧盟	欧盟 29 个种子库	11 515 种 63 582 份	种子	欧洲本土种子保护网络（European Native Seed Conservation Network，ENSCONET）

数据来源：各大种质资源库门户网站。

2.1.1.3 国家植物种质资源库建设情况

（1）作物种质资源国内保藏情况

我国已建立了完善的作物种质资源保护与利用体系，包括 1 个国家长期库、1 个国家复份库、10 个国家中期库、43 个国家种质库和 205 个原生境保护点，共保存各类作物种质资源 52.5 万份，保存总量稳居世界第 2 位。另外，总容量达 150 万份的国家作物种质资源库长期库新库于 2020 年完成建安工程建设，计划于 2021 年落成并投入试运行。原长期库保存容量仅 40 万份，现已长期保存资源 45 万份，新库的建设并投入使用，将大大缓解目前资源长期保存的压力，并极大地提升国家作物种质资源战略保存和共享服务能力。

2020 年 1 月，国务院办公厅发布了《国务院办公厅关于加强农业种质资源保护与利用的意见》（国办发〔2019〕56 号），这是历史上第一次将包括作物种质资源在内的农业种质资源保护与利用问题写入我国最高级别政府文件。随后，农业农村部发布了《农业农村部关于落实农业种质资源保护主体责任开展农业种质资源登记工作的通知》（农种发〔2020〕2 号），启动了作物种质资源保护单位确定和种质资源登记工作，并于 2020 年 7 月召开了加强农业种质资源保护与利用工作全国视频会议。在 2020 年 12 月召开的中央经济工作会议提出"要加强种质资源保护和利用，加强种子库建设"，为今后的工作指明了方向。

全面启动了全国 31 个省份的第 3 次农作物种质资源普查与收集行动，新启动了山西、上海、山东、青海、宁夏、新疆、内蒙古、辽宁、吉林、黑龙江、河南、贵州、云南、甘肃等 14 个省份和新疆生产建设兵团的 1238 个县（市、区）和片区的全面普查与征集，征集资源 31 719 份，启动四川、陕西、北京、天津、安徽、山西、上海、山东、青海、宁夏、新疆等 11 个省份 57 个县的系统调查，调查收集资源 6689 份，合计 38 408 份，并完成了 10 690 份资源的鉴定评价。6 年来，已累计征集和收集资源 92 587 份，对 34 256 份资源进行评价鉴定，初步发掘出一批具有重要利用价值的特异资源。经与国家种质库圃保存资源信息比对，这些资源中 94% 以上是新收集资源。待完成全部评价鉴定工作后，对这些普查新收集资源进行编目并正式整合保存入库。

国家作物种质资源库共收集引进水稻、小麦、玉米、杂粮杂豆等作物种质资源 8583 份，资源整合总量达 46.1 万份（表 2-2）。

表 2-2　国家作物种质库主要作物资源新增量和保存总量

单位：份

作物名称	保存量		作物名称	保存量	
	新增	总量		新增	总量
水稻	1684	84 169	棉花	397	11 218
野生水稻	0	6928	麻类	567	10 255
小麦	962	51 126	油菜	142	8331
小麦近缘植物	0	2664	花生	127	8587
大麦	215	23 169	芝麻	0	6689
玉米	791	29 882	向日葵	25	2979
谷子	88	28 156	特种油料	240	7099
大豆	0	31 630	野生大豆	0	9684
食用豆	2361	40 251	牧草	95	5243
烟草	60	4007	燕麦	100	5023
甜菜	0	1794	荞麦	0	2729
黍稷	210	10 460	绿肥	0	663
高粱	383	21 302	桑树	50	2469
马铃薯	20	2301	茶树	23	2339
红萍	16	548	野生花生	5	350
苎麻	0	2061	甘薯	10	1390
甘蔗	172	3151	野生棉	0	800

（2）林业和草原种质资源国内保藏情况

我国是世界木本植物资源较丰富的国家之一，拥有乔木和灌木 115 科 302 属 8000 余种，其中有重要经济树种 1000 多种。我国也是一个草原大国，拥有包括荒草地在内的各类天然草原近 4 亿 hm²，占国土面积的 41.7%，是我国面积最大的绿色生态屏障，与森林一起构成我国陆地生态系统的主体。草原也是畜牧业发展的重要物质基础和牧区农牧民赖以生存的基本生产资料。我国草原区具有全球海拔最高（青藏高原）和气候最干（阿拉善戈壁）的生态环境，是物种多样性、遗传多样性和生态功能多样性十分丰富的国家之一。我国天然草原植物种类占世界同类型植物总数的 10% 以上，孕育着 9700 余种植物，其中天然饲用植物达 6704 种，分属 5 个植物门、246 个科、1545 个属，其中禾本科草资源为 1148 种。仅植物特有种就有320 种，占草原植物总数的 3.3%，是天然的植物基因库。

我国的林木种质资源保存有异地保存、原地保存和设施保存 3 种方式，设施保存相对较弱，而在原地保存和异地保存方面已经建立较为完善的系统，草种质资源则主要以种子库和资源圃两种方式保存。

在原地保存方面，自 1956 年我国建立第一处自然保护区以来，我国林木种质资源原地保存取得了很大进展。我国已基本形成类型比较齐全、布局基本合理、功能相对完善的原生境保护体系。我国林木种质资源原地保存体系包括以自然保护区为代表的区域保存、以原地保存林为代表的群体保存和以古树为代表的个体保存 3 种。

截至 2019 年底，我国有林业类的自然保护区 2750 处，总面积 147 万 km²，占陆域国土面积 15%，其中国家级自然保护区 474 处。保护着 90.5% 的陆地自然生态系统类型，85% 的野生动植物种类，65% 的高等植物群落和 130 种重点保护野生植物。此外，我国建立国家级森林公园 897 处，总面积 1466.15 万 hm²。

原地保存林保护的主要对象为种内濒危或渐危群体，以树种内群体样本为保存单元。我国制定了《林木种质资源原地保存林设置与调查技术规程》等技术标准，在标准中对原地保存林树种与群体的选择、样地面积、调查观测指标、样品采集及后续保护措施等做了详细规定。自 2003 年开始，国家林木种质资源平台在部分省份设置了白皮松、崖柏、四合木等 40 多个树种的以群体为保存单元的原地保存林共 51 处，每处面积为 3~10 hm²，对林分和有效个体分别进行调查、拍摄照片、采种、挂牌保护和跟踪调查。截至 2019 年，我国在 18 个省份建立了 60 多个树种的原地保存林和天然采种林群体。

　　除自然保护区、森林公园、东北和西南两大国有林区外，2019 年完成了第二次全国古树名木资源普查，结果尚未对外发布，根据第一次全国古树名木资源普查统计，我国共有古树名木 285.3 万株，其中，古树 284.7 万株，占总量的 99.8%；名木 5758 株，占 0.2%。按照全国古树分级标准，国家一级古树（树龄 ≥ 500 年）5.1 万株，占全国古树总量的 1.8%；国家二级古树（200 年 ≤ 树龄 <500 年）104.3 万株，占 36.6%；国家三级古树（100 年 ≤ 树龄 <200 年）175.3 万株，占 61.6%。

　　我国的异地保存根据气候条件、资源多样性和濒危状况，以及科学研究和种苗生产的实际需求，在全国进行了整体布局、分类建设，并采用了相对统一的管理，形成较为完善的异地保存体系。截至 2020 年，我国各研究单位、大专院校共建设林木种质资源保存综合库 30 余处，国家级林木种质资源库 161 处、国家级重点林木良种基地 294 处，以及各类植物园/树木园等展示库 160 多处，累计保存林木种质资源 20 余万份。上述异地保存库为高效整理、整合我国林木种质资源创造了有利条件，并对我国林木种质资源进行分步、有序的保存，为开展可持续利用研究奠定良好基础。

　　国家林业和草原种质资源库（原国家林木种质资源平台）自 2003 开始试点建设，2011 年通过科技部、财政部共同认定《关于国家生态系统观测研究网络等 23 个国家科技基础条件平台通过认定的通知》（国科发计〔2011〕572 号）。国家林业和草原种质资源库由全国从事林木种质资源收集、保存、研究、利用和平台网络建设的 70 多个参加单位组成，包括中国林业科学研究院下属 10 个研究所（中心）、国际竹藤网络中心、16 个省级林业科学研究院、4 个省级林木种苗管理站、13 所农林院校、10 个原地保护单位（自然保护区、森林公园等）、17 个市县级林业科学研究所（种苗站、推广站、繁育中心）、14 个国有林场和林木良种基地、7 个植物园，目前正通过行业管理部门对 294 处国家级林木良种基地、161 处国家林木种质资源库、全国林木种质资源普查数据进行整合，整合范围包括科研、管理、教学、生产等机构。截至 2019 年底，国家林业和草原种质资源库标准化整理的资源共 204 科 866 属 3550 种，基本涵盖用材树种、经济树种、生态树种、珍稀濒危树种、木本花卉、竹、藤等林木种类。各类资源总量达 11.3 万份（表 2-3），以异地保存为主，面积超过 1 万亩[①]。

---

① 　1 亩 = 667 m^2。

表2-3 国家林业和草原种质资源库各保存机构保存林木种质资源统计

单位：份

科名	保存量	科名	保存量	科名	保存量
松科	21 096	金缕梅科	1134	胡颓子科	283
蔷薇科	6138	木兰科	1091	仙人掌科	269
杨柳科	5949	杜鹃花科	1062	毛茛科	263
桃金娘科	4897	柿科	1061	番杏科	259
杉科	4480	马鞭草科	958	藤黄科	259
胡桃科	3880	楝科	904	阿福花科	229
樟科	3251	兰科	864	棕榈科	225
桦木科	2362	豆科	849	桑科	215
大戟科	2233	无患子科	772	忍冬科	198
山茶科	2048	紫葳科	719	山茱萸科	176
蝶形花科	2045	含羞草科	611	安息香科	160
木犀科	1941	菊科	576	景天科	159
柏科	1883	木通科	565	龙脑香科	158
壳斗科	1845	玄参科	500	狝猴桃科	156
禾本科	1610	冬青科	469	杜英科	144
茄科	1415	槭树科	449	鸢尾科	109
鼠李科	1199	红豆杉科	385	紫茉莉科	101
银杏科	1181	芸香科	379	其他	24 113
杜仲科	1156	大风子科	375		
榆科	1147	漆树科	321		
合计：113 276					

（3）重要野生植物种质资源国内保藏情况

国家重要野生植物种质资源库分别在2017年和2019年通过科技部、财政部的考核认定（国科发基〔2017〕24号）和优化调整（国科发基〔2019〕194号）以来，依托国家重大科学基础设施——中国西南野生生物种质资源库，联合中国科学院植物研究所、中国科学院西双版纳热带植物园、山东林草种质资源中心、西藏高原生物研究所等10个国内野生植物种质资源收集保存和研发的科研机构及高校，瞄准国家生态文明建设和生物多样性保护战略目标，持续开展重要野生植物种质资源的收集、整理、保存、评价和利用工作。

国家重要野生植物种质资源库结合国家战略生物资源储备需求和科技创新发展方向，对我国及周边地区的野生植物种质资源，包括以种子、离体培养物、总DNA

为主的实物资源和以 DNA 序列、物种信息为主的数据资源进行全面、规范化的收集保存、评价、加工和深度研发，建成具有国际先进水平的国家野生植物种质资源收集保存—研发利用—共享服务体系，确保我国的生物资源得到有效保存，促进资源的开放和共享，为我国政府履行国际公约提供坚实保障，为国家重大科技创新规划提供资源和技术支撑，为科学知识的公众传播提供展示平台。

2020 年度国家野生植物库整体上稳定运行。在资源收集保存方面，2020 年度整理汇交种子 4710 份，离体培养物（活体材料）269 份，总 DNA 2452 份，累计新增实物资源 7431 份，植物国家野生植物库资源规模数量总计达到 120 444 份，其中种子 105 156 份，离体培养物（活体材料）3459 份，总 DNA 11 829 份，使我国各类战略生物资源和实验材料得到有效保藏（表 2-4）。

表 2-4　国家野生植物种质资源库已保存的各类资源统计（截至 2020 年 12 月）

资源类别	种子	离体培养物	总 DNA/ 种	叶绿体基因组序列 / 种
药用植物	5020 种 39 291 份	337 种 573 份	1879	3298
中国特有植物	2872 种 8926 份	80 种 100 份	1481	2076
世界自然保护联盟（IUCN）濒危物种	1647 种 12 594 份	84 种 150 份	913	122
中国生物多样性红色名录植物物种	958 种 2164 份	168 种 288 份	633	66
国家重点保护野生植物	87 种 539 份	16 种 32 份	173	—

（4）园艺种质资源国内保藏情况

国家园艺种质资源库（以下简称"园艺库"）依托中国农业科学院郑州果树研究所，联合国内主要从事园艺作物种质资源收集、保存、评价与利用的 27 家科研机构共同开展资源整合与共享服务，其中共建单位 20 个，合作单位 7 个，具体涵盖 2 个国家中期库、21 个国家种质圃和 14 个地方特色资源库（圃），保藏的种质涵盖了 198 个园艺种类、637 个植物学种。同时，建成了国家园艺种质资源信息网，建设的园艺种质资源数据库，包含资源库保存的各种果树及蔬菜信息，有利于园艺种质资源的科普和共享服务。

截至 2020 年 12 月底，园艺库资源保藏总量为 68 792 份（表 2-5），新增资源 1786 份，保藏量比 2019 年增加 2.7%，保藏的物种数基本不变。

表 2–5　国家园艺种质资源库保存资源统计（截至 2020 年 12 月底）

序号	资源库（圃）名称	作物名称	保存量 / 份	物种数 / 种
1	国家园艺种质资源库（主库）	桃	1248	5
		葡萄	1391	28
		甜瓜	1525	11
		西瓜	2541	5
		猕猴桃	435	25
		苹果	360	2
		梨	470	8
		杏	90	2
		李	75	3
		草莓	348	7
		石榴	331	1
		核桃	58	1
		桑	84	21
		无花果	125	59
		树莓	30	10
		越橘	39	13
		樱桃	220	9
2	国家蔬菜种质中期库	有性繁殖蔬菜	35 343	100
	国家无性繁殖及多年生蔬菜种质圃（北京）	无性繁殖蔬菜	1240	102
3	国家果树种质梨、苹果圃（兴城）	梨	1328	13
		苹果	1289	24
4	国家果树种质柑橘圃（重庆）	柑橘	1800	24
5	国家果树种质山葡萄圃（左家山）	山葡萄	425	3
		猕猴桃	100	1
6	国家果树种质柿圃（杨凌）	柿	857	9
7	国家果梅、杨梅种质圃（南京）	果梅	256	1
		杨梅	159	1

序号	资源库（圃）名称	作物名称	保存量/份	物种数/种
8	国家果树种质山楂圃（沈阳）	山楂	405	17
		榛	155	4
9	国家果树种质寒地果树圃（公主岭）	苹果	507	12
		梨	249	4
		李	162	5
		杏	80	3
		山楂	43	4
		穗醋栗	103	11
		树莓	58	8
		沙棘	53	1
		越橘	35	5
		蓝靛果	30	4
		草莓	30	8
		葡萄	20	4
		猕猴桃	25	3
		野生果树	95	23
10	国家果树种质李杏圃（熊岳）	杏	887	9
		李	734	8
11	国家果树种质桃、草莓、樱桃圃（北京）	桃	580	5
		草莓	450	9
		樱桃	242	4
		欧李	1	1
12	国家果树种质枣、葡萄圃（太谷）	枣	861	2
		葡萄	694	14
13	国家果树种质轮台名特果树及砧木圃（轮台）	桃	37	5
		梨	208	5
		杏	217	4
		苹果	186	5
		李	58	3

续表

序号	资源库（圃）名称	作物名称	保存量 / 份	物种数 / 种
13	国家果树种质轮台名特果树及砧木圃（轮台）	扁桃	38	2
		核桃	31	2
		樱桃	26	2
		葡萄	24	2
		山楂	17	2
		槟梓	13	1
		石榴	12	2
14	国家果树种质核桃、板栗圃（泰安）	核桃	469	10
		板栗	409	8
15	国家果树种质砂梨圃（武昌）	砂梨	1219	8
16	国家果树种质桃、草莓圃（南京）	桃	812	5
		草莓	537	20
17	国家果树种质香蕉、荔枝圃（广州）	香蕉	345	9
		荔枝	340	1
18	国家果树种质龙眼、枇杷、亚热带特色果树圃（福州）	枇杷	668	14
		龙眼	374	2
		柚	95	5
		百香果	25	3
19	国家果树种质云南特有果树及砧木圃（昆明）	猕猴桃	268	38
		梨	209	7
		苹果	147	14
		梅	51	5
		桃	76	5
		枇杷	51	9
		悬钩子	50	14
		葡萄	50	9
		草莓	40	6
		移依	29	2

续表

序号	资源库（圃）名称	作物名称	保存量 / 份	物种数 / 种
19	国家果树种质云南特有果树及砧木圃（昆明）	樱桃	38	5
		李	94	3
		杨梅	17	3
		山楂	42	4
		木瓜	16	3
		柿	23	3
		无花果	7	2
		木通	12	3
		芭蕉	19	3
		柑橘	30	10
		枸子	10	3
		杏	32	2
		牛筋条	15	1
		椵桲	8	1
		火棘	9	2
		板栗	6	2
		四照花	5	1
		越橘	5	3
		枳	6	2
		买麻藤	2	2
		枳椇	2	1
		沙棘	1	1
		西番莲	4	2
		蔷薇	2	2
		花楸	1	1
		石榴	7	1
		榛子	1	1
		核桃楸	1	1
		五味子	2	2

续表

序号	资源库（圃）名称	作物名称	保存量 / 份	物种数 / 种
19	国家果树种质云南特有果树及砧木圃（昆明）	滇藏杜英	1	1
		云南榧	1	1
20	国家水生蔬菜种质圃（武汉）	莲	702	2
		茭白	234	1
		芋	888	6
		蕹菜	68	1
		荸荠	138	1
		慈姑	113	5
		水芹	193	2
		菱角	133	11
		豆瓣菜	18	1
		莼菜	9	1
		芡实	31	1
		蒲菜	49	2
合计			68 792	991

（5）热带植物种质资源国内保藏情况

在热带作物种质资源方面，1954 年我国开始橡胶种质资源考察收集，随后系统考察收集我国热区热带作物种质资源，其中，“海南岛作物种质资源考察”专题工作考察了海南省 19 个县（市），搜集各类作物种质资源 4922 份，查清了各种作物的种质资源，发掘了一批珍稀优特品种，抢救了一批濒危种质，发现了一些新种或新纪录，填补了植物种类的空白，丰富了中国资源宝库；1986 年国务院办公厅发布《国务院办公厅关于成立发展南亚热带作物指导小组的通知》（国办发〔1986〕35 号），党中央、国务院做出大力发展热带作物产业的重大决策，热带作物种质资源科技基础性工作进入新的发展阶段；同时，制定了橡胶、香蕉、荔枝等几种主要作物的农艺性状评价方法，进行简单的植物学和农艺性状评价。“十五”以来，热带作物种质资源基础性工作纳入国家科技发展战略，进入系统研发阶段，在种质资源的收集保存、鉴定评价和管理体系建设、种质资源创新利用方面都实现了快速提升，走向标准化、规范化和现代化。

2003—2009 年，中国热带农业科学院热带作物品种资源研究所一直承担科技部国家科技基础条件平台"热带作物种质资源标准化整理、整合及共享试点"，2011年调整至国家农作物种质资源平台。2019 年，科技部、财政部对原有国家平台开展了优化调整工作，依托中国热带农业科学院热带作物品种资源研究所建设的国家热带植物种质资源库获批建设。

国家热带植物种质资源库遵循"自愿参与、属权不变、服从规则、共享共赢"原则，立足现有工作基础，整理整合 11 家科教单位九大类重要热带植物种质资源，涵盖橡胶树等产胶作物，木薯、甘薯等热带粮食作物，杧果、菠萝、火龙果、黄皮、余甘子、菠萝蜜、油梨、澳洲坚果、腰果等热带果树，柱花草、山蚂蝗等热带牧草，益智、姜黄、艾纳香、肉桂等热带药用植物，胡椒、咖啡、可可、草果等热带香料饮料作物，椰子、油茶等热带油料作物，三角梅等热带花卉，黄秋葵等耐热蔬菜。其中，国家种质圃 4 个、农业农村部热带作物种质圃 8 个、海南省级种质圃 2 个、特色种质圃 9 个和国家热带牧草中期备份库 1 个（表 2-6），资源保存量达 2.7万份。同时，构建了中国热带作物种质资源信息平台（http://www.ctcgris.cn），内容涉及种质资源信息共享、种质资源信息资讯、政策法规、科普知识的传播，作物相关技术、品种展示及咨询，热区种质资源专家、机构导航等四个方面，为管理部门提供决策信息，为育种和产业提供资源信息，为公众提供生物多样性的科普信息。

表 2-6　热带作物种质资源圃（库）保存情况（截至 2020 年 12 月底）

种质圃名称	所在省份	保存种质	保存量/份	物种数
国家橡胶种质资源圃（儋州）	海南	橡胶树	6180	5 个种 1 个变种
国家热带香料饮料种质资源圃（万宁）	海南	香草兰、可可等	1500	15 个科 22 个属
国家木薯种质资源圃（儋州）	海南	木薯	875	2 个种
国家热带饲草种质资源圃（儋州）	海南	热带牧草	398	45 个种
农业农村部儋州芒果种质资源圃	海南	杧果	330	8 个种
农业农村部儋州热带药用植物种质资源圃	海南	南药	2855	2240 个种
农业农村部文昌椰子种质资源圃	海南	椰子	210	1 个种
农业农村部乐东腰果种质资源圃	海南	腰果	453	1 个种
农业农村部万宁胡椒种质资源圃	海南	胡椒	247	72 个种
农业农村部海口菠萝蜜种质资源圃	海南	菠萝蜜	67	3 个种

续表

种质圃名称	所在省份	保存种质	保存量/份	物种数
农业农村部广州黄皮种质资源圃	广东	黄皮	220	2个种
农业农村部瑞丽咖啡种质资源圃	云南	咖啡	698	5个种
海南省级菠萝种质资源圃	海南	菠萝	162	1个种
海南省级火龙果种质资源圃	海南	火龙果	234	3个种
海口甘薯种质资源圃	海南	甘薯	232	1个种
漳州余甘子种质资源圃	福建	余甘子	172	2个种
儋州油梨种质资源圃	海南	油梨	136	1个种
湛江澳洲坚果种质资源圃	广东	澳洲坚果	156	3个种
儋州油茶种质资源圃	海南	油茶	158	1个种
昆明特色香料种质资源圃	昆明	香茅等	95	3个种
儋州三角梅种质资源圃	海南	三角梅	200	1个种
儋州热带特种蔬菜种质资源圃	海南	耐热性蔬菜	762	7个种
广州药用植物种质资源圃	广州	肉桂等	938	71个种
国家热带牧草中期备份库	海南	热带牧草	9880	928个种

2.1.1.4　植物种质资源国内外情况对比分析

（1）基础条件能力亟待完善

我国已建成了基本具备安全保护能力的种质资源保护设施，但是保护能力和水平还需进一步提高。现有研究平台基础条件不够完善，无法满足产业发展的迫切需要，重要农艺、经济性状高通量精准鉴定技术缺乏，表型自动评价鉴定设施缺乏，资源挖掘深度和效率较低，制约了种质资源的有效利用。此外，我国种质资源保护利用研究创新不足，缺乏引领行业发展的国家实验室和技术创新中心，自主创新能力尚待进一步提高。

（2）资源鉴定不够深入，共享利用效率亟待提高

我国作物种质资源共享利用总体来讲利用深度不够、利用方式较粗放、利用效率不高。最主要的原因还是资源鉴定评价不够深入，缺乏系统性，资源相关的信息缺乏完整性和可利用性，鉴定评价结果和信息不能全面反映遗传资源的特点，严重影响了资源的共享利用效率。例如，尽管"十三五"期间开展了主要农作物种质资

源的精准鉴定，但也仅仅开展了以产量为主要目标或单一农艺性状的鉴定评价，应用于科研或育种的不足 10%，而已被利用的也多停留在初级阶段。

（3）基础理论研究和技术方法投入不足

植物种质资源相关的基础理论研究和技术方法投入不足，已成为制约我国植物种质资源收集保藏和评价利用的瓶颈。以种子库为例，英国近些年来加强了对顽拗型种子、短命种子的超低温保存研究，并对杨树、柳树和壳斗科等重要木本树种的种子收集保存开展了系列研究，优化了对这些重要树种种子收集保存的流程和技术方法。我国的野生植物种质库也布局了类似的研究工作，但起步较晚，相关技术尚不够成熟。此外，还需加强对不同类型野生植物种质资源在种质退化或死亡过程的机制研究，为资源的保藏提供新的理论基础。同时，也要加强新兴的技术方法。例如，将人工智能应用于野生植物种质资源保存、评价的实践，为种质资源的有效保存提供新的技术路线，推动资源质量建设。

（4）国际合作交流亟待加强

我国保存的种质资源数量位列全球前茅，但保存的国外资源占比较低。例如，在我国国家种质库圃保存的 52 万多份农作物遗传资源中，只有约 22% 来自国外，相比美国保存的国外资源约 72% 的占比，差距甚大，特别是起源国的种质资源更是缺乏，物种多样性与遗传多样性不足。同时，引进国外优异种质资源机制缺失，途径不畅，引进与交流审批周期长、时效性差、资源重复低效引进、引进资源得而复失，难以实现种质资源保护与研究利用同国际接轨。从全球范围来看，由于生物遗传资源获取和跨境转移受到国际公约和各国法律法规限制后变得愈加困难，但欧美等国仍然依托本国的外交和经济战略，在《生物多样性公约》的框架下，对商业价值尚不显著的野生植物种质资源进行获取，相比之下，我国获取国外的野生植物种质资源，则主要通过短期科研项目的形式，对特定的少量资源进行获取，可以考虑结合国家外交发展战略和成熟的保藏设施及技术，进行长期和系统的规划。

（5）法律法规体系仍需完善

美国与植物种质资源管理有关的法律很多，从 1912 年的《植物检疫法》（*Plant Quarantine Act*），到 1990 年，美国国会将国家遗传资源计划（National Genetic Resources Program，NGRP）纳入国家公法，目前，整个国家植物种质资源系统的管理体系都是在该法律的规定下进行运作的。我国也高度重视种质资源保护与利用的立法工作，现已陆续制定了包括《中华人民共和国种子法》《农作物种质资源管理办法》《中华人民共和国植物新品种保护条例》《非主要农作物品种登记办法》等在内的一系列相关法律法规和规章制度，为我国种质资源保护利用提供了依据。我国

还没有专门的种质资源知识产权保护的法律法规，现有的管理规定也多是在其他法律法规框架下附带做出的，内容不够具体，缺乏操作性，也未能涵盖种质资源的所有内容。我国现有的资源管理相关法规与国际规则接轨方面缺失，且尚未加入《粮食和农业植物遗传资源国际条约》，无法参与国际惠益分享，也无法实现对本土资源的有效保护。

2.1.2 植物种质资源主要保藏机构

2.1.2.1 植物种质资源特色保藏机构

（1）国家作物种质库长期库

国家作物种质库长期库是我国作物种质资源长期战略保存设施，位于中国农业科学院（北京），于 1986 年建成，总建筑面积 3200 m²，贮藏温度 –18 ℃，相对湿度 ≤ 50%，保存设计容量 40 万份，贮藏寿命 50 年以上。截至 2020 年底，已保存 226 种作物 44.6 万份种质资源。其中地方品种占 60%，稀有、珍稀和野生近缘植物资源占 10%，离体保存 39 种无性繁殖作物 500 余份。近 10 年来向全国 1600 多个单位分发提供种质 30 万份，在我国作物育种及其农业可持续发展方面发挥了重要的作用。国家作物种质库长期库是农业多样性保护科普教育和国际交流的基地和窗口，每年有数千人次的中外学者及大中小学生到此学习参观。国家作物种质库长期库新库建设项目于 2019 年 2 月正式动工，2021 年正式启用。新库总建筑面积 21 000 m²，建设集低温库、试管苗库、超低温库和 DNA 库为一体的 150 万份智能化保存设施，以及具有世界一流水平的种质资源技术研发与共享服务平台，显著提升我国种质资源战略保存、技术研发和共享服务能力，以满足未来 50 年的需求。

（2）中国林科院林木种质资源异地保存库体系

国家林业和草原种质资源库共有异地保存库 60 余个，其中，中国林业科学研究院依托分布在不同气候区的研究所、中心建立了 10 余个林木种质资源异地保存库，包括中国林科院林业研究所种质资源库、亚热带林木种质资源库、热带与南亚热带珍贵树种资源库等，共保存主要造林树种、珍贵用材树种、名优经济林树种、沙旱生植物等各类种质资源约 4.8 万份（表 2-7）。这些异地保存库构成国家林业和草原种质资源库的核心，为林草种质资源科学、系统、长期保存提供基础，为开展林草育种研究提供长期的科学研究基地，为开展种质共享利用提供保障。

表 2-7　国家林业和草原种质资源库林科院系统异地保存库

序号	保存库名称	主要树种（类）	资源量／份
1	中国林科院林业所国家林业和草原种质资源库中心库	鹅掌楸、皂荚、木通、加勒比松、枫香、湖北白蜡、南酸枣、毛白杨、苦楝、泡桐、云杉、核桃、山核桃、油橄榄	13 248
2	中国林科院亚林中心亚热带树种国家林木种质资源库	苦槠、樟树、枫香等	3142
3	中国林科院热林中心热带与南亚热带国家林木种质资源库	红椎、格木、米老排等	5322
4	中国林科院亚林所山茶、木兰国家林木种质资源库	国外松、杉木、乐昌含笑、山茶等	4293
5	中国林科院热带林业研究所热带与南亚热带珍贵树种种质资源库	降香黄檀、交趾黄檀、柚木、石斛、格木、西南桦、桉属、相思属等	7386
6	中国林科院高原所种质资源保存库	思茅松、云南松、黄檀属、云南红豆杉、余甘子、红椿等	3229
7	中国林科院经济林研究所北方名优经济林树种国家林木种质资源库	杜仲、柿、仁用杏、扁桃、长柄扁桃、李、杏李、泡桐	5199
8	中国林科院沙漠林业实验中心沙旱生植物种质资源库	沙棘、欧李、梭梭、白刺、柽柳、沙拐枣、锦鸡儿	677
9	中国林科院华北林业实验中心华北地区代表性植物国家林木种质资源库	华北地区代表性植物	2250
10	中国林科院速生树木研究所桉树种质资源库	桉属	3535
合计			48 281

（3）中国西南野生生物种质资源库

中国西南野生生物种质资源库是 2003 年国家发展改革委批复的国家重大科学工程，依托中国科学院昆明植物研究所建设和运行，主体工程于 2007 年完成并投入试运行，包括种子库、植物离体库、DNA 库、微生物库（依托云南大学共建）和动物种质资源库（依托中国科学院昆明动物研究所共建）。种质资源库建立了国内的野生植物种质资源采集网络，建有植物基因组学和种子生物学实验研究平台，是我国收集保藏野生生物种质资源的综合性国家库。目前已累计采集保存野生植物种子 10 601 种 85 046 份，种数占中国种子植物总数的 36%，种子入库率 99.42%；保存植物总 DNA 达 7324 种 65 456 份；离体库已成功保存野生植物 2093 种 24 100 份。包括中国高等植物受威胁物种 751 种，中国特有种 4239 种，农作物野生近缘种 165

种。种质资源库与英国千年种子库、世界混农林中心等国际机构签署了种子备存协议，已备存境外 27 个国家和地区的种子 1284 种 2176 份。

（4）国家园艺种质资源库（主库）

国家园艺种质资源库（主库）位于河南省郑州市，依托单位为中国农业科学院郑州果树研究所。主库包括葡萄、桃等落叶果树种质资源圃和国家西瓜、甜瓜中期种质资源库 2 个主要部分，其中国家葡萄、桃资源圃于 1989 年建成，国家西瓜、甜瓜中期库于 2001 年建成。截至 2020 年 12 月底，主库保存园艺种质近 9500 份，其中资源圃保存种质近 5400 份，涵盖葡萄、桃、石榴、樱桃、苹果、梨等 20 多个树种，中期库保存西瓜、甜瓜近 4100 份，是我国保存落叶果树和西瓜、甜瓜种质资源最多的单位。国家园艺种质资源库主库长期从事落叶果树和西瓜、甜瓜种质资源的基础性工作，牵头组织了我国果树农家品种资源的考察与收集、我国猕猴桃野生种质资源考察与收集，开展了园艺作物种质资源系统评价与整理，主持编著了《中国葡萄志》《中华猕猴桃》《中国桃遗传资源》《中国果树志·石榴卷》《中国西瓜甜瓜》。2020 年 12 月，中国农业科学院郑州果树研究所主持编写的《中国梨树志》出版发行（图 2-1）。

图 2-1 《中国梨树志》2020 年出版

2020 年国家园艺种质资源库（主库）以第一单位在国际公认重要科技期刊 *Genome Biology* 发表论文 1 篇，支撑培育新品种 32 个。主库新收集国内种质 266 份，引进国外种质 15 份，实物分发 3591 份次，信息分发 490 份次，专题服务 30

次，支撑国家重点研发计划、国家自然科学基金、国家现代农业产业技术体系等国家级、省部级及地方课题 90 多个，为国家果树新品种测试站提供标样服务，接受国家果树品种登记标准样品保存任务。同时，主库积极服务国家脱贫攻坚和乡村振兴战略，为江西井冈山、河北阜平、贵州水城、西藏芒康、新疆喀什、云南昭通、山东蒙阴等开展以特异种质资源为主的专题技术服务 20 多次，提供实物共享 2000 多份次。

（5）国家果树种质梨、苹果资源圃（兴城）

国家果树种质梨、苹果资源圃位于辽宁兴城，依托单位为中国农业科学院果树研究所，于 1989 年建成。截至 2020 年 12 月底，已保存梨种质资源 1300 多份、苹果种质资源 1289 份，是我国保存苹果种质资源和亚洲梨种质资源最多的单位。国家果树种质梨、苹果资源圃长期从事梨和苹果种质资源的基础性工作，近 10 年来在大小兴安岭、黄河故道、太行山脉、云贵高原、长江中下游等区域开展梨和苹果的资源考察与收集，开展了梨、苹果种质资源系统评价与整理，主持编著了《中国梨品种》《中国梨遗传资源》《中国苹果品种》《当代苹果》《苹果引种指导》等（图 2-2），以第一单位发表 SCI 和中文一级核心期刊论文 90 余篇，支撑培育新品种 33 个。

图 2-2　《中国梨遗传资源》2020 年出版

近 10 年，新收集国内梨种质资源 315 份，引进国外梨种质资源 56 份，实物分发 1813 份次，专题服务 8 次，支撑国家重点研发计划、国家自然科学基金、国家现代农业产业技术体系等国家级、省部级及地方课题 12 个，为国家梨新品种测试提供服务，接受国家梨品种登记标准样品保存任务；积极服务国家脱贫攻坚和乡村振兴战略，为甘肃静宁、新疆库尔勒和河北张家口等提供服务 10 余次，提供技术资料和实物共享 300 余份次。收集苹果栽培品种 698 份、地方品种 142 份、野生资源 449 份，其中引进国外种质 487 份，支撑国家重点研发计划、国家自然科学基金、国家现代农业产业技术体系等国家级、省部级及地方课题 10 多个，接受国家果树品种登记苹果标准样品保存任务；自 2011 年至今，向 164 家政府部门、企业单位、高等院校、科研院所和个人提供苹果种质资源 12 088 份次，专题服务 12 次，为服务重大科研需求、政府决策、民生及国家脱贫攻坚和乡村振兴战略等做出重要贡献（图 2-3）。

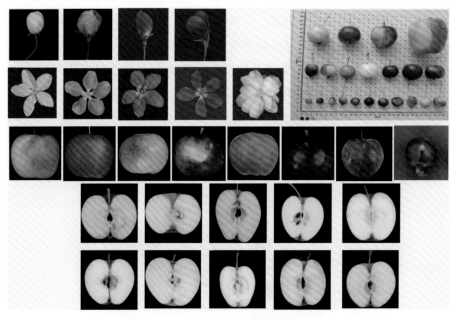

图 2-3　中国最大的苹果种质资源库

（6）国家水生蔬菜种质圃（武汉）

国家水生蔬菜种质圃 1990 年由农业部挂牌成立，依托于武汉市农业科学院蔬菜研究所，主要从事水生蔬菜种质资源收集、保存、鉴定评价和利用研究。截至 2020 年 12 月底，收集保存国内外莲、茭白、芋、菱、荸荠、蕹菜、慈姑、水芹、芡实、豆瓣菜、莼菜、蒲菜等 12 类水生蔬菜种质资源 2576 份，含 10 科 13 属 32 种 2 变种，是目前世界上保存水生蔬菜种类、资源数量、生态型和类型最丰富的资源圃（图 2-4）。主持编著了《中国水生蔬菜品种资源》《莲种质资源描述规范和数据标准》

等水生蔬菜种质资源描述规范和数据标准 10 部，起草《农作物种质资源鉴定技术规程 莲》等农业行业标准 9 部，建立我国水生蔬菜种质资源评价技术标准体系。在 *The Plant Journal*、*BMC Genomics*、《园艺学报》、《植物遗传资源学报》等国际国内重要学术刊物发表种质资源研究论文 50 余篇。

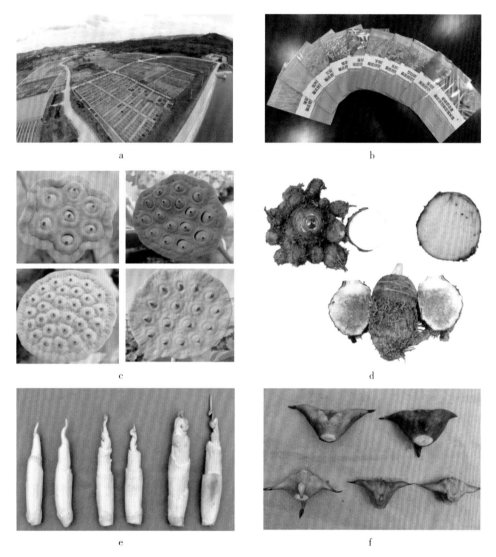

图 2-4 国家水生蔬菜种质圃（武汉）

利用资源圃保存的种质资源，开展莲种质资源基因组测序，构建了莲基因组框架图及变异图谱；定位并开发一批与莲根状茎膨大等农艺性状相关的分子标记。选育莲藕、子莲、茭白、芋、荸荠等水生蔬菜新品种 30 多个，其中通过省级审（认）

定品种 19 个，获得植物新品种权 5 个。鄂莲系列莲藕品种在全国的种植覆盖率达 85% 以上，成为我国莲藕主栽品种。近 10 年，新品种推广到全国 20 多个省份，累计种植面积 4000 万亩以上，取得社会经济效益 2000 亿元以上。

2.1.2.2 国家植物资源库共享服务情况

（1）国家作物种质资源库共享服务情况

国家作物种质资源库现已整合 41 家优势单位的优势资源，包括 1 个国家长期库、1 个国家复份库、8 个国家中期库、15 个国家种质圃、15 个省级中期库和国家种质信息中心等，形成了完善的作物种质资源保存和共享服务平台体系。2020 年新整合资源 10 698 份，其中外引进资源 1294 份，已保存包括粮、棉、麻、油、糖、烟、茶、桑、牧草和绿肥等在内的各类作物种质资源 46.1 万份，合计主库与子库间重复保存与备份保存及部分尚未鉴定编目资源共 146.15 万份，占全国作物种质资源总量的 90% 以上。开展活力监测 11 230 份，繁殖更新 10 352 份，异地复份保存 11 000 份，建立了"入—保—繁"一体的安全保存技术体系，确保了资源安全保存。提升基础条件能力，国家种质库长期库新库完成土建施工，于 2021 年投入试运行，进一步提升资源保存能力。开展了 11 300 多份资源的基本农艺性状鉴定和 15 000 多份资源的精准鉴定，挖掘并创制出在产量、品质、抗逆等方面具有突出性状的新种质 1365 份及一系列相关资源产品，满足科技创新和新品种选育需求。健全完善了管理制度体系和标准规范体系，进一步实现了国家作物种质资源库的标准化、规范化运行。开展了高效的共享服务，向全国提供资源实物共享 139 500 份次，信息共享 490 000 人次，服务用户单位 1410 个，服务用户 12 733 人次，其中企业用户 512 个，为全国 212 多个科研团队提供了支撑服务。支撑服务成效显著，支撑各级各类科技计划项目 763 项，支撑在 *Nature Genetics* 等国际期刊上发表重要科研论文 647 篇；支撑出版《中国野生稻》等论著 41 部；支撑各级各类科技奖励 17 项，支撑新品种培育 198 个、发明专利 117 项、标准规程 34 项、政策建议报告 24 份。重点围绕京冀、长江经济带、粤港澳大湾区等重点区域发展，推动乡村振兴和精准脱贫等开展专题服务 37 次，有力支撑了当地经济社会发展。开展科普服务 203 013 人次，在中央电视台、新华网等知名媒体上宣传 114 次，深入宣传普及了作物种质资源的保护与利用。

（2）国家林业和草原种质资源库共享服务情况

国家林业和草原种质资源库整合了我国主要科研机构、大专院校保存的林木种质资源，2020 年新增 3 个草种质资源保存机构。自 2011 年运行服务以来，林草资源库的服务数量与质量增长十分显著，由单纯收集保存转型为保护、保存、评价和利用相结合的综合发展模式，累计共向 1000 余个重点单位的用户提供服务 3500 余人次，提供种质资源服务 4.3 万份次，提供优异种质扩繁的苗木、穗条 2200 余万株（穗/条）用于推广和造林应用。服务用户数、种苗服务数量均有明显增长，林草资源库还开展技术咨询、技术推广、技术服务共 3000 余次，技术培训 5 万余人次。林草资源库累计支撑各类国家与地方科研、建设项目 600 余项，支撑选育林草品种 100 余个，平台科技支撑效果显著、社会影响不断扩大。

2019 年 11 月，国家林业和草原局印发了《第一次全国林草种质资源普查与收集总体方案》（林场发〔2019〕102 号），标志第一次全国性林草种质资源普查与收集工作正式启动。国家林业和草原种质资源库作为该项工作的牵头实施单位，通过制定技术规范、开发普查数据采集系统和数据管理系统，并组织外业调查工作，对全国林草种质资源普查起到支撑作用。通过普查摸清资源家底，有利于加快我国林草种质资源收集保存的进程，提升我国林草种质资源保护和利用水平。

（3）国家重要野生植物种质资源库共享服务情况

平台面向国家创新平台布局、行业领域"十四五"规划等国家重大科技创新政策和国家重大发展战略提供智力支持，并继续面向全国科技界开放相关实物资源（种子、总 DNA）和数据资源（DNA 测序数据）的分发共享，提供种质资源库建设的经验和运行管理过程中的技术支撑。通过国家资源库门户网站（https://seed.iflora.cn）和主库网站（http://www.genobank.org），面向全国无偿共享相关的资源数据，为本领域的科技人员、相关部门和公众提供简单、快速的相关信息查询渠道。

2020 年度通过实物资源分发、建库管理咨询和技术培训等方式，为 170 个单位提供服务，较上一年度同期增长 44.1%；服务用户达 4721 人次，为上一年度的 4 倍，主要是针对中药材种质、管理和规划方面的需求；定制化分发共享各类资源共计 5213 份/条，包括分发种子 92 批 1412 份 46 040 粒，库外单位资源共享比例为 69.7%（按单位）和 45.3%（按份），分发活体材料 1020 号（份），分发种子形态图片 650 份，定制分发采集和种子萌发数据等 2120 条。提供种质资源相关培训班/会 11 次，开展科普宣传、接待参观访问累计超过 10 万人次。支撑服务各类科研项目 97 项，发表和支撑发表科技论文 173 篇，出版或支撑出版专著 9 部。支撑培育新品种 15 个、申报专利 27 项，获批专利和软件著作权 15 项。

（4）国家园艺种质资源库共享服务情况

国家园艺种质资源库重点面向国际科技前沿、面向国家重大需求、面向产业发展，不断完善平台服务体系，加强服务能力建设，面向"三农"提供技术培训、技术咨询、推广展示和面向社会公众提供科普宣传等服务，以提高服务质量和效率为

目标，提升服务对象满意度，宗旨是为中国园艺科学研究、技术进步和产业发展提供高质量的种质资源实物和信息共享服务。

2020 年度，园艺库开放共享实物资源总量 20 244 份，开放共享信息资源记录总条数 31 417 条；服务用户单位 607 个，服务用户 14 727 人，受疫情影响线下用户单位比 2019 年减少了近一半，但服务用户总人次则又因为线上活动的开展基本维持不变；开展培训服务 169 次，开展科普宣传服务 51 275 人次。园艺库对资源进行了表型、品质、抗逆、抗病虫等农艺性状鉴定评价，评价基本农艺性状 7905 份，评价复杂农艺性状 2110 份；主库牵头开展了各类园艺种质资源病毒病的抽样检测，检测样品总量达 600 份；挖掘资源新功能和新性状 57 个，支撑培育新品种 127 个，支撑了园艺种业及产业的快速发展。在科技支撑方面，2020 年园艺库服务国家科技重大专项项目 23 个，服务国家重点研发计划项目 45 个，服务国家自然科学基金项目 51 个，服务省部级及其他科技计划项目 270 个；支撑发表科研论文 200 篇，支撑授权专利 64 项，支撑获得科技奖励 16 项，支撑获得软件著作权 25 项，支撑培育新品种 127 个，支撑出版学术专著 6 部。在国家重大需求方面，支撑服务政府决策 13 项，支撑服务环境保护 6 项，支撑服务防灾减灾 16 项。

（5）国家热带植物种质资源库共享服务情况

国家热带植物种质资源库依托单位、共建单位共保存资源约 2.7 万份，已通过标准化整理整合，数字化表达 2.7 万份，开放共享 2.0 万份，开放共享率达 70% 以上，根据共享级别向社会公众提供共享服务。通过共性化服务、个性化服务、追踪性服务、定制服务等方式，向全国科研院所、大专院校、政府部门、企业、生产单位和社会公众、热区国家提供热带作物种质资源信息、实物、技术共享服务，提升服务质量，拓展服务范围，充分实现资源全社会共享。2021 年，服务用户单位 94 个，其中企业 33 家、科教研单位 22 所、政府部门 16 家、其他 23 家，服务用户 20 786 人次，提供了热带作物种质资源实物共享 22 661 份次，资源展示 3 次，为国家自然科学基金、国家重点研发计划等 97 个各级各类科技计划项目（课题）及国内企业提供了资源和技术支撑，其中服务国家重点研发计划项目 3 项、国家自然科学基金项目 10 项、省部级项目 45 项、其他科技项目 39 项，支撑论文 145 篇、著作 6 部、标准 6 部、软件著作权 7 项、专利 39 项，审（认）定品种 16 个，授权植物新品种保护权 5 件，获科技成果及科技奖励 7 项。助力我国"乡村振兴"、农业"走出去"、"一带一路"等的实施。

2.1.3 植物种质资源主要成果和贡献

（1）国家作物种质资源库发掘优异玉米种质资源，夯实种业振兴基础

国家作物种质资源库提供优异玉米种质资源及信息，提供技术支撑服务，攻克玉米种质资源鉴定关键技术，发掘优异资源，创制突破性新种质，培育出系列抗病抗旱高产新品种，成果获 2020 年度国家科学技术进步奖二等奖。该成果揭示了我国玉米主产区主要病害发病特点，明确了玉米生长发育对干旱胁迫的响应特征，创新抗病、抗旱精准鉴定技术 6 项，发掘抗病抗旱优异资源 186 份。挖掘抗病、抗旱和产量主效 QTL 78 个，创建杂种优势类群划分新技术，创制出杂种优势类群明确、目标性状突出的新种质 46 份。构建定向组配和定向选择相结合的玉米生态育种模式，项目组内育成新品种 22 个，累计应用 1.9 亿亩。

（2）国家作物种质资源库攻克远缘杂交国际难题，创制小麦突破性新种质

小麦是主要口粮作物，但是我国小麦常规育种进入艰难的爬坡阶段。遗传基础狭窄和多样性亲本资源的缺乏成为限制小麦育种取得突破的瓶颈。远缘杂交在小麦育种与生产上发挥了核心作用。国家作物种质资源库李立会研究团队坚持小麦与冰草属远缘杂交研究 30 年不间断，破解国际难题，开展利用冰草属野生种优异基因改良小麦的基础研究，创制出小麦新种质。自 1989 年以来，该项目获国家发明专利 8 项、植物新品种权 2 项；发表论文 77 篇，其中在 *Plant Biotechnology Journal* 等刊物上发表 SCI 论文 40 篇；《利用生物技术向小麦导入冰草优异基因的研究》获首届全国百篇优秀博士学位论文；项目整体水平达到国际领先水平。该项成果攻克了利用冰草属 P 基因组改良小麦的国际难题，实现了从技术研发、材料创新到新品种培育的全面突破，为引领育种发展新方向奠定了坚实的物质和技术基础，为我国小麦绿色生产和粮食安全做出了突出的贡献，相关成果获得 2018 年度国家技术发明奖二等奖。

（3）国家园艺种质资源库助力西峡猕猴桃产业升级

河南省西峡境内有着丰富的野生猕猴桃资源，全县野生猕猴桃资源面积达 40 万亩，分布比较集中的区域 15.4 万亩，年可利用产量 1000 万 kg，居全国县级之首，是世界猕猴桃天然基因库。经过多年的发展，西峡猕猴桃产业已形成规模，目前全县人工栽培猕猴桃近 15 万亩，挂果面积 9.1 万亩，年产量 9.9 万 t，年产值近 20 亿元，猕猴桃产业已成为支撑西峡农村经济发展的主导产业。但作为老产区，当前品种老化、技术更新慢、果园管理落后等问题日益突出，亟须进行产业提升和技术升级。

为促进西峡猕猴桃产业提质增效，国家园艺种质资源库联合河南省农科院在西峡的标准示范园中开展有机肥替代化肥、果园生草技术示范，提升土壤透气性和有

机质含量；依托西峡县猕猴桃研究所基地，开展猕猴桃新品种引种与示范，引进中华、美味、软枣、毛花等不同类型猕猴桃品种，开展高质果园建设，提升果园整体效益，提升了当地猕猴桃生产管理水平，为当地猕猴桃产业发展提供了强有力的技术支撑（图2-5）。

a   b

图2-5 技术培训与现场指导

（4）国家热带植物种质资源库助力西藏热区农牧业

2021年5月7日，国务院副总理胡春华视察中国热带农业科学院时指示，"西藏墨脱也是热区，要加快资源的抢救性收集"。西藏热区地理位置特殊，20世纪80年代组织了几次科考，但总体上该区域的植物调查和采集还非常薄弱。西藏热区虽然具有生产优质热作的优势和潜力，但经济社会发展不充分，农牧业发展质量和效益不高，农牧民增收后劲乏力。加快西藏热带农牧业发展是实施乡村振兴战略的基础，是西藏热区农牧民生活富裕的重要保障。热作产业带动致富潜力大，发挥热带农产品经济价值高的特点，可带动各要素资源的整合与流动，快速促进西藏热区农牧民增收致富。

联合西藏农牧科学院、西藏农牧学院等单位，赴西藏墨脱开展"西藏墨脱地区热带作物种质资源调查与抢救性收集"工作。与西藏农牧科学院蔬菜研究所在察隅和墨脱合作共建示范基地，通过引进澳洲坚果、菠萝等热带果树优良品种资源在西藏开展试种示范，强化科技培训和技术服务等方式，以点带面、点面结合，加大新品种、新技术的示范推广度。同时针对西藏地区冬春季节严重缺草问题，将"热研4号"王草引入西藏墨脱地区，拟依托墨脱建立西藏饲草冬春供应体系。

通过专项考察工作，在墨脱采集热带作物种质资源389种1450份，其中7种国家级珍稀濒危植物、32个西藏特有种、14种乡土特色作物。自2017年，将13种

44 个品种的热带果树引种到西藏察隅和墨脱开展试种示范，目前在西藏察隅和墨脱两县推广热作种植面积 900 余亩，部分果树开始结果，果实品质和经济性良好，已形成良好的示范效果。2021 年 5 月，将筛选出的"南亚 3 号""南亚 116 号"等优良品种共计 5000 株果苗运往西藏种植。同时在西藏 130 亩热作基地收获澳洲坚果带皮果超过 1000 kg，种植 5 年的个别单株产量达 25 kg 以上，果仁饱满、白净细腻、奶香浓郁、酥脆爽口，一级果仁率高达 100%，风味品质优于云南、广西和广东产地的澳洲坚果，表现出良好的品质和经济性。

相关情况如图 2-6 至图 2-9 所示。

a   b

图 2-6　西藏热区资源普查收集

图 2-7　赠送当地"热研 4 号"王草

图 2-8　澳洲坚果在西藏基地的生长情况

图 2-9　菠萝在西藏基地的生长结果情况

2.2　动物种质资源

2.2.1　动物种质资源建设和发展

2.2.1.1　动物种质资源

　　动物种质资源包括畜禽、特种经济动物、野生动物、水产养殖动物、经济昆虫等，是经过长期演化自然形成及人为改造的、对人类社会生存与可持续发展不可或缺的、为人类社会科技与生产活动提供基础材料，并对科技创新与经济发展起支撑作用的重要战略物质资源，也是维护国家生态安全、进行相关科学研究的重要物质基础。

家养动物种质资源是指家畜、家禽、特种畜禽及其所有品种、品系、类型和遗传材料等资源，具有稳定的人工选择经济性状，为人类社会的动物源食品安全供给、改善人类营养健康提供物质基础，是促进畜牧业绿色发展、实现农牧区乡村振兴的重要战略性资源，也是提升我国种业竞争力的创新源泉。我国家养动物主要包括畜禽、特种动物和蜂蚕，涉及动物界中的 5 纲 12 目。根据《国家畜禽遗传资源品种名录（2021 年版）》认定的畜禽地方品种、培育品种、引入品种及配套系共 948 个，包含猪 130 个、牛 132 个、羊 167 个、马驴驼 87 个、兔 35 个、家禽 346 个、特种畜禽 51 个。我国的家养动物主要以原生境保护方式为主，非原生境保护形式做有效补充。

　　淡水水产种质资源是指具有重要经济价值、遗传育种价值、生态保护价值和科学研究价值，可为养殖等渔业生产及其他人类活动所开发利用和科学研究的淡水水生生物资源，是淡水渔业高质量发展的物质基础。我国淡水水产种质资源具有特有程度高、孑遗物种数量大、生态系统类型齐全等特点，是世界上水生生物多样性最丰富的国家之一，仅淡水鱼类就有 1400 多种，其中长江水系有鱼类 400 余种、珠江水系有 271 种、黄河水系有 124 种、黑龙江水系有 97 种、青藏高原有 71 种。国家淡水水产种质资源库收集、整理和保存了覆盖黑龙江流域、黄河流域、长江流域、珠江流域、新疆水域、云南水域等主要水产种质资源分布区域。截至 2020 年底，以活体、标本、组织、细胞、基因等多种形式累计保存实物资源总量为 5071 种，资源记录总条数 53 699 条。

　　海洋水产种质资源是人类生存和发展的重要资源，是海洋生物资源利用与保护、海水养殖品种改良与培育、生物制品研发与创制的物质基础，也是世界各国推动经济社会发展、参与国际竞争的战略资源。国家海洋水产种质资源库收集、整理和保存了丰富的海洋生物资源，收集保存的资源范围覆盖了我国渤海、黄海、东海和南海四大海域，在收集规模上，生态系统层面覆盖近海、深远海、岛礁、底栖等不同类型；目标物种层面聚焦海洋经济种、生态种、特有种、稀有种和濒危种；保存类别涵盖鱼类、虾蟹类、贝类、藻类、棘皮类等，保存形式主要包括活体、标本、组织、胚胎、细胞和基因资源等。2020 年实物资源总量 61 088 份，资源记录总条数 98 690 条。

　　寄生虫种质资源不但是开展寄生虫学和寄生虫病防治研究的物质基础，而且由于其在分类学中的地位，寄生虫也是整个生命科学研究中不可缺少的重要生物资源。寄生虫（包括人体、动植物寄生虫）种类多、分布广。据统计，寄生于人体、动物、植物的寄生虫种类繁多、分布广泛，涉及 11 门 23 纲，能感染人体的

寄生虫达到 293 种；寄生于牛、猪、犬、猫、兔、鸡、鸭等畜禽的寄生虫种类达 2169 种。

2.2.1.2 国际动物种质资源建设与发展

（1）家养动物种质资源

家养动物遗传资源保护长期受到国际社会和世界的普遍关注与高度重视。关于启动动物基因库的讨论始于 20 世纪 80 年代初：1983 年巴西建立了第一个国家基因库[1]；1990 年，美国农业部建立国家动物种质资源保护中心（NAGP），重点保护植物、畜禽、微生物和昆虫种质资源[2]。到 20 世纪 90 年代中期，联合国粮食及农业组织（FAO）开始开展一系列保护动物遗传资源行动：1992 年，167 个国家在联合国环境与发展会议上共同签署了《生物多样性公约》，首度纳入畜禽遗传资源；1993 年，FAO 正式启动了动物遗传资源保护与管理全球战略；1995 年，粮农组织遗传资源委员会（CGRFA）成立了动物遗传资源政府间技术工作组（ITWG-AnGR）永久性政府间论坛。到 20 世纪 90 年代末，仅几个国家启动了国家基因库[3-4]；2007 年，FAO 在瑞士因特拉肯召开第一届国际动物遗传资源技术会议，正式发布《世界动物遗传资源状况》、动物遗传资源保护与管理的《因特拉肯宣言》与《动物遗传资源保护与管理全球行动计划》。在 FAO 第一份和第二份报告中[5-6]，遗传资源的低温冷冻保护被确定为国家动物种质资源保护重要战略之一。截至 2015 年，有 64 个国家已经建立了国家基因库，另外 41 个国家正计划建立基因库[6]（表 2-8）。

美国的国家动物种质资源保护中心重点保存具有潜在经济价值、独特生物特征或濒危物种/品种，截至 2020 年底，累计保存畜禽种质资源 358 个品种，动物供体 5 万余个，遗传样本 111 万余份，资源保存方式包括精液胚胎、细胞、组织、血液/DNA 等多样化种质形式，其中外来品种资源占比超过 2/3。巴西资源库和加拿大资源库分别保存种质资源 149 万份和近 20 万份，分别涵盖 86 个动物品种。此外，美国、巴西和加拿大建立了动物遗传资源信息网络（http://nrrc.ars.usda.gov/A-GRIN），提供种质资源信息支持。

欧洲较早就成立了欧洲动物遗传资源种质库联盟（European Gene Bank Network for Animal Genetic Resources，EUGENA），支持动物种质资源的体外超低温保存和可持续利用，并执行 FAO 有关家养动物和植物资源全球计划 GPA 和《名古屋议定书》中资源的惠益分享工作[7]。联盟共拥有 9 家国家基因库，共保存了 959 362 份动物种质资源[GeneBanks（eugena-erfp.net）]。欧洲动物遗传资源创新管理项目（IMAGE

通过欧盟地平线（Horizon）2020研究和创新工程的资助，旨在完成联盟内21个国家合计61个动物种质库在种质资源保存、动物基因组信息挖掘利用、生物工程和信息基础方面的升级改造，并通过CRYO-WEB种质资源信息管理系统，进行欧洲国家间、政府与非政府组织的资源实物、信息等交换、经验共享等资源工作[8]。根据IMAGE（image2020genebank.eu）对联盟各成员国动物种质库资源调查统计，联盟共保存了34个物种739个动物品种冻精样本资源合计1038万份，37个物种962个动物品种基因组资源（DNA、血样）合计111.8万份。

表2-8　欧美国家动物种质资源主要保藏机构

国家	保藏机构名称	保藏数/份	品种数/种	保藏类型	数据来源
美国	National Animal Germplasm Program	1 111 662	358	DNA/组织/血样/冻精/胚胎等（含外来品种资源）	https://agrin.ars.usda.gov/
巴西	Management of Genetic Resources for Food，Agriculture and Bioindustry	1 490 685	86	DNA/组织/血样/冻精/胚胎	https://agrin.ars.usda.gov/
加拿大	Animal Genetic Resources of Canada	199 692	71	组织/冻精/胚胎	https://agrin.ars.usda.gov/
荷兰	Centre for Genetic Resources，the Netherlands（CGN）of Wageningen University & Research	582 604	159	DNA/毛发/血样/冻精/胚胎	GeneBanks（eugena-erfp.net）
法国	Centre de Ressources Biologiques	530 000	22	冻精/胚胎/DNA/细胞等	abridge.inra.fr
意大利	Consorzio di Sperimantazione，Divulgazione eApplicazione di Biotecniche Innovative	296 945	30	冻精/胚胎/DNA/细胞等	参考文献［9］
澳大利亚	Agricultural Research and Education Centre Raumberg-Gumpenstein	251 221	33	冻精	GeneBanks（eugena-erfp.net）
葡萄牙	National Institute for Agrarian and Veterinarian Research I. P.	195 046	36	冻精/胚胎/DNA/细胞等	参考文献［9］
乌克兰	Institute of Farm Animal Breeding and Genetics	130 805	30	冻精/胚胎/DNA/细胞等	参考文献［9］

续表

国家	保藏机构名称	保藏数/份	品种数/种	保藏类型	数据来源
西班牙	Banco National de Germoplasma Animal	83 366	57	冻精/胚胎	GeneBanks（eugena-erfp.net）
波兰	National Research Institute of Animal Production	53 382	9	冻精/胚胎/DNA/细胞等	参考文献［9］
波兰	National Bank of Biological Material	40 023	10	冻精/胚胎	GeneBanks（eugena-erfp.net）
塞尔维亚	Temerin	700	3	冻精	GeneBanks（eugena-erfp.net）
	Cattle breeder veterinary center Krnjaca-Belgrade	600	4	冻精	GeneBanks（eugena-erfp.net）
	Public enterprise Livestock-veterinary center for reproduction and artificial insemination "Velika Plana"	280	1	冻精	GeneBanks（eugena-erfp.net）
黑山	University of Montenegro, Biotechnical Faculty	568	8	血样/毛发	GeneBanks（eugena-erfp.net）

（2）水生生物种质资源

我国的淡水渔业发展规模远超全球其他国家，养殖规模约占全球淡水渔业的 70% 左右。我国的各个淡水资源保藏库在其中起到了巨大推动作用，国外尚无类似的种质资源建设。与之类似，对于保障水产养殖具有重要意义的水产寄生虫资源，国际上也尚无相关种质资源保藏库。在淡水珍稀水生动物保护方面，国际上也未有成规模的、针对珍稀濒危水生动物种质资源的保藏体系建立。

（3）淡水水产种质资源

发达国家都非常重视淡水水产种质资源的收集和保存。在活体种质资源保存方面，建立了包括产卵场、育肥场在内的自然保护区，美国对洄游性鱼类如虹鳟等采用修建过鱼设施和人工放流相结合的方法进行保护。目前，美国、加拿大、日本、英国和挪威等国家均通过集中建库的方式进行活体保存，保存了斑点叉尾鮰、凡纳滨对虾、鲑鳟等 40 多个物种，鉴定评价程度高，收集和保存的效率、精准度高，为开展水产种质资源保护与利用研究提供了技术和平台。

在标本方面，国外建有很多的生物博物馆和标本馆，美国俄亥俄州立大学生物多样性博物馆鱼类标本馆的面积达到了 6000 平方米，主要为教学、科研和科普提供资源共享服务。英国斯特灵大学水产养殖与渔业系保存了来自非洲的10多种罗非鱼。加拿大不列颠哥伦比亚大学校园内的贝蒂生物多样性博物馆保藏有超过200万份标本，共有辐鳍鱼亚纲33 958种鱼类，其中鲤形目3996种、鲇形目458种、脂鲤目291种、鲈形目8248种。在细胞种质资源的保存方面，自20世纪60年代，Wolf等建立了世界上第一个鱼类细胞系——虹鳟鱼生殖腺细胞系RTG-2以来，全世界已报道建立的鱼类细胞约275类，并且在此基础上建立了细胞保存库，如日本建立了鱼类体细胞库。目前，日本、俄罗斯等国正在建立养殖鱼类或濒危鱼类细胞库。

在数据库建设方面，目前鱼类和软体动物都建有各自的在线数据库，不仅可以获取生物学基本信息，还可通过美国国家生物技术信息中心（NCBI）的数据库等快速便捷地查询到相关生物的基因、转录表达等生物信息学数据。世界鱼类数据库FishBase收录了世界各地3万多种鱼类的信息，涵盖生物学、生态学、分类学、种群动态、遗传、生理等特征及其经济价值等多个方面，是全球最大的公益性鱼类信息数据库。该数据库信息持续更新，免费共享，在世界鱼类资源的保护和开发利用中发挥了重要作用。2016—2020年，NCBI的数据库共收录了339种水产动物基因组数据，其中硬骨鱼类252种、甲壳类36种、软体动物42种、棘皮动物9种，这些基因组组装解析的完成为物种进化、生态适应机制、功能基因解析、基因组选择育种等提供了重要基础数据。

（4）海洋水产种质资源

渔业生物资源在遗传多样性保护、种质创制及水产养殖业可持续发展中具有重要意义，国际上非常重视渔业生物资源的收集和保存。特别是1992年《生物多样性公约》签订以来，各国政府纷纷实施渔业生物资源保护行动计划，经过多年发展，针对性地对渔业生物资源进行分类，并按类别分别建库保存，现已形成较为完整的渔业生物资源保藏和管理体系。

在渔业生物基因资源收集及保存方面，美国最早在对虾等水产经济生物的基因组解析方面取得进展；日本率先获得了紫菜等经济海藻类的基因组；加拿大、澳大利亚等国家也纷纷斥巨资，加入到海洋生物基因资源争夺战的行列，开发了上百种海洋生物的微卫星标记。一批基因资源保存中心也相继成立，包括美国DNA银行和基因资源保存库（iDigBio）、印度鱼类基因资源中心（NBFGR）、挪威鲑鳟鱼基因组资源保存中心等。随着分子生物学与测序技术的飞速进步，世界著名的三大基因信息数据库（GenBank、DDBJ、EMBL）的基因序列信息呈指数式增长，但来源于海洋生物的基因尚不足其中的1/10。在渔业生物细胞资源保存方面，迄今已经建立

了鲑科、鲆科，以及鲈鱼、鲻鱼等多种鱼类精子超低温冷冻保存技术，突破了胚胎冷冻保存技术，在大西洋鲑、欧洲鲈鱼等多种鱼类中建立了细胞系，上述细胞资源在种质资源保存、遗传工程、免疫学等领域得到广泛应用。在渔业生物活体资源保存方面，美国、日本、俄罗斯等国通过建立鲑、鳟鱼活体资源库，开展了不同群体的遗传结构变化研究。美国野生动物保护局通过建立美洲鲥鱼活体库，使其资源得到恢复。挪威通过建立不同品系的大西洋鲑活体库，评估了大西洋鲑的主要经济性状，生长率平均提高了 80% ~ 100%。

（5）寄生虫种质资源

资源库的构建是科技基础条件保障工作，欧美国家的专业机构在这方面起步较早。全球最早开展寄生虫资源保藏工作的机构是英国的自然历史博物馆，起源于1753 年 Hans Sloane 爵士的捐赠，并于 1881 年从大英博物馆分离成为独立机构。1922 年，该机构撰写的首个寄生虫名录已被 70 000 多篇文献引用。而全球寄生生物种质资源保藏规模最大的机构是美国的国家寄生虫保藏中心，建于 1892 年，由美国农业部和史密森学会共同出资并监管至今。该保藏中心持续在世界范围内收藏标本超过 2000 万份，为全球寄生虫系统分类学和寄生虫病的诊断及流行病学研究提供服务。美国农业部还成立了全球最大的线虫标本中心，保藏线虫标本达 11 000 种，其中模式标本达 400 种。日本的动物原虫病研究中心，保存原虫和媒介种质资源供全国共享；肯尼亚的国际家畜研究所（ILRI）血液原虫及媒介种质资源库，除了收集和保存大量的虫种资源外，还利用这些有限的资源为大众提供服务。美国国家Smithonia 博物馆是集研究、科学普及、标本展示、培训及网络信息共享的综合性博物馆，为可持续资源的应用、处理和保存提供科学资料；全球生物资源中心 ATCC的疟疾研究中心（Malaria Research Center，MRC）是一个由全球慈善机构资助的组织，拥有与疟疾研究相关的实验室品系活体生物资源，并向全球科研机构免费提供。近年来，亚洲许多国家及一些新兴国家已建立了规模不同的寄生虫资源库，并且配备了相应的专业人员，还可提供网站共享服务。另外，一些寄生虫学专业库的构建也成为趋势。例如，通过现场及医疗机构收集寄生虫病血清库或基因文库，并建立了专业资源库网站。这些专业库的建设（如美国疾病预防控制中心建立的 DPDx 库），可为新技术的推广应用服务，使用专业库的资源和数据信息还可对实验室人员进行培训，并向全球卫生机构提供专家技术支持。

2.2.1.3　国家动物种质资源库建设情况

（1）家养动物种质资源

当前，我国畜禽遗传资源保护能力逐步增强，已形成较为完善的畜禽遗传资源保护体系，实现了原产地与异地保护相结合、活体保护与遗传材料保存相补充、国家与地方相衔接。截至2020年底，我国已建成了167个国家级畜禽资源保护场和26个国家级畜禽遗传资源保护区；建立了1个国家畜禽种质资源库和6个国家级畜禽遗传资源基因库（表2-9），其中，国家畜禽种质资源库已累计保存了我国马、羊、猪、牛、骆驼和家禽380个家畜品种资源的冷冻精液、组织样本、血样、DNA/RNA遗传物质共44 843份，北京油鸡和北京鸭活体保种资源8600只，以及208个畜禽品种的体细胞和干细胞共91 203份，2020年度新增畜禽品种遗传物质共8000份；国家级家畜基因库共计保存国内外猪、牛、羊、马、驴等390个家畜品种冷冻精液、体细胞等900 000份，2020年新增保山猪、柴达木牛、庆阳驴等7个品种冷冻精液58 000剂、体细胞1000份；4个家禽遗传资源活体异地保存国家库分别为国家级地方鸡种基因库（江苏）、国家级水禽基因库（江苏）、国家级地方鸡种基因库（浙江）和国家级水禽基因库（福建），保存了我国珍稀、濒危鸡、鸭、鹅等家禽种质资源97个活体品种资源，同时进行冻精、血样、DNA等遗传物质的保存；建立1个特种经济动物基因库，依托单位为中国农业科学院特产研究所，收集保存了鹿类动物、毛皮动物、特禽及其他类动物共509个品种（类型），资源总量195 930份，其中活体24 921份，精液38 254份，胚胎84份，细胞1291份，组织、血液、DNA131 380份，本年度新增资源7136份。

表2-9　国家级畜禽遗传资源基因库及资源库保藏情况

基因库名称	依托单位	保藏总量	单位所在地
国家畜禽种质资源库	中国农业科学院北京畜牧兽医研究所	50 000余份遗传物质/380种	北京
国家级家畜基因库	全国畜牧总站畜牧草种质资源保存利用中心	900 000份遗传物质/390种	北京
国家级地方鸡种基因库（江苏）	江苏省家禽科学研究所科技创新中心	15 000只活体资源/33种，25 000份遗传物质/203种	江苏
国家级水禽基因库（江苏）	江苏农牧科技职业学院	14 700只活体资源/32种，1500份遗传物质/25种	江苏
国家级地方鸡种基因库（浙江）	浙江光大农业科技发展有限公司	17个地方品种	浙江

基因库名称	依托单位	保藏总量	单位所在地
国家级水禽基因库（福建）	福建省石狮市水禽保种中心	15 个水禽品种	福建
国家级蜜蜂基因库（吉林）	吉林省养蜂科学研究所	20 多个原种蜜蜂，选育 8 个良种蜜蜂	吉林

国家家养动物种质资源库设有 1 个共享平台（http://www.cdad-is.org.cn），该平台率先结合 GIS 技术与网络数据库技术，实现全部入库种质资源的空间位置与资源属性的可视化查询，共收录 777 条畜禽种质资源信息，3210 条特种经济动物种质资源信息和 44 244 份（支）遗传样品信息。联合资源单位达到 22 个省 60 余家，以服务社会为宗旨，通过信息共享有偿或无偿提供种质资源或活体的实物共享，国家资源库所有已汇交的实物资源与信息资源均对外开放，开放共享实物资源总量达 1 250 000 余份，开放范围包括提供科研和生产用家养动物的活体资源，以及遗传物质的实体（冻精、血液、DNA、胚胎等）和动物模型及其模型的创制方法，提供家养动物的遗传学、基础生物学、影像学等数据信息，提供家养动物的养殖技术、实验室基本操作技术、转基因技术等培训和咨询服务。

（2）水生生物种质资源

截至 2020 年底，国家水生生物种质资源库保藏长江鱼类资源种类 37 种，2020 年内新增 2 种，保存总量为 31 200 份，目前保存的活体资源全部实现了人工繁殖，根据不同鱼类习性定期进行种质资源的繁殖更新；保藏水产动物寄生虫 40 份，2020 年新增多子小瓜虫 1 种；保藏长江江豚相关资源 460 份，其中人工饲养繁育江豚个体 7 头、迁地保护群体约 100 头，2020 年人工繁育研究出生并存活长江江豚幼仔 2 头；此外，还保藏江豚血液、粪便、尿液等生物样品 136 份，2020 年新增 126 份，全部样品超低温保藏，质量符合繁殖生理学、保护遗传学、微生物等研究要求（表 2-10）。

表 2-10 国家水生生物种质资源库保藏情况

种质库	依托单位	上级主管部门	物种	保藏数量 / 份	保藏种类 / 种	单位所在省
国家水生生物种质资源库	中国科学院水生生物研究所	中国科学院	长江鱼类	31 200	37	湖北省
			水产寄生虫	40	4	
			长江江豚	136	1	
合计				31 376	42	

（3）淡水水产种质资源

国家淡水水产种质资源库围绕 1 个主库、4 个分库、4 个特色库和 4 个中心的设计，持续加强淡水水产种质资源的收集、整理、更新和保存工作，通过对种质资源保存条件的完善、种质资源质量的控制、种质资源的更新和新增收集保存，使种质资源在质量和数量上均得到了提升。截至 2020 年，累计保存实物资源总量 5071 种，资源记录总条数 53 699 条，以活体、标本、组织、细胞、基因等多种形式对鱼、虾、蟹、龟鳖等实物资源进行保藏。新增实物资源 207 种，资源记录总条数 97 331 条，构建鲢、中华鳖、镜鲤、尼罗罗非鱼、大鲵等转录组数据库 50 多个。

2020 年，利用保存的水产种质资源成功培育出中华鳖"珠水 1 号"、翘嘴鲌"全雌 1 号"、罗非鱼"粤闽 1 号"、杂交鲂鲌"皖江 1 号"和团头鲂"浦江 2 号"水产新品种 5 个。累计为 121 家服务单位开展共享服务，服务范围涵盖了政府、执法部门、科研机构、高等院校、社会团体、企业、养殖合作社、养殖户及个人等，服务形式包括提供技术咨询、技术支撑、水产优良苗种和亲本、科普进校园等，服务基本覆盖了全国主要淡水水域或地区；支撑国家重大科技创新任务 45 项、国际合作项目 2 项；累积培训和技术服务 1000 余人次；发表论文 254 篇（其中 SCI 收录论文 115 篇）；出版专著 9 部；专利申请和授权总量为 127 项，其中发明专利申请及批准总量为 67 项、实用新型专利和软件著作权申请及批准总量为 59 项、国外专利 1 项；获得奖励 15 个，其中省部级奖 5 个；农业行业标准或其他标准研制 27 项；支撑撰写政策建议报告 7 篇。建立了较为完善的淡水水产种质资源收集、鉴定、评价与保存技术体系，形成了一整套标准化的技术规范和操作规程，建成的实物资源和信息资源共享的淡水水产种质资源共享服务平台，极大地促进了水产种质资源深度挖掘和高效利用，有力地支撑了水产养殖业的发展，取得了良好的经济效益、社会效益和生态效益。

（4）海洋水产种质资源

国家海洋水产种质资源库包括 1 个主库、3 个分库、4 个特色库和 3 个中心，总面积达 3.7 万平方米。2020 年 9 月 20 日，国家海洋水产种质资源库依托单位中国水产科学研究院黄海水产研究所"国家级海洋渔业生物种质资源库"建设项目通过竣工验收，并完成仪器设备的安装调试，该项目从概念形成到落成竣工历时 20 余年，标志着我国规模最大的海洋渔业生物种质资源库建设完成。另外，国家海洋水产种质资源库在信息资源挖掘与分析方面，拥有基因组学分析平台、蛋白质组学分析平台、高性能计算平台三大支撑平台，可有效保证海洋水产生物资源各类信息的深度挖掘与充分利用。

国家海洋水产种质资源库系统开展了种质资源收集、保藏和开发利用研究与实

践，实现了资源收集与保藏、资源开发与产品研制、资源共享与科普服务、组织运行与管理能力的进一步提升。2020 年保存实物资源总量 61 088 份，资源记录总条数 98 690 条。国家海洋水产种质资源库完善和更新了种质资源的收集和保藏信息，以活体、标本、组织、细胞、基因等多种形式收集保存鱼、虾蟹、贝、藻、参等实物资源，并进行了数字化表达；更新实物资源 452 种（含不同种群和家系），新增 142 种资源 11 088 份，新增信息资源 18 690 条；接收整理科技基础工作专项"我国重要渔业生物 DNA 条形码凭证标本"汇交信息 600 份、DNA 条形码序列 600 条。建立并优化藻类丝状体的培育和分离技术、鱼类 DNA 条形码鉴定技术、亲鱼营养强化等种质保存与创制技术等；培育出中国对虾"黄海 4 号"、缢蛏"甬乐 1 号"、熊本牡蛎"华海 1 号"水产新品种 3 个；平台共为 210 家企业、养殖户提供优质苗种，并开展了实物信息推介、良种良法配套和技术培训推广；支撑国家重大科技创新任务 65 项；累计科普宣传服务 4200 人次；发表论文 93 篇；申请专利 16 项，获授权专利 22 项；出版专著 5 部；获科技奖励 3 项；颁布水产种质资源相关标准 4 项；3 份政策建议报告获批复。上述成果为建立标准化的海洋水产种质资源收集与保藏技术体系、建成资源互通的海洋水产种质资源共享服务平台、完善资源高效管控的组织管理体系奠定了基础，有力支撑了水产种业的可持续发展，取得了良好的经济效益、社会效益和生态效益，为现代渔业创新驱动和转型升级提供了新动力。

（5）寄生虫种质资源

国家寄生虫资源库是我国寄生虫领域最大的、唯一的寄生虫种质资源库和数据库。目前，寄生虫资源库将全部资源拆分为原虫、吸虫、绦虫、线虫、节肢动物、软体动物、甲壳动物、重要其他寄生虫等 8 类。由全国 15 个省市共 21 个保藏机构共同参与建设，目前共建有 3 个实物展示馆、3 个寄生虫活体保藏中心，共整合了原虫、吸虫、绦虫、线虫、节肢动物、软体动物、甲壳动物、重要其他寄生虫等 8 个实物库，所有实物资源都完成了数字化描述，并建立了对应的数据库。目前保藏的实物资源种类涉及 11 门 23 纲 1200 种，数量近 16 万件，资源数量占全国总量的 45%。2020 年度，寄生虫资源库为 42 项省级及以上自然科学类纵向科研项目提供资源汇交服务，当年共完成汇交资源 6664 份，产出实物及数据资源 1800 余件。

在信息化方面，资源库新增设了标准品库、构建资源遗传材料库，对重要寄生虫和媒介生物进行高通量测序，构建各样本基因标签信息库。2020 年度新建立寄生虫种质资源样本标准品和人体、动物、植物寄生生物种质资源遗传材料 10 种。资源数字化总量达 1 万件，其中包括组织样本（血清、包埋组织、冻存组织、细胞系、粪尿排泄物等）的遗传信息，如 DNA 序列分析或种系分析等数据 5000 余条。数据库总容量已达到 10 T 以上。资源库开展了基因标签信息的分类管理，分别构建了 DNA 基因信息库、基因多态性信息库、专项研究信息库（如疟疾基因组数据库、医学贝类基因库）等，以便更好地支持数据的存储和挖掘。在资料管理方面，完成全球 30 个科（属）寄生虫资源种类、分布、资源流失情况的调研，收录文献近 5000 篇，构建寄生虫文献库 1 个，发布寄生虫防治与生命科学的学科文献综述 1 篇。基于以上 8 个分类实物和数据库，建立了多种寄生虫的免疫学、分子生物学检测鉴定新技术，并广泛地应用于公共卫生、食品安全及动植物检疫领域，提高了寄生虫虫种检测鉴定的准确性，在寄生虫的检测、鉴定上成为领先的技术平台。

2.2.1.4 动物种质资源国内外情况对比分析

（1）家养动物种质资源

欧美主要国家较早就建立了超低温的精液胚胎库、细胞库、基因库、组织样本库、种质信息系统为一体的现代化国家畜禽种质资源库，以妥善保存收集到的种质资源，如美国的 NAGP、巴西的 MGRFAB、欧洲的 EUGENA 和 IMAGE 资源库联盟等具有保存容量大、品种覆盖度高等优势。可用于群体繁殖重建的动物精液是欧美基因库中最常见的种质保存类型，基因组资源类型，如 DNA、血液和组织等占比低；巴西主要是以 DNA 保存类型为主。中国家养动物遗传资源保护体系虽然起步较晚，但近 20 年来资源保护工作取得了很大成效，从基因库遗传物质保存的数量来看，我国保存的资源总数和品种数均居世界前列，且保护的家养动物的种质类型较为丰富，动物精液、胚胎、血液、组织、DNA 及细胞类等均有覆盖（表 2-11）。另外，随着我国畜禽资源保护体系的不断完善，政府到地方对种质资源保护的重视度不断提高，资源库收集保存种质资源数量大幅度增加，2020 年度新增种质资源达 17 万份，但美国年度新增资源仅 3.6 万份。

表 2-11　主要国家动物种质资源库资源结构比较

资源类型	中国	美国	巴西	欧洲
精液	24.2%	89.9%	7.1%	90.3%
胚胎	0.0%	2.0%	0.0%	0.0%
血液	3.1%	5.1%	2.6%	9.7%
组织	11.3%	0.1%	0.0%	0.0%
DNA	38.6%	0.1%	90.2%	0.0%
细胞等其他	22.8%	2.8%	0.0%	0.0%

信息化是实现动物种质资源集中管理和创新研究的重要基础和前提，欧美等国都十分重视动物种质资源工作的信息化和信息系统建设。例如，美国在1990年建立的种质资源信息网络系统（GRIN）和欧洲在2009年建立的动物遗传资源信息平台CRYO-WEB，整合了多个国家的资源库并对资源信息和资源总量进行实时更新，实现了农业种质资源的网络信息化管理，加强了动物种质资源的安全保存和共享利用。我国在2004年建立国家家养动物种质资源共享平台，后续整合了特种经济动物资源，主要开展家养动物资源的活体、遗传物质和信息资源的收集、保存与共享利用，2020年门户网站全面改版（http://www.cdad-is.org.cn），较为全方面地收录了国内畜禽品种的活体资源信息（品种特性、资源量等）及保存的各类遗传物质信息，提供直观有效的可视化查询。

（2）水生生物种质资源

在淡水水产种质资源方面，国际上尚无此类资源库系统，国内主要的资源库有国家淡水水产种质资源库、国家水生生物种质资源库和天津市换新淡水养殖鱼类种质资源库。中国水产科学研究院牵头组建国家淡水水产种质资源库，设有黑龙江、黄河、长江和珠江4个流域种质资源分库，建立大宗、名优、濒危和病原4个特色库，形成数据汇交、仪器共享、应用示范和科普教育4个中心。国家水生生物种质资源库包括长江鱼类资源子库和石首老河长江四大家鱼种原种场，除了长江野生"四大家鱼"和其他大宗鱼类以外，还保藏有异育银鲫"中科3号"、"中科5号"、长丰鲫和长丰鲢等多个选育新品种，此外，还有长江特色鱼类，如长吻鮠、瓦氏黄颡鱼等，在全国具有很高的接受度，年均对外服务鱼苗超过10亿尾。天津市换新水产良种场建设的淡水养殖鱼类种质资源库以鲤鲫为主，从国内外收集和引进并保存了38个野生和选育品种，建立了淡水养殖鱼类种质资源库。

（3）淡水水产种质资源

发达国家都十分重视水产种质资源的保存工作。美国、加拿大、日本、英国和挪威等国采用集中建库，采用博物馆和标本馆、细胞库及在线数据库多种形式对种质资源进行收集保存。但是，绝大多数都是以海洋水产种质资源作为保存对象，尚无专门化的淡水水产种质资源保存库。

我国淡水水产种质资源种类繁多、多样性丰富，初步构建起了淡水水产种质资源保护体系。截至2020年底，在淡水水产种质资源方面，已建设国家水产遗传育种中心（育种创新基地）18个，保存水产种质资源20多种；国家级水产原良种场59个，保存淡水养殖物种27个；国家级水产种质资源保护区471个。全国29个省份

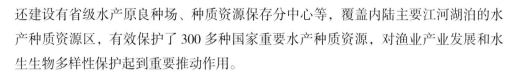

还建设有省级水产原良种场、种质资源保存分中心等，覆盖内陆主要江河湖泊的水产种质资源区，有效保护了 300 多种国家重要水产种质资源，对渔业产业发展和水生物多样性保护起到重要推动作用。

国家淡水水产种质资源库基于不同水产种质资源对气候、温度和水质等的要求，按照流域不同生态功能区，分别建设有水产种质资源库分库。各分库对所在地区的种质资源进行了标准化的收集、整理整合、保存和管理，建立水产种质资源活体资源库、标本库、细胞库、病原库和基因库，形成覆盖全国的淡水水产种质资源保存体系。同时，不断强化水产种质资源鉴定与评价；持续加强种质资源的挖掘、创新和新品种的开发，进而构建了完善的资源库实物和数据共享服务体系，并初步实现了种质资源的实物和数据共享。

在淡水水产种质资源收集及保存方面，国家淡水水产种质资源库持续以活体、标本、组织、细胞、基因等多种形式对淡水种质资源进行收集保存，累计保存活体样品达 1500 万份以上、标本样品 7 万份以上、DNA 样品 3 万份以上、细胞资源 50 种、病毒 179 种、水生动物病原菌 3600 株以上。

在基因资源的保存和挖掘方面，2020 年新增保存黄鳝、小体鲟、鲢、长丰鲢、鲤、鲫、杂交鲫鲤、团头鲂、翘嘴鲌、杂交鲂鲌等全基因组资源 10 个、核基因 20 万个以上。针对生长、抗病、品质和抗逆等性状开展表型鉴定和基因资源挖掘，开展了鲢生长、镜鲤抗病、鲤和鲫鱼肌间刺、雅罗鱼和梭鲈耐碱等表型测定和基因型鉴定，挖掘了一批性状紧密连锁的分子标记；解析鲢、鳙、梭鲈、河鲈、江鳕、川陕哲罗鲑等鱼类的遗传结构特征和遗传多样性，初步构建包含表型、基因型数据库 70 多个。

（4）海洋水产种质资源

国际海洋水产种质资源库建设专业化程度高，涉及的目标物种相对集中。经过多年发展，形成了特色突出、目标明确的海洋生物保藏库馆。以鲑鳟鱼类为例，建设了挪威鲑鳟鱼基因组资源保存中心，保存数量达 2 万余份；以海洋藻类为例，建立了美国得克萨斯州立大学 UTEX 藻类种质库，保存数量达 2500 余种。我国海洋水产种质资源库保存形式丰富多样，覆盖的目标种类众多。近年来，建立了一批海洋生物资源库馆，如海洋藻类种质资源库，保存我国重要海洋藻类生物样品 7000 余份；海水养殖鱼类精子库，保存样品达 2 万余份；海洋渔业生物 DNA 条形码库，保存物种 4000 余种、条形码 2 万余条。

在渔业生物基因资源收集及保存方面，美国、日本、加拿大、澳大利亚等国家

先后在对虾、大马哈鱼、紫菜等经济种类基因资源收集保存与发掘利用方面做了大量工作，一批基因资源保存中心相继成立。我国在海洋生物基因资源研究及保存方面起步较晚，但已经取得重要进展，尤其是在渔业经济动物基因资源发掘与种质保存方面，我国先后完成半滑舌鳎、太平洋牡蛎、大黄鱼、牙鲆等多个经济动物的全基因组序列测定。国内代表性基因资源库有国家海洋渔业生物种质资源库基因库、国家海洋基因库、中国水产科学研究院鲤鱼基因组资源数据库等。

在渔业生物细胞资源保存方面，国际上建立了多种鱼类的精子库，构建了鱼类细胞系。我国在863计划、国家自然科学基金等资助下，在鱼类精子、胚胎冷冻保存和海水鱼类细胞系建立方面取得突出成绩。国内代表性细胞库有中国科学院细胞库、中国水产科学研究院黄海水产研究所鱼类细胞库、中国典型培养物保藏中心、中国科学院昆明野生动物细胞库。

（5）寄生虫种质资源

我国国家寄生虫种质资源共享服务平台由科技部资助，自2004年创建以来，成为我国种类最齐、规模最大的寄生虫种质资源库，涉及医学、动物、植物三大领域，资源保藏采取集中与适度分散相结合、中长期规划、异地备份等方式，资源分别位于15个省份的专业机构按统一方法保藏，资源数量占全国总量的45%，是国内唯一的中国寄生虫种质资源库。但是，与国际知名的寄生虫资源库相比较，无论在收藏规模和收藏数量上，还是在资源利用与研究水平上，仍远低于国外同行机构的收藏水平，为此，我国急需构建一个具有世界先进水平的寄生虫资源库。

2.2.2 动物种质资源主要保藏机构

2.2.2.1 动物种质资源特色保藏机构

（1）国家畜禽种质资源库

国家畜禽种质资源库由中国农业科学院北京畜牧兽医研究所承建，开展畜禽资源遗传物质检验、保存，遗传资源考察，种质库保存等工作，同时，针对重要及濒危畜禽种质资源开展畜禽种质资源体细胞库的建立和生物学特性研究工作。通过全国畜牧业标准化技术委员会审定的相关技术规范（程）有16项。截至2020年底，资源库已累计保存猪、羊、马、家禽等380个品种的遗传物质材料5万份，保存类型主要为活体保种，以及冻精、组织、血样、DNA/RNA非活体遗传物质，另外抢救性地收集保存家养动物的体细胞和干细胞9万余份，并根据《畜禽细胞体外培养与冷冻保存技术规程》《畜禽体细胞库检测技术规程》进行细胞的质量检测。全面改版了国家家养动物种质资源共享平台，进一步加强了资源保存的管理安全及共享利用。

资源库不仅有效地保护了我国畜禽遗传资源的多样性，而且支撑了新品种培育。以北京油鸡为素材，培育出"栗园油鸡蛋鸡"和"京星黄鸡103"肉鸡配套系，在保持肉、蛋品质风味基础上，产蛋量、繁殖力和饲料转化效率显著提高；以北京鸭为素材，培育了两个瘦肉型肉鸭配套系"中畜草原白羽肉鸭"和"中新白羽肉鸭"，2020年推广量达12亿只，占全国市场的36.5%，打破国外品种垄断。

（2）国家级家畜基因库

由全国畜牧总站建立的国家级家畜基因库主要从事全国畜禽遗传资源冷冻精液、冷冻胚胎和体细胞等遗传物质的制作、收集和保存工作，基因库建筑面积800平方米。全国畜牧总站高度重视平台运行服务项目，指定了畜禽种质资源保存中心专人管理该项目，进一步明确了该项目的具体分工。建立了项目领导责任制，修订和完善了专项经费管理办法，规范了专项经费的使用管理，并建立了监督体制。组织相关人员探索了共享服务方式，制定了服务条款，进一步规范了服务条款和方式。累计保存国内外390个家畜品种遗传材料90万份，涉及猪、牛、羊、马、驴等畜种，并对家畜品种的冷冻精液进行了精子活力、有效精子数等指标的质量控制检测。

基因库围绕家畜冷冻精液制作技术，制定《马和驴冷冻精液》1项农业行业标准；出版《猪冷冻精液生产及使用技术手册》1项技术专著。基因库技术人员积极开展技术培训、科普宣传、"一对一"实践操作等多种形式培训，及时解决相关企业、保种场及养殖户的实际问题，受到广泛认可。

（3）国家水生生物种质资源库

国家水生生物种质资源库旨在践行"长江大保护"，促进长江生态文明建设，对长江鱼类种质资源进行标准化数字化整理整合，开展长江特色野生鱼类驯化繁育和选育新品种规模化繁育，实现种质资源的完全共享，现在每年都对外共享超10亿尾优良活体种质资源，并提供技术服务，在领域内具有很强的影响力。国家水生生物种质资源库（长江鱼类资源子库）拥有国际同类资源最大的银鲫等大宗淡水鱼类种质资源库，平台以银鲫、"四大家鱼"等大宗淡水鱼类为主，又采集和保存了长吻鮠、瓦氏黄颡鱼、岩原鲤等长江特色鱼类，为全国养殖单位、苗种繁育单位、科研单位提供活体种质资源及科技服务。国家水生生物种质资源库（珍稀水生动物资源子库）是世界仅有的长江江豚资源库，拥有全球唯一的长江江豚人工饲养

繁殖群体。以长江江豚保护为抓手开展科研工作，目前已经成为支撑我国长江江豚研究、保护和宣传工作的重要资源平台，今后将进一步提升我国在淡水鲸类方面的研究水平，增进国内外交流和技术合作，推动珍稀水生动物资源保护相关学科的发展。

（4）国家海洋水产种质资源库

国家海洋水产种质资源库共建单位东海水产研究所鱼类标本馆是我国鱼类学研究最有成就的、与世界学术交流最多的标本陈列室。目前共采集鱼类标本 1700 余种、20 000 余瓶，其中模式标本 50 余种。这不仅为我国鱼类学发展发挥了重要作用，而且为我国海淡水渔业资源及远洋渔业资源的开发利用奠定了基础。新馆开馆以来，先后接待农业部和各部委领导，上海市领导，来自美国、日本、加拿大等 30 多个国家的专家学者，大中小学生和市民近万人次，充分发挥了新馆的学术交流和科普展示作用，并分别在 2009 年、2010 年被上海市科委和中国科协命名为"上海市科普教育基地""全国科普教育基地"，该馆正式更名为"上海海洋生物科普馆"。

国家海洋水产种质资源库共建单位中国科学院海洋研究所建设的标本馆，保存了 6000 余号深海生物标本、700 余种大型深海生物标本、1800 份超低温保存的生物样品及 8000 余株深海微生物样品，保藏了包括微生物、原生、多孔、刺胞、多毛类、甲壳、软体、棘皮、鱼类等门类的深海生物，保藏方式以液浸、干制、超低温冷冻等为主。该标本馆收藏了从沿岸、潮间带、海洋水体直到数千米深的深海海底等生态环境的标本，其中有 1950 年建馆时从原北平研究院动物研究所和静生生物调查所带来的 4000 余号珍贵历史标本。该标本馆向国内外用户提供网络共享服务，是目前国内海洋生物学领域规模最大、最权威的数据库服务系统。

国家海洋水产种质资源库共建单位南海水产研究所南海渔业生物标本资源共享平台，现已上线鱼类标本 370 种、藻类标本 42 种，包括门纲目科及形态特征、分布、习性、经济价值等信息。精品图片栏目展示了近 400 张高清生态图片、243 张标本图片和 1 张高清骨骼图片。南海水产品研究所信息中心计划用 3 ~ 5 年的时间完成全部馆藏标本的数字化加工，及时提供共享服务，全力打造一个标本资源全面、运行安全稳定的共享平台，为分类学研究提供重要支撑，为海洋科学知识普及和推动全民科学素养提升做出积极贡献。

2.2.2.2　国家动物资源库共享服务情况

（1）国家家养动物种质资源库共享服务情况

国家家养动物种质资源库依托中国农业科学院北京畜牧兽医研究所，联合中国农业科学院特产研究所、中国农业科学院家禽研究所、中国农业大学、全国畜牧总站、江苏农牧科技职业学院等科研院所、高等院校和企业，开展对猪、牛、羊、马、狐狸、水貂、鹿，以及家禽等畜禽动物种质资源的资源整合、共享、更新收集等工作，是国内唯一建设畜禽种质资源遗传特性数据库。

国家家养动物种质资源库的服务对象为国内从事家禽保种、育种及科学研究的企业或科研院所，分布范围广、覆盖度大，资源开放与共享服务方面成效显著。2020 年度累计向政府、科研单位、高等院校及养殖企业等 321 个单位提供活体资源、精液胚胎等超过 10 万份次；开展了家养动物品种的选育提高、资源鉴定、性能测定等服务 6275 人次，其中企业用户 4337 人次；服务国家科技重大专项、国家重点研发计划、国家自然科学基金国际（地区）合作研究项目等项目 208 项，其中国家科技重大专项项目 99 项。共享服务网站下载量提升，点击率 351.13 万次，平台访问量 19.55 万人次，接待参观访问、宣传交流 10.07 万人次，开展科普宣传服务 13.67 万人次，积极开展国际交流与合作，主办国内外学术会议 4 次，参加国内外学术会议 363 人次，并通过国际交流形式，引进东非大裂谷地区珍贵的、耐干旱的动物遗传资源。

（2）国家水生生物种质资源库共享服务情况

国家水生生物种质资源库（长江鱼类资源子库）面向重大科技创新、国家重大发展战略、区域创新发展等方面开展资源共享与服务，为国家重点研发计划"蓝色粮仓科技创新"、国家自然科学基金重点项目、中国科学院战略性先导科技专项等项目提供资源和服务，为长江中下游地区水产养殖业和养殖农户提供活体资源及繁养技术服务，2020 年培训渔业科技人员 315 人次，提供异育银鲫、"四大家鱼"等优质苗种活体资源共计 12.79 亿尾。国家水生生物种质资源库（珍稀水生动物资源子库）于 2020 年先后为湖北长江天鹅洲白鱀豚国家级自然保护区管理处、湖北长江新螺段白鱀豚国家级自然保护区管理处等单位提供技术服务，与上海海洋大学、浙江大学资源与环境学院等单位开展科研合作，累计服务用户 72 人次，服务国家重点研发项目 2 个。为提高全民保护珍稀濒危野生动物的意识，全年开展科普宣传服务约 50 次，接待参观访问、宣传交流总人次约为 331 200 人次，其中在线科普直播活动参与人数超过 330 000 人次。

（3）国家淡水水产种质资源库共享服务情况

国家淡水水产种质资源库一直以来致力于实现资源的共享，目前主要是通过合作研究、有偿服务、公益性服务和无偿使用等多种形式进行实物和数据共享。面向政府、科研院所、高等院校、社会团体、企业、养殖户及个人等提供种质资源实物、技术咨询、技术培训、科普宣传、数据信息查询等多元化服务内容。2020 年度，国家淡水水产种质资源库共开放共享实物资源 703 种，开放共享资源记录 7140 条，开放共享实物资源保存库 59 个，开放共享资源量占资源总量的 30%。

在服务用户方面，国家淡水水产种质资源库通过实地和互联网平台视频会议等形式积极有序地开展各种类型的科技服务工作。2020 年度服务单位总量 120 余家，服务范围覆盖全国主要淡水水域或地区。共计举办各类线上线下技术培训班 100 余次，线上单次直播间参与人数超过 1 万人。2020 年累积培训和技术服务 20 000 余人次，产生了良好示范作用，社会效益显著，有效推动了水产养殖行业的健康发展。

在国家科研计划的科技支撑服务方面，国家淡水水产种质资源库支撑了 241 项国家科技计划、国家自然科学基金等科技项目，向其提供活体、组织、标本、DNA、养殖技术、标准规范等，涵盖遗传育种、标准化、基础研究、养殖技术、数据分析等多学科内容，为科技项目的顺利实施发挥了重要作用。

在支撑科研成果产出方面，累计发表论文 254 篇（其中 SCI 收录论文 115 篇）；出版专著 9 部；专利申请和授权总量为 127 项；培育新品种 5 个；获得奖励 15 个，其中省部级奖 5 个；农业行业标准或其他标准研制 27 项；支撑撰写政策建议报告 7 篇。以上成果有效地助推了水产养殖产业的发展，助力贫困地区脱贫致富，受到了当地政府和农民的好评，为乡村振兴做出重要贡献，取得了良好的社会效益、生态效益和经济效益。

在面向公众开放和科普方面，以科技活动周、全国科普日、教育基地、公众号等为平台，通过线上线下讲座、会议、展览活动、电子传媒、平面媒体、发放纸质宣传资料等多种方式开展了资源开放和科普活动，不断提高公众对环境和淡水水产生物的保护意识，增加对水产品的认识。2020 年，为了适时普及水产知识，及时应对新冠感染疫情暴发以来"三文鱼携带新冠病毒""中华鳖是新冠病毒的中间宿主"等谣言引起的公众对水产品安全性的质疑，撰写《水产品是大自然赐予人类的礼物》《为什么水产品不会携带 2019 新型冠状病毒》《龟鳖，几千年的佳肴！"冠状君"这口锅不背》等科普文章，累计阅读量 20 万人次以上，从正面回击了谣言，维护了水产养殖业的声誉。2020 年度累计科普宣传服务 8420 人次，接待来访中小学生参观团 30 多批，发放宣传资料上万册（图 2-10）。

a

b

c

d

图 2-10　国家淡水水产种质资源库服务情况

（4）国家海洋水产种质资源库共享服务情况

国家海洋水产种质资源库平台资源开放共享形式主要包括实物共享和信息共享。2020 年度，通过合作研究、有偿服务、公益性服务和无偿使用等多种形式，实现了资源百分百开放共享。其中，随着种质资源数量的逐步增加和质量的提升，实物资源实现了水产重要养殖经济物种的全覆盖，资源库制定《国家海洋水产种质资源库管理办法》并建立资源库数据采集系统，保障实物资源的全面开放共享。此外，海洋水产生物基因组精细图谱数据、转录组及甲基化组等组学数据、经济性状相关关键基因及调控元件等信息资源均上传至 NCBI 等的数据库，具有正式的数据检索号，在国际范围内实现了资源共享，同时相关研究以研究论文形式发表在国际高水平期刊，极大地助推了我国在相关领域国际影响力的提升。

在服务用户方面，国家海洋水产种质资源库共为 210 家（户）企业、养殖户提供优质苗种，并开展实物信息推介与利用、良种良法配套和技术培训推广。在支撑重大工程实施、政府决策、企业创新、科学普及等方面发挥了重要作用。在实物信息推介与利用方面，利用平台保存的各类实物资源，为科研院所、高等院校提供开展科学研究的基础素材，在良种良法配套和技术培训推广方面，通过编写平台拥有

的中国对虾"黄海4号"、熊本牡蛎"华海1号"、缢蛏"甬乐1号"等新品种（系）的推广指南，发放新品种宣传材料和养殖技术手册等多种形式进行良种良法配套养殖推介。累计推广各类苗种160亿株，提高了新品种推广应用的社会满意度，提升了水产良种覆盖率，促进了渔业增效、渔民增收。

在国家各类科研计划的科技支撑服务方面，资源库为国家重点研发计划"蓝色粮仓科技创新"重点专项、国家自然科学基金、农业产业技术体系等的165个项目提供了多种类型支撑。主要包括基础科学研究的实验素材、种质遗传改良与新品种选育、品种扩繁和推广示范等，充分发挥了水生生物遗传资源对科技创新活动的支撑作用。

在支撑科研成果产出方面，共发表论文93篇，申请专利16项，获授权专利22项，出版专著5部，颁布标准4项，培育新品种3个，获奖励3个，撰写完成《长江中华鲟野生种群面临灭绝，亟待采取针对性措施》等政策建议报告3份。以上成果较好地支撑了产业发展，取得良好经济效益、社会效益和生态效益，为现代渔业创新驱动和转型升级增添强劲动力，为乡村振兴贡献科技力量。

国家海洋水产种质资源库全力做好资源的开放共享工作，主要是以收集整理的重要水产种质资源为实物基础，为高等院校、科研院所提供实验材料，为生产企业提供优质种质。此外，选派专业知识扎实、实践技术丰富的科研骨干作为讲解员、科普员，面向公众对资源库资源进行推介和科普，加强了种质信息的科普与推广，提高了公众对海洋种质资源的认识。2020年，资源库通过多种形式开展了资源开放和科普活动，以教育基地和海洋渔业科学馆等为平台，开展鱼类、藻类等海洋生物的科普宣传，普及海洋科学知识，不断提高民众的海洋意识。年度累计科普宣传服务2800人次，接待来访中小学生参观团60余批，来访国内水产相关单位参观团体30余批，接待参观800人次（图2-11）。

a   b

　　　　　　　　c　　　　　　　　　　　　　　　　d

图 2-11　国家海洋水产种质资源库服务情况

（5）国家寄生虫资源库共享服务情况

2020 年度，国家寄生虫资源库启动了我国与全球寄生虫病资源的信息监测，大力推进我国寄生虫资源的收集、整理、保存与共享工作，构建寄生虫遗传材料库，提升国际交流，促进资源为"一带一路"倡议服务。2020 年度国家寄生虫资源库主要从资源收集整合、服务数量、面向国家重大科研任务需求 3 个方面推进运行服务。资源库利用互联网实现了资源信息和服务的共享，2020 年，全年实物库补充收集新发、罕见及入侵寄生虫资源 224 种 12 140 件样本，完成了新入库资源的数据信息化，完成 3 个数据库的升级，初建了生物信息数据库；开辟了寄生虫专题服务系统，服务患者 7481 人次，满意度达到 96%；举办了 2020 年度开放课题学术研讨会、国家级培训班 1 期及省级培训班 14 期，学员成绩的合格率达到 100%，为国家重大专项、国家自然科学基金等 58 个重大项目提供研究资源，大大提升了我国寄生虫虫种资源的利用率。

2.2.3　动物种质资源主要成果和贡献

（1）培育北京油鸡新品种，实现优良地方品种的开发利用

北京油鸡是我国优质地方鸡品种资源，是北京唯一地方鸡种，外貌独特，肉蛋品质优良，但存在生产效率与肉蛋品质难以有效平衡、品种创新和产业化开发利用严重不足等问题。针对上述关键性技术难题，中国农业科学院北京畜牧兽医研究所联合 6 家单位开展"北京油鸡新品种培育与产业升级关键技术研发应用"研究。该研究解析了北京油鸡繁殖、抗病等重要性状调控机制，构建了保种和育种技术体系，培育了 3 个北京油鸡新品种，并创建高效饲养技术体系，制定了行业标准 1 项，获授权发明专利 5 项，其他知识产权 21 项，出版专著 5 部，发表论文 35 篇。

新品种和应用技术已经推广至全国 22 个省市，直接效益 5.23 亿元，间接效益 30.41
亿元。有效解决了产业升级关键技术难题，构建了地方鸡保种、育种技术体系，创
建了健康高效养殖模式和技术体系，为地方鸡产业提质增效提供了关键技术支撑，
对保护和利用北京农业文化遗产、丰富北京市民菜篮子、支撑北京畜牧业高质量发
展有重要意义。2020 年该成果荣获北京市科学技术进步奖一等奖（图 2-12）。

图 2-12　北京油鸡新品系培育荣获北京市科学技术进步奖一等奖

（2）提出和推广"长江禁渔"理念，推动国家政策落地

国家水生生物种质资源库（特色水生动物资源子库）曹文轩院士在 2006 年首先
提出"长江十年禁渔"的理念。在其后的十几年中，国家水生生物种质资源库的依
托单位中国科学院水生生物研究所的科学家一直坚持不懈地宣传"长江禁渔"的理
念。在 2016 年推动长江经济带发展座谈会上，习近平总书记郑重指出，长江拥有独
特的生态系统，是我国重要的生态宝库。在习近平总书记重要指示精神的指引下，
2017 年 1 月起在赤水河实施禁渔，目前赤水河的禁渔效果已经初步显现，鱼类资源
得到了一定程度的恢复。2020 年"长江十年禁渔"的政策落地执行，对长江鱼类资
源的保护和利用产生更加巨大的推动作用。同时，国家水生生物种质资源库也广泛
开展长江鱼类种质资源的建设和利用工作，全面调查长江流域鱼类的物种数量、地
理分布、种群状况及受威胁程度和潜在威胁因素等，系统开展鱼类基础生物学、生
态学及珍稀特有鱼类的人工繁殖技术和苗种培育技术研究，并基于长江鱼类优异种
质资源开展鱼类新品种选育，培育的新品种在长江流域乃至全国具有巨大的推广应
用潜力。

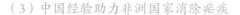

（3）中国经验助力非洲国家消除疟疾

2020年4月25日是第13个"世界防治疟疾日"，宣传主题为"零疟疾从我做起"。塞拉利昂积极响应世界卫生组织的号召，从2019年底开始，积极筹备"世界防治疟疾日"活动。国家寄生虫资源库委派段磊同志积极参与塞拉利昂"世界防治疟疾日"活动，多次参与塞拉利昂卫生部组织的筹备会议，讨论"疟疾日"活动主题、宣传口号、活动内容及2020年全国长效蚊帐大规模发放计划方案，配合分发防治疟疾宣传印刷品、条幅、T-shirt，与队友分工合作利用人工智能技术开发自动判读疟疾血片设备，在中塞友好医院完成现场测试（图2-13）。

图2-13　资源库委赴塞拉利昂参与"世界防治疟疾日"活动

2020年12月7—8日，国家寄生虫资源库与美国哈佛大学、世界卫生组织共同举办"从三千万到零病例：中国经验助力非洲国家消除疟疾"国际网络研讨会。该研讨会主会场设在哈佛大学上海中心，并通过中文、英文在线直播的方式，向全球同行开放直播。会议取得了共享中国消除疟疾经验、研讨当前公共卫生面临的挑战及应对措施等共识，达到了共商创新技术应用于疟疾等传染病防控工作中，从而提升中低收入国家的疾病预防控制水平的目标。会议由资源库负责人周晓农教授和哈佛大学陈曾熙公共卫生学院Dyann F. Wirth教授联合主持。本次研讨会获得了中外专家的高度关注和积极参与，参会总人数达900多人，其中线上参会860人（图2-14）。

图 2-14　周晓农教授主持讨论中国消除疟疾行动计划的经验

参考文献

［1］MARIANTE A，ALBUQUERQUE M，EGITO A A，et al. Present status of the conservation of livestock genetic resources in Brazil［J］. Livestock science，2009，120（3）：204-212.

［2］COUNCIL N. Managing global genetic resources：livestock［M］. Washington，DC：National Academy Press，1993：276.

［3］DANCHIN-BURGE C，HIEMSTRA S. Cryopreservation of domestic animal species in France and Netherlands：experience，similarities，and differences［C］//Workshop on Cryopreservation of Animal Genetic Resources in Europe，Paris：Bureau of resources genetic，2003：15-28.

［4］BLACKBURN H. Development of national animal genetic resource programs［J］. Reproduction，fertility，and development，2004，16：27-32.

［5］Food Agric. Organ. The state of the world's animal genetic resources for food and agriculture［R］. Rome：Food and Agriculture Organization，2007.

［6］Food Agric. Organ. The second report on the state of the world's animal genetic resources for food and agriculture［R］. Rome：FAO Commission on Genetic Resources for Food and Agriculture assessments，2015.

［7］HIEMSTRA S，MARTYNIUK E，DUCHEV Z，et al. European Gene Bank Network for Animal Genetic Resources（EUGENA）［C］. 2014.

［8］PASSEMARD A，JOLY L，DUCLOS D，et al. Inventory and mapping of European animal genetic collections［R］. IDELE，IMAGE（Innovative Management of Animal Genetic Resources）project report，2018.

［9］PAIVA S，MCMANUS C，BLACKBURN H. Conservation of animal genetic resources——a new tact［J］. Livestock science，2016，193：32-38.

2.3　微生物种质资源

2.3.1　微生物种质资源建设和发展

2.3.1.1　微生物种质资源

微生物种质资源是指人工可培养的、可持续利用的、具有一定科学意义或潜在应用价值的古菌、细菌、真菌、病毒（噬菌体）等实物资源及其相关信息资料。作为生物种质资源的重要组成之一，微生物种质资源是支撑整个生物技术研究与微生物产业发展的重要物质基础，在肥料、饲料、兽药、医药、食品、发酵、轻化工、环境保护、纺织、石油、冶金等领域均有广泛应用，所产生的经济和社会价值难以估量，蕴藏着巨大的利用潜力。

据不完全统计，截至 2020 年底，全球已知微生物资源约为 14.2 万余种，包括原核微生物 1.7 万种、真核微生物 12 万余种，以及病毒、亚病毒 0.5 万种。我国地域辽阔、气候条件多样、地理环境与生态系统类型复杂，是世界上生物多样性较丰富的国家之一。根据目前已有的报道，我国已知的微生物资源约为 2.46 万种，包括原核微生物 0.87 万种、真核微生物 1.47 万种，以及病毒、亚病毒 0.12 万种。其中，原核微生物包括古菌 54 种、细菌 8610 种，我国首次报道发现的生效描述种 1684 种；真核微生物包括真菌约 14 060 种、卵菌 300 种、黏菌 340 种，真菌中包括药用菌 473 种、食用菌 966 个分类单元，我国特有种超过 2000 种。

2.3.1.2　国际微生物种质资源建设与发展

截至 2020 年底，在世界微生物数据中心（WDCM）注册的微生物种质资源保藏机构共 801 个，来自 78 个国家和地区。其中，非洲 18 个、亚洲 291 个、美洲

197个、欧洲253个、大洋洲42个；国家中，巴西84个、中国48个、美国34个、澳大利亚34个、印度32个、印度尼西亚22个、加拿大20个、意大利20个、阿根廷15个、德国14个，保藏各类微生物菌株总数为327万余株。其中，细菌资源最多，占保藏总量的43.7%，真菌、病毒和细胞系分别占保藏总量的26.7%、1.2%和1.0%。

从保藏机构分布区域来看，不同地区设置的保藏机构数量差异显著。其中，亚洲最多（291个，包括中国的48个保藏机构），欧洲次之（253个），非洲的保藏机构数量明显低于其他地区。不同地区保藏的微生物种质资源总量与保藏机构的分布呈现正相关（表2-12）。

表2-12 全球微生物种资源保藏机构数量和保藏数量分布情况

地区	保藏机构/个	保藏数量/株
亚洲	291	1 257 689
欧洲	253	1 121 605
美洲	197	583 012
大洋洲	42	105 379
非洲	18	17 100

从保藏机构的单位属性看，绝大多数保藏机构为政府科研机构和高等学校设置，分别占保藏机构总数的40%和42%（图2-15）。

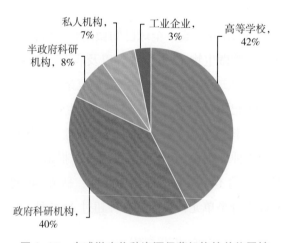

图2-15 全球微生物种资源保藏机构的单位属性

2.3.1.3 国家微生物种质资源库建设情况

截至 2020 年，我国有 48 家微生物种质资源保藏机构，保藏资源总量在 40 万株以上。分别负责保藏我国农业、医学、药学、兽医、工业、林业、海洋、基础研究和教学实验等领域的微生物资源。截至 2020 年底，我国保藏微生物种质资源中细菌占比 60%，真菌占比 31%，病毒等其他资源占比 9%（图 2-16）。

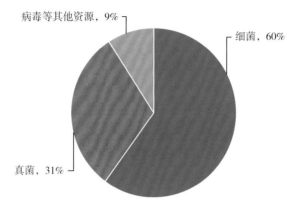

图 2-16 我国保藏微生物种质资源组成

我国设有专门的微生物菌种管理委员会，即中国微生物菌种保藏管理委员会（China Committee for Culture Collection of Microorganisms，CCCCM），对工业、农业、林业、医学、兽医、药用及普通微生物 7 个领域的国家级专业菌种保藏管理中心进行管理，这七大管理中心均位于中国国家级的科研院所。

国家菌种资源库 9 家参建单位分别负责保藏我国农业、医学、药学、工业、兽医、基础研究、林业、教学实验和海洋等领域的微生物遗传资源，资源保藏量大，且专业性较强，是我国微生物种质资源战略保藏机构（表 2-13）。截至 2020 年底，国家菌种资源库资源总量达 27.8 万余株，分属于 2500 余属，1.4 万余种，整合了我国近 35% 的微生物资源，其中细菌占比 62%，真菌占比 31%，病毒等其他资源占比 7%。

表 2-13 国家菌种资源库各分库资源情况

序号	保藏机构名称	依托单位	库藏资源总量 /株	种属多样性
1	中国农业微生物菌种保藏管理中心	中国农业科学院农业资源与农业区划研究所	18 501	527 属 1833 种

续表

序号	保藏机构名称	依托单位	库藏资源总量/株	种属多样性
2	中国医学细菌保藏管理中心	中国食品药品检定研究院	11 335	110 属 659 种
3	中国药学微生物菌种保藏管理中心	中国医学科学院医药生物技术研究所	56 724	752 属 1583 种
4	中国工业微生物菌种保藏管理中心	中国食品发酵工业研究院	13 047	494 属 1432 种
5	中国兽医微生物菌种保藏管理中心	中国兽医药品监察所	8350	144 属 383 种
6	中国普通微生物菌种保藏管理中心	中国科学院微生物研究所	70 794	7200 种
7	中国林业微生物菌种保藏管理中心	中国林业科学研究院森林生态环境与自然保护研究所	20 182	903 属 3106 种(亚种)
8	中国典型培养物保藏中心	武汉大学	49 589	1783 属 7034 种
9	中国海洋微生物菌种保藏管理中心	国家海洋局第三海洋研究所	29 640	1358 属 5046 种

2.3.1.4 微生物种质资源国内外情况对比分析

国外微生物资源保藏机构主要分布在发达国家,按照应用领域、生境来源、功能特色、种群类别的不同分设不同的保藏机构。截至 2020 年底,在世界微生物数据中心注册的微生物遗传资源保藏机构共 801 个,数量众多,由于保藏机构的准入标准未做明确规定,使得这些保藏机构在保藏数量、保藏能力及专业性程度上都存在很大的差距。但是,德国、美国、日本等发达国家,都会有多个综合性且在国际上认可度高的综合菌种保藏机构或联盟/组织(表 2-14)。

表 2-14 国内外微生物资源保藏机构

序号	保藏机构名称	保藏机构单位属性	创建年份	菌种总量/株	网站
1	中国国家菌种资源库(NMRC)	政府科研机构	2011	278 379	http://www.nimr.org.cn
2	美国典型培养物保藏中心(ATCC)	私人机构	1925	97 894	https://www.atcc.org
3	美国农业微生物菌种保藏中心(NRRL)	政府科研机构	1940	98 000*	https://nrrl.ncaur.usda.gov
4	德国微生物及细胞培养物保藏中心(DSMZ)	政府科研机构	1969	38 330	https://www.dsmz.de
5	日本微生物菌种保藏中心(JCM)	政府科研机构	1981	27 798	http://jcm.brc.riken.jp/en

续表

序号	保藏机构名称	保藏机构 单位属性	创建 年份	菌种总量 /株	网站
6	日本技术评价研究所生物资源中心 （NBRC）	半政府科研机构	—	32 096	https://www.nite.go.jp/ en/nbrc/index.html
7	韩国典型培养物保藏中心（KCTC）	半政府科研机构	1995	23 175*	http://kctc.kribb.re.kr/ En/Kctc.aspx
8	荷兰微生物菌种保藏管理中心（CBS）	半政府科研机构	1904	> 100 000*	http://www.westerdij- kinstitute.nl/Collections

注：表示 2020 年数据尚未更新。

就资源保藏增量而言，2020 年国家菌种资源库新增菌种资源 11 142 株，其中，专利菌种新增保藏量为 3361 株，居全球第 2 位，资源总量居全球微生物资源保藏机构首位。虽然我国非常重视微生物资源的保藏，注册保藏机构数量群体显著高于发达国家，但国际影响力与发达国家的保藏机构相比仍有差距。

在微生物种质资源保藏机构运行模式方面，一些发达国家已经形成了获取、鉴定、保存、研发和共享微生物遗传材料、信息、技术、知识产权和标准等多元化的服务模式，在该模式下运行的微生物种质资源保藏机构，专业化程度及国际认可度高，从而能进一步提高保藏机构在国内外微生物种质资源的获取、保存、发掘利用及分发使用上的水平。例如，目前涉及细菌新种发表的专业性期刊《国际系统与进化微生物学杂志》（IJSEM）会要求在新种发表时至少在 2 个国家的 3 个保藏机构进行保存，在此要求下，国际认可度高的菌种保藏机构就更容易收集到来自全球各地的具有不同特色的微生物资源，从而丰富其保藏资源的多样性。我国微生物资源保护工作相对于这些发达国家来说起步较晚，虽然目前国内微生物种质资源保藏机构在微生物资源的收集、保藏和共享上也逐渐形成了一套行之有效的运行模式，但是相较于美国、德国和日本等发达国家尚不够成熟，特别是在国际资源获取、信息资源挖掘、知识产权保护、国际参与度及资源高效利用方面还有待进一步提高。但得益于团队能力的稳步提升和技术设备条件的持续改进，国家菌种资源库也加强了微生物培养、鉴定和保藏能力建设。近年来致力于打造模块化的技术平台，开展了微生物全细胞蛋白质谱检测研究，尝试建立用于微生物菌种快速鉴定和微生物培养组研究的技术平台。分离培养、快速鉴定及基因资源挖掘等一系列技术平台的建设将显著提高我国微生物种质资源分离、鉴定和共享利用的效率。海洋资源的利用也受到全世界各国的高度重视，我国在海洋微生物资源收集保藏方面取得了很大的成

效。通过对国际菌种保藏联合会（WFCC）成员中海洋相关微生物菌种保藏机构的统计分析，我国海洋菌种资源库的库藏量占世界库藏总量的40%，处于国际领先水平。

2.3.2 微生物种质资源主要保藏机构

2.3.2.1 微生物种质资源特色保藏机构

（1）中国农业微生物菌种保藏管理中心

中国农业微生物菌种保藏管理中心（Agricultural Culture Collection of China，ACCC）是以应用为导向，专业从事农业微生物菌种保藏管理的国家级公益性机构，现保藏各类具有重要应用价值的农业微生物资源1.8万余株、30万余份，分属于527属1833种，占国内农业微生物资源总量的70%左右。涵盖了国内几乎所有微生物肥料、微生物饲料、微生物农药、微生物食品、微生物修复、食用菌等领域相关的农业微生物资源。ACCC于1979年由国家科委批准成立，现挂靠中国农业科学院农业资源与农业区划研究所，是国家菌种资源库牵头单位，也是国际菌种保藏联合会（WFCC）成员。ACCC于2015年通过《质量管理体系　要求》（GB/T 19001—2008）、《环境管理体系　要求及使用指南》(GB/T 24001—2004)、《职业健康安全管理体系　要求》(GB/T 28001—2011)3个质量管理体系认证。2020年，为贯彻落实《国务院办公厅关于加强农业种质资源保护与利用的意见》（国办发〔2019〕56号）和中央经济工作会议精神，ACCC负责制定国家农业微生物种质资源保护与利用体系，并牵头组织国家农业微生物种质资源保护与利用单位确定和资源登记工作，已完成首批资源保护单位评审，认定7个国家级农业微生物特色种质资源库。

（2）中国医学细菌保藏管理中心

中国医学细菌保藏管理中心（National Center for Medical Culture Collections，CMCC）为国家级医学细菌保藏管理中心，目前保藏各类国家标准医学菌（毒）种11 335株、29万余份，分属于110属659种，占国内医学细菌资源总量的90%左右，涵盖了几乎所有疫苗等生物药物的生产菌种和质量控制菌种。中心于1979年由国家科委批准成立，现挂靠在中国食品药品检定研究院，是国家菌种资源库9家国家级微生物菌种保藏中心之一，也是国际菌种保藏联合会成员。中心设有钩端螺旋体、霍乱弧菌、脑膜炎奈瑟氏菌、沙门氏菌、大肠埃希氏菌、布氏杆菌、结核分枝杆菌、绿脓杆菌等专业实验室。中心已于2015年通过ISO 9001：2008质量管理体系认证。

（3）中国药学微生物菌种保藏管理中心

中国药学微生物菌种保藏管理中心（China Pharmaceutical Culture Collection，CPCC）是国家级药学微生物菌种保藏管理专门机构，承担着药学微生物菌种的收集、鉴定、评价、保藏、供应与国际交流等任务。目前，保藏的各类微生物菌种数已达 56 724 株、26 万余份，分属于 752 属 1583 种。资源来源丰富多样，包括北极、南极、海洋、沙漠、药用植物等特殊生境。中心于 1979 年由国家科委批准成立，是国家菌种资源库 9 家国家级菌种保藏中心之一，也是国际菌种保藏联合会成员。中心收藏菌种以放线菌和真菌为特色，具有抗细菌（包括抗耐药菌和抗结核分枝杆菌）、抗病毒、抗真菌、抗肿瘤和酶抑制剂等多种生物活性。菌种主要包括以下 4 类：已知微生物药物产生菌、历年筛选过程中获得的多种生理活性物质产生菌、生物活性检定菌株和模式菌株及新药筛选菌株。

（4）中国工业微生物菌种保藏管理中心

中国工业微生物菌种保藏管理中心（China Center of Industrial Culture Collection，CICC）是国家级工业微生物菌种保藏管理专门机构，负责全国工业微生物资源的收集、保藏、鉴定、质控、评价、供应、进出口、技术开发、科学普及与交流培训。目前，中心保藏各类工业微生物菌种资源 13 047 株、32 万余份，分属于 494 属 1432 种，主要包括细菌、酵母菌、霉菌、丝状真菌、噬菌体和质粒，涉及食品发酵、生物化工、健康产业、产品质控和环境监测等领域。中心于 1979 年由国家科委批准成立，是国家菌种资源库 9 家国家级菌种保藏中心之一，也是国际菌种保藏联合会成员。中心于 2012 年率先在菌种保藏、加工、销售、鉴定评价、检测和菌种进口六大领域全面通过 ISO 9001：2008 质量管理体系认证。

（5）中国兽医微生物菌种保藏管理中心

中国兽医微生物菌种保藏管理中心（China Veterinary Culture Collection Center，CVCC）是唯一的国家级动物病原微生物菌种保藏机构，专门从事兽医微生物菌种（包括细菌、病毒、原虫和细胞系）的收集、保藏、管理、交流和供应。中心现收集保藏各类微生物菌种 8350 株，分属于 144 属 383 种（群），涵盖国内 80% 以上的兽医微生物资源。中心于 1979 年由国家科委批准成立，设在中国兽医药品监察所，同时在中国农科院哈尔滨兽医研究所、中国农科院兰州兽医研究所、中国农科院上海兽医研究所设立分中心，负责部分菌种的保藏、管理，是国家菌种资源库 9 家国家级菌种保藏中心之一，也是国际菌种保藏联合会成员。

（6）中国普通微生物菌种保藏管理中心

中国普通微生物菌种保藏管理中心（China General Microbiological Culture Collection Center，CGMCC）是我国最主要的微生物资源保藏和共享利用机构。作为国家知识产权局指定的保藏中心，承担用于专利程序的生物材料的保藏管理工作。1995 年，中心经世界知识产权组织（WIPO）批准，获得《布达佩斯条约》国际保藏单位的资格。中心现保存各类微生物菌种 70 000 余株 7200 种。中心微生物基因组和元基因文库超过 100 万个克隆，用于专利程序的生物材料 12 000 余株，专利生物材料保藏数量在全球 45 个《布达佩斯条约》国际保藏单位中居第 2 位。中心于 1979 年由国家科委批准成立，隶属于中国科学院微生物研究所。是国家菌种资源库 9 家国家级菌种保藏中心之一，也是国际菌种保藏联合会（WFCC）成员。

（7）中国林业微生物菌种保藏管理中心

中国林业微生物菌种保藏管理中心（China Forestry Culture Collection Center，CFCC）是国家级林业微生物菌种保藏管理专门机构，承担着林业微生物菌种收集、鉴定、评价、保藏、供应与国际交流等任务。目前，保藏微生物资源 20 182 株 48.9 万余份，分属于 903 属 3106 种（亚种），是我国保藏林业微生物资源种类最多、数量最大、实力最强、产生社会效应最为广泛的林业微生物菌种保藏机构。中心于 1985 年由国家科委批准成立，现挂靠中国林业科学研究院森林生态环境与自然保护研究所，是国家菌种资源库 9 家国家级菌种保藏中心之一。

（8）中国典型培养物保藏中心

中国典型培养物保藏中心（China Center for Type Culture Collection，CCTCC）是我国培养物保藏的专业机构之一，作为国家知识产权局指定的保藏中心，承担用于专利程序的生物材料的保藏管理工作。1995 年，中心经世界知识产权组织审核批准，成为《布达佩斯条约》国际确认的微生物保藏单位。目前，保藏有来自 22 个国家或地区的各类培养物 49 589 株，分属于 1783 属 7034 种。中心于 1985 年经教育部（原国家教委）批准成立，是国家菌种资源库 9 家国家级菌种保藏中心之一，也是国际菌种保藏联合会成员。

（9）中国海洋微生物菌种保藏管理中心

中国海洋微生物菌种保藏管理中心（Marine Culture Collection of China，MCCC）是专业从事海洋微生物菌种资源保藏管理的公益基础性资源保藏机构，负责全国海洋微生物菌种资源的收集、整理、鉴定、保藏、供应与国际交流。目前，库藏海洋微生物 29 640 株，分属 1358 属 5046 种，整合了包括自然资源部第三海洋研究所、自然资源部第一海洋研究所、中国极地科学研究中心、中国海洋大学、厦门大学、香港科技大学、青岛科技大学、山东大学（威海）、华侨大学、中山大学10家涉海科研院所在内的近海、深海与极地的微生物菌种资源，库藏量占国内海洋微生物资源的90%以上。中心从2004年起进入建设阶段，现挂靠于自然资源部第三海洋研究所，是国家菌种资源库9家国家级菌种保藏中心之一。

（10）国家级病原微生物菌（毒）种保藏中心

中国疾病预防控制中心、中国医学科学院、青海省地方病预防控制所、中国食品药品检定研究院、中国科学院微生物研究所、中国科学院武汉病毒研究所6家单位是原国家卫生计生委规划的承担人间传染的病原微生物资源保藏任务的国家级保藏中心。截至2020年初，我国已完成6家国家级菌（毒）种保藏中心的建设，广东省和湖北省2家省级菌（毒）种保藏中心，云南省地方病防治所1家保藏专业实验室指定工作，国家人间传染的病原微生物保藏网络已基本形成。其中，6家国家级保藏中心保藏病毒、细菌、真菌及其相关样本超过百万份。

2019年6月，经国家卫生健康委推荐，科技部、财政部批复依托中国疾病预防控制中心组建国家病原微生物资源库，承担病原微生物资源国家保藏任务，履行国家保藏职责。中国疾病预防控制中心在疾病监测工作过程中，收集保存了我国人间传染的各类致病性病毒、细菌、真菌、立克次体、螺旋体等引起39种法定传染病病原微生物资源，以及近年来全球新发、突发、再发等传染性疾病的相关病原微生物，如中东呼吸综合征病毒（MERS）、发热并血小板减少综合征病毒（SFTSV）等。同时，中国疾病预防控制中心也是世界卫生组织、国家卫生健康委指定的某些特殊高致病性病原微生物的唯一保藏单位。

（11）国家病毒资源库

国家病毒资源库由中国科学院武汉病毒研究所牵头组建，前身为中国科学院典型培养物保藏委员会—病毒库，创建于1979年，是国内最早专业从事病毒资源保藏与共享的保藏机构，也是唯一一家具备所有生物危害等级的菌毒种保藏资质、能力与条件的机构。保藏范围覆盖人类医学病毒、动物病毒、昆虫病毒、植物病毒和噬菌体等活体病毒资源，以及水生病毒、海洋病毒、极地环境病毒遗传资源和相关样本，保藏各类病毒资源达11.8万份，其中，高致病性病原微生物种类和数量占全国的90%以上。平台保藏管理体系标准化完成全覆盖，已取得ISO/IEC 17025：2005实验室资质认定、ISO 9001：2015质量管理体系认证，并被评为EVAg质量管理体系评审最高级别机构，持续为国内外研究机构、大专院校及企业，合法合规提供标准化病毒资源与技术服务。

2.3.2.2 微生物种质资源共享服务情况

（1）国家菌种资源库共享服务情况

国家菌种资源库在国家科技资源共享服务平台总体要求下，参照平台2020—2025年建设运行实施方案进行开放共享工作，进一步规范国家菌种资源库的共享服务机制，确保共享服务能力显著提升，服务成效持续增长。持续为各领域用户提供实物资源、技术服务；积极为国家各项课题提供技术、资源、信息上的支撑，为科研项目所产生资源保藏、研发利用提供平台和保障；开展相关技术培训服务等。国家菌种资源库以9个国家级菌种保藏中心为核心，通过平台门户网站（http://www.nimr.org.cn）及9个国家级菌种保藏中心各自的门户网站开展对外共享服务（表2-15）。截至2020年底，平台库藏资源总量达27.8万余株，备份350余万份，分属于2500余属1.4万余种。其中对外可共享量达16.4万余株，占国内可共享菌种总量的80%以上。国家菌种资源库面向社会全面开放共享，包括高等院校、科研院所、军事国防部门、企业及个人，采用公益性共享、资源交换共享和合作研究共享等多种共享方式，其中，国外用户目前仅限于公益性共享和资源交换共享。

表2-15 国家菌种资源库及其9家可对外共享的资源分库门户网站

序号	机构名称	依托单位	可共享量/株	共享服务网站信息
1	中国农业微生物菌种保藏管理中心（ACCC）	中国农科院农业资源与农业区划研究所	18 147	http://www.accc.org.cn
2	中国医学细菌保藏管理中心（CMCC）	中国食品药品检定研究院	9362	http://www.cmccb.org.cn
3	中国药学微生物菌种保藏管理中心（CPCC）	中国医科院医药生物技术研究所	10 716	http://www.cpcc.ac.cn
4	中国工业微生物菌种保藏管理中心（CICC）	中国食品发酵工业研究院有限公司	13 047	http://www.china-cicc.org
5	中国兽医微生物菌种保藏管理中心（CVCC）	中国兽医药品监察所	8350	http://www.cvcc.ivdc.org.cn
6	中国普通微生物菌种保藏管理中心（CGMCC）	中国科学院微生物研究所	24 055	http://www.cgmcc.net
7	中国林业微生物菌种保藏管理中心（CFCC）	中国林科院森林生态环境与保护研究所	19 307	http://www.cfcc-caf.org.cn
8	中国典型培养物保藏管理中心（CCTCC）	武汉大学	31 898	http://www.cctcc.whu.edu.cn

续表

序号	机构名称	依托单位	可共享量/株	共享服务网站信息
9	中国海洋微生物菌种保藏管理中心（MCCC）	国家海洋局第三海洋研究所	29 640	http://www.mccc.org.cn

国家菌种资源库共享服务用户范围不断扩大。2020 年，国家菌种资源库服务用户数量达 15 424 家次，较 2019 年增长 13.2%（图 2-17）。服务的用户中，企业用户占 62.2%、高等院校占 17.5%、科研院所占 15.5%、个人及其他占 4.8%。服务的企业用户涉及种植业、养殖业、食品、医药、公共卫生、肥料、烟草、日化、石油、冶矿、检验检疫等多个领域，用户范围覆盖全国，特别是在生物产业较发达的华北和华东地区共享服务频次更高。通过菌种资源的社会共享，有力支撑了我国生物产业的发展和生物科研水平的进步。

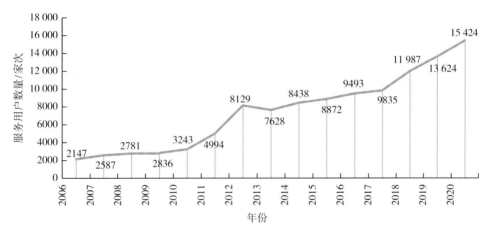

图 2-17　国家菌种资源库自建设时期以来服务用户数量情况

国家菌种资源库持续为各级各类科技计划项目的申报与开展等提供科研支撑。自 2011 年以来，支撑科技项目数量逐年增加（图 2-18）。2020 年，国家菌种资源库累计服务各级各类科技计划支撑项目 1626 项。其中包括国家级重大专项课题 41 项、重点研发计划项目（课题）141 项、973 计划和支撑计划项目（课题）5 项、国家自然科学基金项目（课题）398 项、省部级项目（课题）418 项、基地和人才专项 23 项、国际合作项目 8 项、其他项目工程（课题）592 项，比 2019 年国家资源库服务各级各类科技计划项目增加 174 项。

73

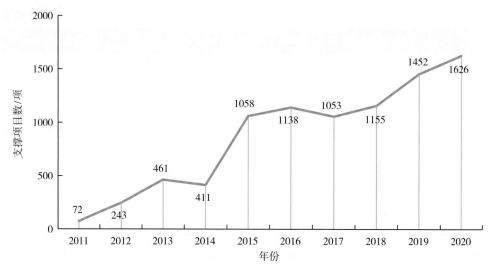

图 2-18 国家菌种资源库 2011—2020 年科技支撑情况

国家菌种资源库 2020 年度支撑发表论文 971 篇，其中 SCI 论文 587 篇；支撑专利 1984 项、论著 1 部、标准 3 个；支撑获得 19 项奖励。

国家菌种资源库利用资源优势，积极开展面向公众开放与科学普及活动。2020年，国家菌种资源库总共接待来宾访问 309 人次，培训服务人数共计 4094 人次，有效地宣传了国家菌库的建设成果和开放服务工作。

（2）国家病原微生物资源库共享服务情况

2020 年度，国家病原微生物资源库开放共享实物资源的总数量为 4506 株，占资源总量的 39.6%，开放共享的资源记录总条数为 4532 条，占资源记录总条数的39.4%。开放共享的实物资源保存库（单元）20 个，主要通过科普宣传、接待参观访问、科技项目支撑、技术服务等方式提供资源共享，开放范围包含合作的科研机构、大专院校、制药企业等。其中，服务用户单位 82 个，服务用户 657 人次；服务企业用户单位 46 个，服务企业用户 687 人次。

（3）国家病毒资源库共享服务情况

国家病毒资源库共享服务平台服务内容包括实物共享、信息共享，同时提供资源相关的技术服务。2020 年度国家病毒资源库坚持以需求为导向，面向国家重大科技项目、面向国家和社会突发服务需求，积极、主动开展服务。进一步完善资源开放共享服务制度，建立基于科技资源开放共享与运行服务的机制，规范服务体系，提高服务质量。

新冠感染疫情初期，国家病毒资源库迅速组织人员编制了《新型冠状病毒检测实验室生物安全指南》，被湖北省卫生健康委推荐作为第一批培训课件在全省新冠病毒检测实验室推广使用，为湖北省新冠病毒核酸检测及生物安全标准操作流程提供了宝贵的指导性技术支撑；该课件后续已推广至全国各省新冠病毒检测实验室生物安全培训使用。后疫情时代，平台在病毒及相关资源的收集保存与鉴定评价等相关技术研发方面做出了特色方向性建设与技术突破，重点部署新冠感染疫情应急攻关科研工作，建立了新冠病毒及相关人类冠状病毒的实验室检测技术，已经应用于武汉市新冠感染患者抗血清应答的持续跟踪及疫苗接种人群的抗体应答调查；同时，持续推进媒介传播病毒的检测技术建设与应用，也重视并部署病毒学基础机制研究相关重要技术平台建设，取得了一定进展和成效。在资源挖掘利用方面，坚持自主开展病毒资源鉴定分离，掌握获取病毒资源的主动性，同时加强病毒相关样本资源的利用和价值发挥，通过开展实验检测活动，挖掘并解决样本资源中可能包含的重要科学问题。

在支撑科技计划项目方面，2020 年度累计支撑发表新冠感染相关论文 86 篇，其中 SCI 论文 81 篇、CNS 论文 5 篇，影响因子 10 分以上 31 篇，高被引论文（领域 ESI 前 1%）12 篇，热点论文（领域 ESI 前 0.1%）4 篇；服务 10 个国家科技重大专项项目；服务 24 个国家重点研发计划项目；服务 20 个国家自然科学基金项目；服务 21 个省部级项目，包括 6 个科技计划项目；支撑 2 项标准研制，包括 1 项国家标准；支撑 1 项国家级科技奖项；支撑 5 篇政策性建议报告。

在资源共享方面，目前已有 80% 以上的资源开放了共享渠道。2020 年，平台累计面向国家、政府机关、疾控系统、医院、科研机构、大学、企业等 59 家各类机构，开展资源共享、技术、信息咨询、培训、制度编撰等全方位、多元化服务超过 50 000 余人次，服务对象涉及农业、医药、公共卫生、检验检疫、科普宣传等多个领域。

在公众开放和科普活动方面，平台组织参与湖北省"4·15"全民国家安全教育日宣传教育活动、湖北卫视荆楚科普大讲堂《开学第一讲》、中国科学院公众科学日、全国科普日、湖北省科技活动周、央视频科普直播接力大型科普活动 6 场，累计参与和服务人数 860 万余人。

2.3.3　微生物种质资源主要成果和贡献

（1）解决食用菌菌种"卡脖子"问题，掌握产业发展主动权

目前，我国金针菇的年产量维持在 250 万吨左右，是世界上最大的金针菇生产国和消费国。我国工厂化生产的白色金针菇生产菌种 100% 依赖日本进口，由于金针菇菌种不稳定，导致出菇不整齐、产量降低、商品外观一致性变差等问题，白色

金针菇生产菌种严重影响生产的稳定性和生产效益的"卡脖子"技术。针对这一"卡脖子"问题，依托国家菌种资源库库藏金针菇资源，从"种源的遗传稳定性维护""母种的一致性筛选"和"扩繁菌种的活力控制"等方面，创建了种源维护—母种筛选—科学扩繁的"三步法"菌种质量控制技术，利用该技术甄选的金针菇菌种在生产中出菇一致、丰产、商品外观整齐，完全满足工厂化生产的质量要求，解决了金针菇工厂化生产菌种的关键技术问题。目前，已为国内多家金针菇企业提供菌种质量控制技术服务，定期为企业提供稳定种源，服务企业生产金针菇达 350 吨/日。该技术的突破摆脱了我国金针菇生产对国外菌种的依赖，掌握产业发展的主动权（图 2-19）。利用该技术参与"三区三州"和定点扶贫县科技服务团，在贵州省剑河县、河北省平泉市、河北省阜平县、陕西省紫阳县等地进行科技扶贫。2020 年 10 月，国家菌种资源库张金霞研究员获颁全国脱贫攻坚奖创新奖。

图 2-19　金针菇菌种质量控制技术

（2）开展非洲猪瘟疫苗研发推进与技术服务，保障国家肉食供应链

针对非洲猪瘟重大疫情，国家菌种资源库积极响应农业农村部"非洲猪瘟疫苗研发推进工作计划"，对非洲猪瘟疫苗研发单位开展了技术指导、疫苗生物安全检验检测验证工作，对促进研制安全有效的非洲猪瘟疫苗提供了有力的技术支撑。会

同中国农业科学院哈尔滨兽医研究所、中国农业科学院兰州兽医研究所、中国动物卫生与流行病学中心、军事医学科学院军事兽医研究所等疫苗研发单位进行技术交流和指导，先后多次赴黑龙江、河南、新疆、兰州和内蒙古等地参加疫苗临床试验，深入临床养猪场进行观察，并对临床的 1848 份样品进行检测，为评价非洲猪瘟候选疫苗提供了重要参考数据。根据疫情需要，建立了非洲猪瘟疫苗评价检测用 PCR 方法及相应的标准物质，制定了疫苗安全性评价和检验的基本标准，为研发单位研究安全有效的非洲猪瘟疫苗提供了技术指南（图 2-20）。

图 2-20　非洲猪瘟疫苗研发

（3）启动新型冠状病毒国家科技资源服务系统，支撑新冠感染疫情防控

为做好新冠感染的防控和科研工作支撑，2020 年 1 月 24 日，由国家微生物科学数据中心和国家病原微生物资源库联合建设，中国疾病预防控制中心、中国疾病预防控制中心病毒病预防控制所、中国科学院微生物研究所、中国科学院病原微生物与免疫学重点实验室等单位共同建设的新型冠状病毒国家科技资源服务系统（http://nmdc.cn/#/nCoV）正式启动（图 2-21）。

该服务系统启动后，发布了由中国疾病预防控制中心病毒病预防控制所成功分离的我国第一株病毒毒种信息及其电镜照片、新型冠状病毒核酸检测引物和探针序列等国内首次发布的重要权威信息。同时，服务系统整合了全球冠状病毒基因及基因组大数据，建立了全球冠状病毒资源大数据平台。随着新型冠状病毒科研工作的进展，服务系统及时动态发布新型冠状病毒相关科技资源和科学数据的权威信息，为新型冠状病毒科学研究提供重要支撑，并为应对当前新型冠状病毒感染的肺炎疫情防控提供科技资源专题服务。同时，将进一步完善冠状病毒大数据平台，整合病原体的基因型与表型信息，以期实现传染病的早期预警，为国家生物安全提供数据保障。

图 2-21　新型冠状病毒国家科技资源服务系统

（4）发布卫生健康行业标准，推动病原微生物资源标准化体系建设

2020 年 7 月 1 日，国家病原微生物资源库牵头编制的中华预防医学会团体标准《病原微生物菌（毒）种保藏数据描述通则》（T/CPMA 011—2020）发布（图 2-22）。该标准是我国病原微生物保藏领域第一个卫生健康行业标准，明确提出并规范了我国保藏机构"硬件"建设标准，为近年各级保藏机构指定工作提供了技术支撑。

图 2-22　病原微生物菌（毒）种保藏数据描述通则

第 3 章

人类遗传资源

人类遗传资源是指含有人体基因组、基因及其产物的器官、组织、细胞、血液、制备物、重组脱氧核糖核酸（DNA）构建体等遗传材料，以及携带的遗传信息和基因组整合注释工具；其中遗传信息是指人类生殖细胞为复制与自己相同的DNA并传递给子代或个体细胞每次分裂时由细胞传递给细胞的信息，即碱基对的排列顺序，是开展生命科学研究的重要物质和信息基础。近年来，随着生物技术的进步，尤其是基因测序技术的突破，基于人类遗传资源开展的医药科技创新得以飞速发展。当今，基因检测、靶向治疗等技术引领经验医学向精准医学转变；以干细胞和组织工程为核心的再生医学，将原有疾病治疗模式突破到"制造与再生"的高度；以基因编辑为代表的基因操作技术，将人类带入"精确调控生命"的时代。人类遗传资源已逐渐成为研究生命规律、开展医学研究、推动新药创新、维护国家安全的重要战略性、公益性和基础性资源。我国是多民族国家，人口众多，占世界人口总数的22%，以14亿人口资源为基础的人类遗传资源，既是研究中华民族起源、基本生命现象、生理和病理机能及行为的物质基础，也是促进人口健康、维护人口安全、控制重大疾病和推动医药创新的重要物质基础。本章主要由健康与疾病资源、干细胞资源及人脑组织资源3节组成。

3.1 健康与疾病资源

3.1.1 健康与疾病资源建设和发展

3.1.1.1 健康与疾病资源

21 世纪以来，生命科学与信息科学、计算科学、系统工程学乃至人工智能等多学科深度融合，催生医学健康科技创新高度活跃，发展理念与研究模式显著转变，以大型队列生物样本库为基础的生命组整合注释日益成为未来生命科学与医学健康科技创新的源泉，引领了 20 世纪末至今的生命科学大发现。因此，人类生物样本资源不仅是生物医药研发、疾病诊疗、健康产业发展和国家安全的基石，也是生命科学前沿研究和生物高新技术发展的重要基础；而人类生物样本库不仅引发了药物功能试验新的革命，促进了基因组测序、功能基因研究、表型组研究的重大科学突破，也引领了人类生物样本库相关产业集群的形成和各种测试平台的测试技术和装备的研发，对生物医学领域的产业升级具有重要意义。在我国，目前围绕生殖健康和母婴健康为研究目标建设的出生队列生物样本库，逐渐在母婴生殖健康领域发挥了重要的作用，能够对生命早期暴露与胚胎发育、胎源性疾病，以及子代近、远期疾病和健康状况相关结局等的病因学和机制研究提供重要的生物样本资源和临床数据资源，也为制定疾病预防策略与措施提供了重要依据。

人类生物样本资源主要包括收集、处理、储存健康和疾病人体的生物大分子、细胞、组织和器官等生物样本，包括人体器官组织、全血、血浆、血清、生物体液或经处理过的蛋白、多肽、脂质、糖质和代谢物等分子物质，经遗传改造、诱导分化或永生化的特化细胞和类器官等衍生物，以及与人类生命体共生的微生物和排泄物等人体生物材料。

3.1.1.2 国际健康与疾病资源建设与发展

出生队列生物样本库是国际健康与疾病资源建设与发展的重要方向，该类研究及其生物样本库建设起源于英国，并在欧美发达国家广泛开展，主要用以评价遗传、宫内环境及出生后早期环境对子代的影响。出生队列研究的理论基础包括生命历程理论（Life Course Theory）和健康与疾病的发育起源学说（Developmental Origins of Health and Disease，DOHaD）。目前国际上的出生队列很多，并且有很多国家构建了本国或地区的大型出生队列，如日本环境与儿童队列（Japan Environment and Children's

Study，JECS）、美国国家儿童队列（National Children's Study，NCS）、荷兰鹿特丹队列（Generation R）、挪威亲子队列（Norwegian Mother and Child Cohort Study，MoBa）、丹麦国家出生队列（Danish National Birth Cohort，DNBC）、英国雅芳亲子纵向队列（Avon Longitudinal Study of Parents and Children，ALSPAC）、新德里出生队列（New Delhi Birth Cohort）。在国际上，英国儿童发育研究、丹麦国家出生队列、挪威母儿队列及纽约上州儿童出生队列等，对母亲孕前健康，包括体质量指数、妊娠期糖尿病、妊娠期高血压疾病及不孕不育的治疗等与儿童生长发育的联系，以及孕期暴露对子代体格发育、智力行为发育、儿童期疾病等的影响方面开展了广泛的探索并产出了大量高质量研究成果，为明确这些表型的产生机制提供了重要的线索。其中，以纽约上州儿童出生队列为例，该研究发现分娩孕周与宫内发育迟缓呈现负相关关系，并提示40周足月分娩会显著降低发育迟缓的风险[①]；芬兰出生儿童队列的研究团队发现，新生儿期（出生后14天内）的抗生素暴露与6岁前儿童发育密切相关，相比样本中新生儿时期没有抗生素暴露的儿童，在新生儿时期有过抗生素暴露的男孩（而非女孩）在6岁前的身高体重偏低，而从新生儿时期结束一直到6岁前的这段时间里，抗生素使用与男孩和女孩的身体质量指数偏高都有相关性。综上，由于队列构建耗时耗力，投入巨大，为了更好地发挥队列研究的价值，国际上开始启动了出生队列联合研究，世界卫生组织表示将为出生队列合作研究中的关键标准进行统一定义，并促进队列之间的相互协作。随着合作型的出生队列研究内容的不断深入及研究范围的不断拓展，未来将会收获到更加有意义的创新性成果。

3.1.1.3 国家人类生殖和健康资源库建设情况

2020年，国家人类生殖和健康资源库存储了规模达到2 289 012人份的生殖与发育相关生物样本，规模达到3 442 412人份的中老年健康与疾病相关生物样本，总量为5 731 424人份。2020年，国家人类生殖和健康资源库在2019年资源的标准化收集、整理、整合与保存的基础上，围绕北方大都市母子队列遗传资源库建设，开展了资源的数字化整理工作，构建了孕期营养与代谢母子队列遗传资源库和环境暴露母子队列遗传资源库，其中，孕期营养与代谢母子队列遗传资源库目前在库样本量为77.8万份，已在国家人类遗传资源平台汇交了37.2万份资源信息；环境暴露母子队列遗传资源库在库样本量为18万份，已在国家人类遗传资源平台汇交了18万份资源信息。

---

① HOCHSTEDLER K A，BELL G，PARK H，et al. Gestational age at birth and risk of developmental delay：the upstate kids study［J］. American journal of perinatology，2020，38（10）：1088-1095.

　　2020 年，国家人类生殖和健康资源库在复杂表型遗传病资源开放共享方面，重点利用复杂表型遗传病生物样本的外显子组测序、全基因组测序等多种方法，促进复杂遗传病精准医疗资源开放共享，探索精准医疗协同可持续性服务模式；在育龄夫妇生殖资源开放共享方面，重点针对生育风险因子进行定量及定性分级分类，面向临床助产机构开展生育风险监测服务。国家人类生殖和健康资源支撑 13 家京津冀地区的医疗机构开展复杂疑难遗传病精准诊断和治疗康复服务；支撑 19 家长江经济带区域的医疗机构开展复杂疑难遗传病精准诊断和治疗康复服务；支撑 6 家粤港澳大湾区的医疗机构开展复杂疑难遗传病精准诊断和治疗康复服务。2020 年，国家人类生殖和健康资源库依托中国人类资源共享服务平台，组织区域创新中心，按照人类遗传资源共享服务平台《人类遗传资源共性信息描述规范及编码标准》，完成 120 万人份人类遗传资源的收集整理与保存、汇交；在遵守前期制定的人类遗传资源库的相关管理制度与标准规范的前提下，新制修订遗传资源库相关管理制度 36 项；通过人类遗传资源开放共享，面向 25 家科研机构、医疗机构和企业提供服务用户总人数为 165 人次，支持国家自然科学基金项目 30 项，支持省部级项目 5 项，支持省部级科技计划项目 23 项，支撑专利 16 项，支撑发表 114 篇学术论文（图 3–1、图 3–2）。

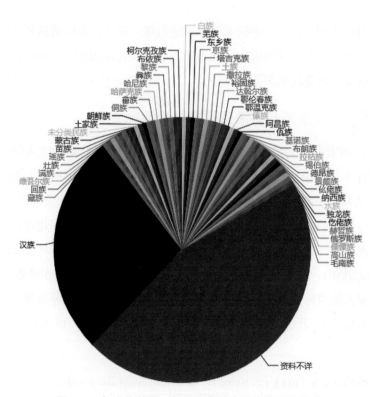

图 3–1　标准化整理、加工和存储实物资源民族构成

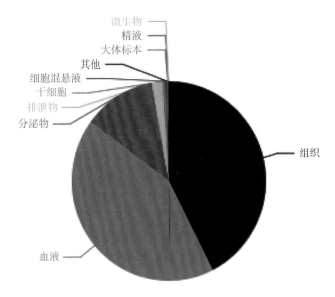

图 3-2 标准化整理、加工和存储实物资源样本类型构成

3.1.1.4 人类生殖和健康资源国内外情况对比分析

2020 年，国内生物样本库处在高速发展中，科技部人类遗传资源管理办公室全年批准了 16 项人类遗传资源保藏项目，其中，包括了武汉生物样本库有限公司人类遗传资源样本库（国科遗办审字〔2020〕BC0001 号）和北京生命科学园生物科技研究院有限公司保藏库（国科遗办审字〔2020〕BC0003 号）两家第三方生物样本库。另外，一批由各个地方医院建设的规模较小的生物样本库也在高速建设和发展中。目前，在我国生物样本库建设中，一个重要的趋势是生物样本库的自动化和信息化水平正在不断提升，这有赖于国内外生物样本库自动化设备和信息管理软件的快速发展；但目前国内的生物样本库还处在资源积累和机制探索阶段，急需在制度设计上给生物样本库更加宽松的政策环境，管理上更要借鉴国际上的成熟经验，大胆创新。

2020 年，全球新冠感染疫情发生以来，国际上生物样本库在应对公共卫生挑战中发挥了重要作用。例如，英国的 UK Biobank 利用每月从大约 2 万人身上采集的血液样本，确定了英国不同地区感染新冠病毒的程度，结果以周报形式在 UK Biobank 官方网站公布。UK Biobank 的新冠感染跟踪研究数据表明，多达 88% 的新冠感染康复者在 6 个月后依然有新冠病毒抗体，这项研究发现：在曾经的确诊患者中，99% 的人在感染后 3 个月，体内还保留着抗体；88% 的人更是在 6 个月内都是如此；由于接种新冠疫苗就是机体产生抗体的过程，科学家们认为这意味着注射疫苗产生的抗体可以持续至少半年。英国的生物样本库的管理经验带给我们最大的启示是通过

对全世界开放，充分利用全世界的人才、智力和资金来发展和壮大自己。我国在资源多样性和资源规模上具有明显优势，如何发挥好我们的新型举国体制优势仍有待思考。我们只有在制度上、管理上有更具优势的保障，才有可能厚积薄发、迎头赶上，把我们的资源优势、制度优势转变成科技优势、产业优势。

3.1.2　健康与疾病资源主要保藏机构

3.1.2.1　健康与疾病资源特色保藏机构

（1）中国科学院遗传与发育生物学研究所中华民族永生细胞库

我国是一个多民族国家，14 亿人口中的主体民族是汉族，还有 55 个已识别的少数民族，以及一些未识别民族。民族遗传资源是我国特有的珍稀遗传资源，是研究我国民族起源、遗传多样性的重要实验材料。由中国科学院遗传与发育生物学研究所牵头组建了中国 42 个民族、58 个群体的永生细胞库，包括 3119 个永生细胞株和 6010 份 DNA 标本，是目前规模最大的、较为完整的中国各民族永生细胞库，可满足永久性研究的需要。通过不同民族常染色体微卫星位点（STRs）、Y 染色体 DNA 多态位点、线粒体 DNA 和 HLA 遗传多样性等的研究，初步阐明了我国不同民族的起源及民族间的相互关系，各民族基因组结构差别及其遗传学意义。针对我国少数民族分布的一些特殊性，进行了隔离人群遗传资源的调查与收集，如对基诺族、布朗族、怒族和独龙族等民族群体进行了大规模的遗传疾病调查。

（2）复旦大学泰州自然人群队列生物样本库

复旦大学泰州健康科学研究院以泰州 500 万常住人口为中国人群的代表人群，以其中 35 ~ 65 周岁的城乡社区居民作为研究对象，关注中国人群高发的多种慢性疾病（如心脑血管疾病、多种代谢性疾病、消化道肿瘤等）。已建成约 20 万人的社区健康人群队列及一个大型的生物样本库，包括血液、唾液、齿缝、尿液、大便及固体组织样本，已拥有 20 万人份的生物样本及相关信息，该样本库也是目前我国最大的单一地区健康人群生物样本库。在建设健康人群大型队列的同时，还着力建设了若干子队列，如风湿免疫子队列、上消化道肿瘤子队列、心脑血管子队列、口腔疾病子队列、皮肤衰老研究子队列等；支撑了包括 863 计划、973 计划、国家科技支撑计划课题、国家科技基础专项等多个项目的科学研究。

（3）浙江大学医学院附属第一医院城乡重大传染病队列生物样本库

浙江大学医学院附属第一医院采集来自湖州市吴兴区、南浔区、安吉县、德清县、嘉兴市桐乡市，杭州市桐庐县，绍兴市柯桥区，舟山市普陀区、直属区，

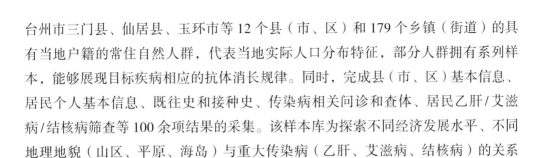

台州市三门县、仙居县、玉环市等 12 个县（市、区）和 179 个乡镇（街道）的具有当地户籍的常住自然人群，代表当地实际人口分布特征，部分人群拥有系列样本，能够展现目标疾病相应的抗体消长规律。同时，完成县（市、区）基本信息、居民个人基本信息、既往史和接种史、传染病相关问诊和查体、居民乙肝/艾滋病/结核病筛查等 100 余项结果的采集。该样本库为探索不同经济发展水平、不同地理地貌（山区、平原、海岛）与重大传染病（乙肝、艾滋病、结核病）的关系提供实验材料。

（4）中山大学中山眼科中心广州市双生子生物样本库

中山大学中山眼科中心通过人口出生资料和逐户家访等方式，在广州市建立了以人群为基础的双生子登记系统，登记了 9700 对 7～15 岁青少年双生子和 1500 多对 50 岁以上的老年双生子，建成世界上单一城市最大样本量的双生子登记系统。从 2006 年开始，该样本库收集了 1300 对 7～15 岁青少年眼部和全身相关表型，每年进行一次眼科和全身检查，包括眼部表型（屈光度、角膜曲率、前房深度、眼轴长度等），全身表型（身高、体重、血压等），随访时间已经长达 12 年。同时也采集了眼底图片、视网膜光学相干断层扫描、青光眼相关参数、血糖、血脂、肝肾功能及外周血 DNA 基因型数据库等表型。该生物样本库为研究我国青少年最常见的眼病——近视，提供了最宝贵的遗传研究资源，同时，对 100 对 50 岁以上老年双生子单次采集了以上所有表型。该样本库还与北京大学生命科学学院和中国科学院心理研究所等研究单位的学者合作，充分利用双生子样本资源的优势，建立高水平的双生子遗传研究平台，加强与其他学科的深度合作，重点开拓全身疾病，如行为医学、肥胖、高血压、冠心病和糖尿病的发病机制、疾病风险预测和疾病预后评估。

（5）生物芯片上海国家工程研究中心肿瘤生物样本库

生物芯片上海国家工程研究中心建立了较大规模、高质量、临床病理资料完备的以肿瘤为主的国际一流水准的生物样本库，拥有国际水准的组织生物样本收集、运输、贮存的标准化流程，质量控制体系，安全监控系统与信息化管理系统。截至 2019 年 12 月底，生物样本库拥有 36.8 万份肿瘤样本，成功运营了近 1 亿元的上海张江生物银行，建立了对外服务平台，完成新产品开发 90 余项，新工艺开发 10 余项，申请发明专利共计 60 余项，其中国际 PCT 专利 1 项，拥有软件著作权 24 项，利用生物样本库自主开发的高通量肿瘤组织芯片，与全国数百家医院、大学、研究所建立了合作关系，筛选、验证的分子标记物近 4000 种，合作进行的肿瘤预测等分子病理学研究结果发表在国际著名杂志上，为临床分子医学检测、分子医学诊断产

品与药物靶点开发奠定了坚实、重要的基础。

（6）国家基因库

国家基因库于 2011 年 10 月由国家发展改革委、财政部、工业和信息化部、卫生部四部委正式批复建设，于 2016 年 9 月 22 日正式在深圳运行。国家基因库以共享、共有、共为，公益性、开放性、支撑性、引领性为宗旨，在一期"干湿"库结合的基础上，拓展国家基因组库平台功能模块，初步完成生物资源样本库（湿库）、生物信息数据库（干库）、动植物资源活体库（活库），以及数字化平台（读平台）、合成与编辑平台（写平台）所构成的"三库两平台"的功能布局。在基因库二期的建设中，将进一步提升现有平台能力及进行功能模块的完善，继续建设优化"三库两平台"，打造集"生命密码"的"存""读""写"能力于一体的综合平台，促进生命科学领域的大资源、大数据、大科学、大产业的联动，进一步提高我国生命科学研究水平，促进生物产业发展。

（7）国家人类遗传资源中心

国家人类遗传资源中心是国家发展改革委投资，在北京市中关村生命科学园征地 62 亩建设的大型科研基础设施；其中，大型自动化生物样本存储系统由智能物联网监控的大型全自动数字化低温和超低温存储系统组成，单体储存能力达到 5000 万人份以上，是目前国际最先进的大规模生物样本库存储系统；配套大规模生物样本处理制备的大型开放实验室和 GMP 生物样本制备实验专区，以及大型网络信息中心，可以支撑大规模生物样本制备存储和数据信息的映射存储与复杂计算。截至 2019 年 12 月 31 日，国家人类遗传资源中心完成了 72 家参建单位 135 个资源库共计 20 242 848 份人类遗传资源实物标本的标准化整理、加工和存储，同时完成 20 242 848 份实物标本对应基础共享数据的采集、整理、加工和制作，实现了遗传资源数据向国家科技资源共享网的汇交和开放。此外，国家人类遗传资源中心还建立了由生命组学、生命能源、生命制造、移植再生、智能计算等研究中心组成的前沿科学平台，可支撑人类遗传资源的深层次加工，资源产品的开发转化及知识化、专业化服务。

3.1.2.2 国家人类生殖和健康资源库共享服务情况

2019 年，依托国家人类遗传资源共享服务平台，国家人类生殖和健康资源库首次汇交完成了 6 481 867 份人类遗传资源实物标本的标准化整理、加工和存储；其中新增 7 个资源库，有 43 个资源库为汇交新增资源，均完成相应资源的标准化整理、加工和存储。此外，平台还制定了人类遗传资源采集、处理、复制、保存及其专业资源库建设等 23 项标准规范和 16 项管理制度，确保实物资源和资源库具有流程化和标准化的技术操作规程体系，极大地提高了人类遗传资源的整理、保藏与共享的质量和效率，确保了资源保存的质量与资源管理的科学化。通过提供实物资源服务、信息资源服务、技术服务、成果推广等类型的资源服务，共计为 47 家用户单位提供了 315 596 份实物资源服务。服务用户单位主要包括高等院校、科研院所、政府部门、企业、个人等，其中高等院校的比例最高，占 39.25%。资源服务支撑了 218 项科技项目和课题，其中国家自然科学基金占比最高，为 38.53%，其次为国家级科技支撑计划课题，占 19.27%，省部级项目占 14.68%，基地和人才专项占 9.63%，国家重点研发计划占 3.67%，国家级科技重大专项占 2.75%，其他课题项目占 11.47%。平台面向公众开放与开展科普宣传，开展科普宣传的服务总人数达 2082 人次，开展培训服务相关会议的数量为 34 次，培训服务的总人数达 1742 人次，接待参观访问、宣传交流总人数达 1313 人次。

（1）中国人纤毛疾病遗传资源库

截至 2019 年 12 月国外研究证实纤毛疾病的致病基因已经超过 180 个，其中 Joubert 综合征致病基因已经超过 30 个。外国科学家们在阿拉伯地区、北欧、美国等国家和地区进行了细致而深入的研究，对纤毛疾病基因型和表型的关联做了初步的探索。但是中国作为世界上人口最多的国家，也是潜在的纤毛疾病患儿最多的国家，除了先天性黑蒙病、视网膜色素变性等眼科遗传病以外，对于 Joubert 综合征、Meckle 综合征等鲜有研究。以 Joubert 综合征为例，除了有大约 140 余例的病例报道之外，对 Joubert 综合征遗传机制研究少有报道。本研究取得的主要进展包括：一是建立了我国首个纤毛疾病遗传资源库，收集了包括 Joubert 综合征、多囊肾病、Meckel 综合征、窒息性胸廓发育不良综合征、原发性纤毛运动障碍、先天性黑蒙、肾单位肾痨在内的纤毛疾病患儿及家系样本共 337 人、1146 份样本（包括血液样本、组织样本、DNA 样本及 RNA 样本），其中 Joubert 综合征的样本数量为 301 人份，为中国之最，与样本库相对应的有 3907 张临床及影像学图片；二是建立并优化了纤毛疾病基因检测的实验和分析流程，汇总所得遗传数据（共计 109 人次的靶向基因组测序原始数据、70 个全外显子测序数据、12 人次的 MLPA 检测数据及 8764 次 Sanger 测序反应的数据）建立了中国第一个纤毛疾病相关的突变数据库。组织成立了纤毛疾病的病友组织"Joubert 综合征关爱之家"，加强了患者家长之间的联系和交流，给予患者家庭心理支持、正确的科学知识及遗传咨询；举办了首届"全国纤毛疾病研究专题论坛"，促进了纤毛疾病相关的科研机构和临床各个不同科室医生之间的合作，对这类罕见病的规范化诊断和治疗具有极大的促进作用，让更多的患者家庭受益。

（2）西北地区苯丙酮尿症遗传资源库

苯丙酮尿症（Phenylketonuria，PKU，OMIM #261600）是一种最常见的常染色体隐性遗传代谢病，因苯丙氨酸羟化酶（Phenylalanine Hydroxylase，PAH）基因突变导致 PAH 活性降低或丧失，苯丙氨酸（Phenylalanine，PHE）在肝脏中代谢紊乱所致。PKU 发病率有种族和地区差异，我国北方地区的 PKU 发病率高于南方地区，而西北地区明显高于全国平均水平，是 PKU 的高发区域。西北地区苯丙酮尿症遗传资源库收集整理了西北地区 475 个 PKU 家系血液样本，根据分型标准将 475 例 PKU 患者分为 3 种类型：经典型 PKU 253 例（53.26%）、中间型 PKU 150 例（31.58%）、轻度高苯丙氨酸血症（MHP）72 例（15.16%）。本研究采用 Sanger 测序、MLPA 方法、gap-PCR 对 PAH 基因突变进行分析，并采用生物信息学软件对新发现的突变进行功能预测，分析 PAH 基因突变与 PKU 患者表型的相关性；结果在 475 例 PKU 患者的 950 个等位基因中检测到 895 个突变，检出率为 94.21%，通过家系验证鉴定了 128 个突变，突变等位基因中频率最高的是 c.728G＞A（14.00%），其次是 c.611A＞G（5.58%）、c.1068C＞A（4.95%）；此外，对 74 例患者采用 MLPA 方法鉴定了 PAH 基因 7 种大片段缺失/重复突变，占总突变频率的 3.01%（27/895），其中 c.-4163_-406del3758 是西北地区最常见的类型，并用 gap-PCR 分析了大片段缺失突变的断裂点；本研究还鉴定了 20 个 PAH 基因新突变，并对其功能进行了预测。根据 PKU 患者的临床分型标准将 475 例患者进行分型，并对患者的表型与基因突变频率进行相关性分析，结果提示 c.158G＞A、c.1256A＞G 与轻度高苯丙氨酸血症相关；3 种类型患者突变检出率分别是：经典型 PKU 为 96.25%，中间型 PKU 为 94.79%，轻度高苯丙氨酸血症（MHP）为 88.89%，3 种类型患者基因突变检出率之间有显著性差异（$p < 0.05$）（表 3-1）。综上所述，通过对 475 个西北地区 PKU 家系进行 PAH 基因突变研究，首次建立了西北地区苯丙酮尿症患者基因突变谱，明确了西北地区 PAH 基因热点突变区域及突变的分布特点；首次发现并鉴定了 20 个 PAH 基因新的变异位点，并对这些位点进行了功能分析，丰富了 PAH 基因突变库。通过基因型与表型分析明确了部分突变位点与表型的相关性，此结果可以为表型预测提供一定的依据。

表 3-1　发现并鉴定的 20 个 PAH 基因新的变异位点

序号	碱基改变	氨基酸改变	SIFT（score）	PolyPhen-2（score）	HSF（score）
1	c.-52G＞C	—	—	—	—
2	c.59_60AG＞CC	Q20P	tolerated（0.18）	benign（0.064）	site broken（-34.66）

续表

序号	碱基改变	氨基酸改变	SIFT（score）	PolyPhen–2（score）	HSF（score）
3	c.87C > A	C29*	—	—	—
4	c.151G > C	V51L	deleterious（0.05）	benign（0.017）	—
5	c.205C > A	P69T	deleterious（0.02）	probably_damaging（0.95）	—
6	c.280A > G	I94V	tolerated（0.85）	benign（0.001）	—
7	c.332G > A	R111Q	tolerated（0.15）	possibly_damaging（0.459）	—
8	c.454C > A	P152T	tolerated（0.11）	benign（0.033）	—
9	c.475A > T	K159*	—	—	—
10	c.502T > A	Y168N	deleterious（0）	probably_damaging（0.996）	—
11	c. 510–6708_706+888 del7793insGG	—	—	—	—
12	c.773T > G	L258R	deleterious（0）	probably_damaging（1）	—
13	c.837C > T	P279P	—	—	probably no impact（0）
14	c.843–6T > C	—	—	—	probably no impact（0）
15	c.865G > A	G289R	deleterious（0）	probably_damaging（1）	—
16	c.969+4A > T	—	—	—	site broken（–40.35）
17	c.970–3C > T	—	—	—	probably no impact（0）
18	c.1024G > T	A342S	deleterious（0）	probably_damaging（0.994）	—
19	c.1147C > G	Q383E	deleterious（0.01）	probably_damaging（1）	—
20	c.1303G > A	D435N	tolerated（0.76）	benign（0.008）	—

（3）儿童罕见病 iPS 细胞模型库

利用收集到的儿童罕见遗传性疾病，采用非整合重编程技术从外周血成体细胞制备科研级 hiPSC 细胞株；科研级 hiPSC 细胞株具有与人类胚胎干细胞（hESC）高度类似的克隆形态和基因表达，长期维持正常核型（不包括一些特殊疾病来源的细胞），并在体外（in vitro）和体内（in vivo）都具有完备的三胚层分化潜能。目前，已经建立的儿童罕见病 iPS 细胞库的疾病类型包括遗传性神经系统疾病、遗传性心血管疾病、遗传代谢性疾病三大类；其中，遗传性神经系统疾病包括 2 例肌萎缩侧索硬化症患儿 iPS 细胞株（ALS-iPS）、3 例脊髓性肌萎缩症患儿 iPS 细胞株（SMA-iPS）、4 例遗传性癫痫患儿 iPS 细胞株（Epilepsy-iPS）；遗传性心血管疾病包括 3 例遗传性长 QT 综合征患儿 iPS 细胞株（LQTS-iPS）、7 例扩张型心肌病患儿 iPS 细胞株（DCM-iPS）、5 例肥厚型心肌病患儿 iPS 细胞株（HCM-iPS）；遗传代谢性疾病包括 4 例糖原累积症 II

型患儿 iPS 细胞株（GSD Ⅱ–iPS）、3 例胆固醇酯贮积症（CESD–iPS）等。

3.1.3　健康与疾病资源主要成果和贡献

（1）建成万例儿童遗传病资源库

国家人类遗传资源中心建立了 10 000 例儿童遗传病及家系成员遗传库，完成基因组测序，建立表型本体库。采用文本挖掘、Elasticsearch 搜索、表型富集和关联技术，开发了基于临床电子病历和关键临床特征的儿童遗传病表型组推荐算法模型，支撑表型复杂儿童单基因病的临床诊断；利用人类基因突变数据库（Human Gene Mutation Database，HGMD）、HGNC 数据库（HUGO Gene Nomenclature Committee）、ClinVar 遗传变异数据库、UniProt 等国际公共基因变异数据库，整合基于 PubMed 和 CNKI 知识库文本挖掘的表型—基因—变异关系，开发了基因变异谱快速构建技术，建立了中国儿童复杂单基因病基因变异数据库；研制了儿童单基因病表型组和基因组数据挖掘算法、新一代测序基因检测分析流程集成、高度并行化和变异循证溯源技术，开发了 Web 基因组浏览器，建立了儿童单基因病基因型和表型综合智能诊断模型；通过单基因病表型信息标准化采集与注释、基因组数据分析流程的变异识别、基于知识库的证据溯源、自动化临床分级和临床解读，并运用数据挖掘和人工智能技术手段，实现了临床遗传咨询的智能化；基于分布式存储的云平台系统，实现了多种遗传检测平台从原始数据到报告的自动化、智能化生成，建立了单基因病人工智能中心（图 3–3）。目前，本产品开始在我国 17 个省份的 45 家临床医疗机构和科研院所为临床医生和研究人员提供智能化遗传咨询服务。

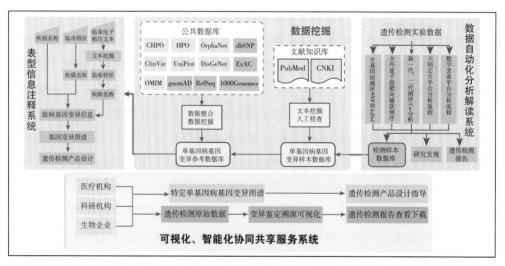

图 3–3　儿童复杂遗传病人工智能中心系统示意

（2）建成"中国重大疾病与罕见病临床与生命组学数据库"

国家人类遗传资源共享服务平台上海中心与解放军总医院等单位联合承担了"十三五"国家重点研发计划"精准医学研究"重点专项"中国重大疾病与罕见病临床与生命组学数据库"的建设，实现了信息获取、存储、分析与处理技术标准及信息资源化共享建设。疾病临床表型与生命组学数据的整合分析是精准医学产生并快速发展的主要动力，疾病组学图谱提供了深入认识疾病发生发展本质的分子基础，为临床提供了更为"精准"的疾病诊治手段。"中国重大疾病与罕见病临床与生命组学数据库"涵盖了对我国人口健康产生严重危害的14种重大疾病与罕见病，包括心血管疾病、肾病、代谢病、肿瘤与罕见病5个协作分网络，提高对疾病数据的"专门化"管理与流通，也是规模化、标准化、系统化收集疾病样本数据的根本保证，建立样本信息、临床资料与研究数据有机整合的大数据系统，开展临床与生物信息分析与数据共享。"中国重大疾病与罕见病临床与生命组学数据库"的建立为科研、临床等机构提供疾病组学大数据的可视化交互分析数据库系统，是集合数据采集、递交与更新、检索、再分析、可视化预览、分析工具集成等功能的开放共享的数据存取平台，并推动数据资源的长期、稳定与持续发展，为国家战略提供参考，通过大数据应用以改善疾病预防、控制与治疗奠定基础，形成良好的社会效应，促进数据颗粒的共享，为重大疾病的诊断和治疗提供全新的手段和数据支撑，进一步为推动我国精准医学的开展起到重要的作用（图3-4）。

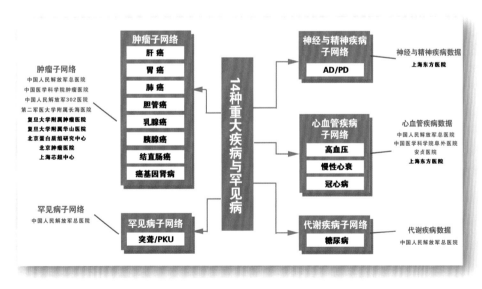

图3-4　中国重大疾病与罕见病临床与生命组学数据库架构

（3）国家人类遗传资源中心全球心肌梗死（中国）生物样本库助力国人急性心肌梗死预警标志物筛选

在大多数发达国家，心血管相关疾病死亡率在逐渐下降，但全球心肌梗死的患病率仍在增加，目前，急性心肌梗死（AMI）危险因素的资料大部分来源于发达国家的研究，而在发展中国家，有关心脏病的病因资料很少，来源于发达国家的研究结果是否适用于其他不同地区，目前仍不十分清楚。因此，在 50 多个国家进行的这项病例对照研究，主要目的是证明种族和/或地域划分的人群中一系列危险因素与急性心肌梗死的关系，并且评价这些危险因素在上述人群间的相对危险性。国家人类遗传资源中心全球心肌梗死（中国）生物样本库，是从全国 26 个中心入选了 3030 例初发急性心肌梗死的病例，并入选了与年龄、性别、地区相匹配的 3056 名进行对照，并将 DNA 和血浆样本保留在生物样本库中。利用生物样本库检测指标，阐述了 9 个重要的、可干预的危险因素，可以解释 90% 以上的心肌梗死发病风险，其中以 ApoB/ApoA1 作为最重要的危险因素，研究结果分别发表在了《柳叶刀》上，中国国内的 INTERHEART-China 病例对照研究结果发表在 *Heart* 上，遗传方面的研究成果发表在 *PLoS Medicine*、*Molecular Psychiatry*、*Atherosclerosis*、*PLoS One* 等期刊上。

3.2 干细胞资源

3.2.1 干细胞资源建设和发展

3.2.1.1 干细胞资源

干细胞是一类能够自我更新、具有多向分化潜能、能分化形成多种细胞类型的细胞。同时，干细胞根据不同的特征和标准可分为不同类型。目前，干细胞的研究和转化主要涉及 3 类人的干细胞资源：人成体干细胞（Human Somatic Stem Cell，hSSC），人胚胎干细胞（Human Embryonic Stem Cell，hESC）和人诱导多能干细胞（Human Induced Pluripotent Stem Cell，hiPSC）。人成体干细胞从特定组织获得，包括人间充质干细胞（Human Mesenchymal Stem Cell，hMSC）和组织特异性干细胞。人胚胎干细胞来源于受精后囊胚的内细胞团，可分化为各种类型的干细胞和组织细胞，具有无限增殖和多向分化潜能。人诱导多能干细胞是一种由成体细胞经重编程因子或化合物诱导等方法逆分化形成的多能干细胞，与胚胎干细胞拥有高度相似的自我更新能力和向三胚层细胞分化的潜能。

伴随着生物技术与遗传学研究的发展，干细胞资源在基础研究、生物制药、疾病预防及解读人类生存密码等方面的价值越来越凸显，已经越来越为世界各国所认识。干细胞资源一方面为科研工作者提供研究所需的细胞基础，为培养新的与细胞相关的技术型人才及开发新的细胞科学技术提供广阔的资源平台；另一方面，干细胞基于其自我更新和分化潜能，也为人类许多重大疾病的根治带来希望。我国对干细胞研究及转化高度重视，通过相关科技、产业规划，一系列科学计划和专项积极支持干细胞研发，推动了干细胞领域快速发展。目前，帕金森病、黄斑变性等年龄相关疾病的干细胞治疗已经发展到临床研究或临床试验阶段，取得了很好的进展，显示了干细胞治疗的安全性和有效性。因此，干细胞资源对我国乃至世界范围内的细胞相关基础研究和应用研究具有很好的支撑作用。

干细胞作为人类遗传资源重要的组成部分，是我国卫生资源的宝贵财富，其有效保护和合理利用关系到祖国和民族的利益，关系到我国医学科学及生物医药工业的未来发展。基于干细胞的特性，其长期保存需要保持在 –80 ℃以下的低温环境中，因此需要建立特定的场所用于保存干细胞资源。干细胞库是大规模采集、制备、储存及进行干细胞研究的场所和平台，干细胞资源主要以干细胞库的形式进行保存。根据资源调查统计，截至 2020 年底，全球知名的干细胞资源保藏机构不低于 20 个，保藏类型包含 hESC、hiPSC、hMSC、脐带血干细胞、肿瘤干细胞和造血干细胞等。

3.2.1.2　国际干细胞资源库建设与发展

干细胞技术的发展将改变传统的用药和手术治疗模式，成为治疗糖尿病、白血病、恶性肿瘤和心脑血管病等难治性疾病的主要手段，将给生物医药领域乃至人类生活带来深刻变化，同时具有巨大的产业化前景和应用优势。因此，各国政府、大学及研究机构纷纷建立干细胞资源库，开展干细胞资源的收集、储存和共享，为干细胞研究和临床转化提供相关的干细胞资源。

（1）欧洲人类多能干细胞登记库

2007 年 3 月，在欧盟第六框架计划（FP6）的支持下，欧洲人类胚胎干细胞系登记库（Human Embryonic Stem Cell Registry，hESCreg）获批建立。2009—2010 年，在 FP7 计划的资助下，欧盟进一步建立了欧洲人类多能干细胞登记库（hPSCreg）。

（2）欧洲诱导多能干细胞库（EBiSC）

EBiSC 是一个公私合作的项目，由辉瑞制药有限公司领导，Roslin 细胞科学公司负责管理，欧洲创新药物计划（IMI）及欧洲制药业联合体成员为其提供支持。2019 年 3 月，该细胞库的二期项目 EBiSC2 启动。

（3）英国干细胞库（UK Stem Cell Bank，UKSCB）

UKSCB 于 2002 年由英国医学研究理事会（MRC）和英国生物技术与生物科学研究委员会（BBSRC）共同资助建立，是世界上第一个国家级的胚胎干细胞库。2011 年 12 月，第一批临床级干细胞存入英国干细胞库，标志着干细胞库进入新的时代。

（4）美国典型培养物保藏中心（American Type Culture Collection，ATCC）

ATCC 成立于 1925 年，是世界上最大的生物资源中心，由美国 14 家生化、医学类行业协会组成的理事会负责管理，是一家全球性、非营利生物标准品资源中心。ATCC 向全球发布其获取、鉴定、保存及开发的生物标准品，推动科学研究的验证、应用及进步。

（5）美国国家干细胞库（National Stem Cell Bank，NSCB）

NSCB 由美国国立卫生研究院（NIH）于 2005 年资助建立，依托于威斯康星大学麦迪逊分校 WiCell 研究所。该干细胞库建立之初的目的是将符合联邦政府资助规定的 20 株 hESC 细胞系及其亚克隆汇聚到一起，并提供这些细胞系质量控制和分配的方法。

（6）NIH 人类胚胎干细胞登记库（NIH Human Embryonic Stem Cell Registry）

NIH 人类胚胎干细胞登记库是注册符合 NIH 资助标准的人类胚胎干细胞系的体系。

（7）RIKEN 生物资源中心（BRC）

1987 年，BRC 细胞工程部最初作为"RIKEN 细胞库"而成立。作为一个非营利性的公共组织，BRC 主要存储和分配动物细胞系。

3.2.1.3　国内干细胞资源库建设情况

干细胞资源的保藏主要在细胞库里进行，我国现有的干细胞库有三大类：一是由科技部从战略资源角度通过国家科研计划支持建立的干细胞资源库；二是参照血库建立的脐带血造血干细胞库，经批准的有北京市、天津市、上海市、浙江省、山东省、广东省、四川省等 7 家脐带血造血干细胞库；三是企业自主建立的干细胞库，一般通过与科研院所合作，共同出资建立公司控股的各地区脐带血库或建设自体干细胞库。

2019年6月11日，科技部网站发布《科技部　财政部关于发布国家科技资源共享服务平台优化调整名单的通知》，明确国家主管部门将再批准建设国家级干细胞库，其中"国家干细胞资源库"依托单位是中国科学院动物研究所，主管部门是中国科学院；"国家干细胞转化资源库"将依托同济大学建设，主管部门是教育部。同时，依托中国科学院上海生命科学研究院建设"国家模式与特色实验细胞资源库"。

为整合资源，优势互补，提升科技资源共享服务水平，国家干细胞资源库（原北京干细胞库）作为牵头单位积极筹备，依据"平等互利、优势互补、协同创新、合作共享"的原则，联合了3家国家级资源平台、5家具有重要影响力的代表性细胞资源库，包括国家干细胞转化资源库（同济大学）、国家生物医学实验细胞资源库（中国医学科学院基础医学研究所）、国家模式与特色实验细胞资源库（中国科学院上海生命科学研究院）、华南干细胞转化库（中国科学院广州生物医药与健康研究院）、华南细胞与干细胞库（军事医学科学院）、肿瘤干细胞库（陆军军医大学第一附属医院）、生殖干细胞库（北京大学第三医院）、人类干细胞国家工程研究中心干细胞库（湖南光琇高新生命科技有限公司）共同组建中国干细胞与再生医学协同创新平台，2021年第10位成员（血液系统疾病细胞库）加入平台。截至2020年底，各成员的细胞资源保藏情况如表3-2所示。目前，国家干细胞资源库人类细胞资源库存量有760株，包括临床级hESC 350株、hMSC 150株、hiPSC 160株、多能干细胞分化来源的功能细胞30株、人成体细胞约70株等；国家干细胞转化资源库临床级干细胞资源1376株（包括hMSCs 1013株、hiPSCs 253株等），科研级干细胞资源1519株（包括hESCs 58株、hiPSCs 884株等），西南肿瘤干细胞库依托于陆军军医大学第一附属医院，共获得人类肿瘤干细胞资源24株；中国科学院广州生物医药与健康研究院南方干细胞库，拥有hiPSC、hESC 108株；人类干细胞国家工程研究中心干细胞库拥有hESC 525株、hMSC 1643株、hiPSC 27株；军事医学研究院华南干细胞与再生医学研究中心华南细胞与干细胞库以造血种子细胞与多来源间充质干细胞存储为主，包括多种来源的hMSC 230株、造血干细胞（HSC）385株、hiPSC 91株、hESC 1株，总计707株；北京大学第三医院生殖干细胞库现保存hMSC 28株、hESC 7株、hiPSC 8株，共计43株；中国医学科学院血液病医院（中国医学科学院血液学研究所）血液系统疾病细胞资源库现存hiPSC 767株。

表 3-2　各干细胞资源库细胞资源情况

细胞库名称	依托单位	细胞类型	库容/株	备注
国家干细胞资源库	中国科学院动物研究所	hESC、hiPSC、hMSC	760	临床研究为主
国家干细胞转化资源库	同济大学	hiPSC、hMSC	2895	临床研究为主
西南肿瘤干细胞库	陆军军医大学第一附属医院	肿瘤干细胞	24	基础研究
南方干细胞库	中国科学院广州生物医药与健康研究院	hiPSC、hESC	108	基础研究为主
人类干细胞国家工程研究中心干细胞库	湖南光琇高新生命科技有限公司	hESC、hiPSC、hMSC	2195	临床与基础研究兼有
华南细胞与干细胞库	军事医学科学院华南干细胞与再生医学研究中心	hiPSC、hESC、HSC、hMSC	707	临床研究为主
生殖干细胞库	北京大学第三医院	hESC、hiPSC、hMSC	43	基础与临床研究并重
血液系统疾病细胞资源库	中国医学科学院血液病医院（中国医学科学院血液学研究所）	hiPSC	767	基础与临床研究并重

3.2.1.4　干细胞资源国内外保藏情况对比分析

根据资源调查统计，截至 2020 年 12 月底，国际上其他国家的主要保藏机构保藏各类资源总量和资源情况如表 3-3 所示。

表 3-3　各国干细胞库干细胞资源分析

干细胞库名称	现有干细胞资源规模	备注
欧洲诱导多能干细胞库	hiPSC 896 株	—
日本 RIKEN 生物资源中心	hESC 8 株，hiPSC 4053 株，hMSC 8 株	1987 年开始收集细胞资源
美国 NIH	hESC 485 株	—
美国 CRYO-CELL	自体脐带血干细胞 5 万份	世界最大的自体脐带血干细胞库
美国 WiCell	研究级细胞系超过 1200 株，包括疾病模型和对照；H1、H9 和 H14 细胞系在 GMP 条件下储存	2013 年 11 月开始收集
欧洲 hPSCreg	hESC 788 株，hiPSC 2579 株，其中临床级 73 株	2007 年建立

续表

干细胞库名称	现有干细胞资源规模	备注
英国 UKSCB	hESC 163 株	2002 年建立
韩国 KSCB（KNIH）	研究级 hESC 4 株，hiPSC 19 株	—
西班牙 BNLC	hESC 40 株，hiPSC134 株	2006 年建立
瑞士 KISCB	hESC 60 株	2002 年建立

通过国内外保藏情况对比分析发现：①从细胞资源类型上来看，主要集中在 hESC、hiPSC、hMSC 这三大类上，2020 年新增的细胞系主要集中在 hESC 和 hiPSC 上，而新增的 hiPSC 大部分是疾病特异的 hiPSC。②从细胞资源量上来看，在世界范围内，截至 2020 年 12 月，英国干细胞库作为最知名、最成熟的人类胚胎干细胞库，目前库存的 hESC 共 163 株。美国 NIH 人类胚胎干细胞登记库，拥有合格细胞系约 485 株；欧洲多能干细胞库主要是 hiPSC 细胞系，登记数量达到 896 株；日本 RIKEN 生物资源中心储存最多的是疾病患者来源的 iPSC 4000 余株；美国 CRYO-CELL 储存自体脐带血干细胞 5 万份。在国际范围内，我国的 hESC 及 hiPSC 细胞资源量位居世界前列，我国脐带血干细胞未作统计。③从细胞资源制备的流程和细胞质量上来看，国内外干细胞库除了关注研究级别的干细胞之外，都还关注临床级别的干细胞的收集和制备，为干细胞临床转化提供了基础。

3.2.2 干细胞资源主要保藏机构

3.2.2.1 干细胞资源特色保藏机构

（1）国家干细胞资源库

国家干细胞资源库（原北京干细胞库）成立于 2007 年，依托单位是中国科学院动物研究所，已于 2019 年 6 月 5 日获得科技部和财政部关于国家资源共享服务平台的批复。国家干细胞资源库具有完整的组织架构，制定了一系列的管理制度和相关的操作规程，内部建立了基于"人、机、料、法、环"的质量管理体系，保证干细胞产品的质量控制。2019 年 5 月，国家干细胞资源库通过 CNAS《生物样本库质量和能力认可准则》试点认可现场评审，并于 2021 年 3 月正式通过现场评审，成为 CNAS 首家认可评审的生物样本库（图 3-5）。

a   b

图 3-5　国家干细胞资源库相关情况

　　在前期细胞资源平台运行和研究的基础上，国家干细胞资源库积极参与国际、国内干细胞相关标准的制定，继发布首个干细胞标准及干细胞产品标准——《干细胞通用要求》《人胚干细胞》后，于 2021 年 3 月发布 6 项干细胞及功能细胞标准。同时积极参与国际 ISO 标准的制定，主导国际标准项目 3 项，参与国际标准 10 项，主导国家标准 2 项，参与国家标准 4 项。

　　为了更好地评价临床级 hESC 分化来源功能细胞的安全性和有效性，国家干细胞资源库建立了多种动物模型和功能评价平台，开展了国家两委备案的 11 项干细胞临床研究项目。新冠感染疫情期间，干细胞与再生医学创新研究院紧急派遣科技攻关组进驻武汉，按照科技部和联防联控科技小组统一安排，先后启动了 CAStem 细胞救治新冠感染导致的 ARDS 和肺纤维化的临床研究。CAStem 细胞注射液作为重症或危重症新冠感染的候选应急药物，于 2020 年 2 月 7 日获国家药品监督管理局 Ⅰ/Ⅱ 期新药临床试验批件（批件号：2020L00002），成为全球第一个由国家药监部门批准的干细胞治疗新冠感染临床试验，并入选国务院联防联控机制科技攻关组重点推荐的治疗新冠感染"三药三方案"。

　　（2）国家干细胞转化资源库

　　国家干细胞转化资源库依托同济大学，由同济大学附属东方医院（临床级干细胞资源）和同济大学生命科学与技术学院（科研级干细胞资源）负责承建，先后投资逾 1.5 亿元，建成 8000 m^2 涵盖干细胞基础研究、临床前研究、临床研究、相关产品应用开发与推广的干细胞转化一体化平台和干细胞临床研究全流程信息管理系统，拥有覆盖 60% 中国人群的 HLA 高频 iPSC 及各类临床级干细胞资源和科研级干细胞资源共 2895 株（图 3-6）。

a   b

图 3-6   国家干细胞转化资源库

截至 2020 年底,平台先后支撑 10 项科技部国家重点研发计划"干细胞及转化研究"重点专项,以及 4 项国家干细胞临床研究备案项目,适应症包括心力衰竭、Ⅱ型糖尿病肾病、间质性肺病、帕金森病等,为干细胞临床研究提供资源制备、质检、存储及技术支持和保障,有效推进了我国干细胞临床研究及转化应用进展。资源库积极搭建干细胞技术交流平台和技术培训基地。2017—2019 年,连续举办 3 届全国临床级干细胞库国家级继续医学教育项目,并于 2011 年起开展 40 期各类干细胞专业技术培训,培训人员逾 1000 名,有效提高了干细胞从业人员的理论素养和实践技能水平。

（3）南方干细胞转化库

南方干细胞库依托于中国科学院广州生物医药与健康研究院,存储各民族尤其是特有民族和隔离人群的细胞和相关组学信息;基于从尿液来源细胞诱导多能干细胞及神经干细胞的创新技术体系,建立尿液种子细胞储存库;开发引进先进的管理软件和硬件设施对细胞库进行标准化的系统管理,保证细胞库高效运行。细胞库基于项目建立的细胞供者筛查、组织采集、细胞分离、培养、冻存、复苏、运输及检测等通用标准,以临床级细胞自动化制备技术为核心,在华南地区为其他科研单位等提供干细胞及相关功能性细胞的获得和鉴定服务技术平台。

依托单位中国科学院广州生物医药与健康研究院已建成符合药品生产质量管理规范（Good Manufacturing Practice,GMP）的细胞生成制备车间,并研制开发全自动干细胞诱导培养设备,组织了一支国内高水平干细胞研究团队。这些设施和团队保证了细胞库拥有从羊水、脐带、骨膜、尿液、皮肤、牙周膜、牙髓、牙龈等不同组织来源制备 GMP 级别 hiPSC 的能力,拥有从多种组织来源制备多种功能性细胞（肝脏干细胞、神经干细胞、间充质干细胞等）的能力,同时拥有进行大规模和自动化的干细胞培养的能力及开展干细胞前沿科研活动的能力。

南方干细胞库以广州为核心,主要服务于粤港澳大湾区内干细胞与再生医学的

研究团队，辐射到整个华南地区。首先，细胞库收集到的细胞具有华南地区的地域特色，着重于保藏我国华南地区包括特有民族和隔离人群在内各个民族的细胞资源。其次，细胞库服务于粤港澳大湾区乃至华南地区干细胞与再生医学的优势研究团队，着重于保藏这些团队在研发中产生的新型和特有的细胞资源。作为高规格、高容量的细胞存储库，为细胞治疗技术和临床转化提供创新性的公共资源平台和基础设施。

（4）人类干细胞国家工程研究中心干细胞库

人类干细胞国家工程研究中心于 2004 年由发改委批准建立，湖南光琇高新生命科技有限公司是其实体运营单位，中心下设干细胞库，为干细胞和再生医学研究及临床转化提供"种子"细胞来源。

干细胞库按照中国 GMP 标准建设细胞制备中心，拥有多种细胞的产业化制备技术平台，建立了较为完善的质量管理体系，干细胞研究过程和标准化制备通过了 ISO9001：2015 认证。截至 2020 年 12 月，胚胎干细胞库共储存 hESC 525 株、hiPSC 27 株，包括正常胚胎干细胞库、疾病胚胎干细胞库，向高校、研究所、医院（如广州医科大学及其附属医院、浙江大学、中南大学、云南省第一人民医院、昆明理工大学、温州医科大学、西北大学等）等 30 余家单位提供 hESC，开展技术培训达 58 次，有效地带动国内干细胞与再生医学研究。

干细胞库积极开展临床转化研究，开发了多个系列干细胞产品，包括开发人胚胎干细胞衍生细胞产品（肝前体细胞、视网膜色素上皮细胞等），并申报了多项干细胞临床研究，而且干细胞治疗特异性皮炎、狼疮性肾病、硬皮病等难治性疾病的临床前药效评价也已经完成，将推动上述疾病的干细胞临床研究备案，并申报创新药临床试验。

（5）华南细胞与干细胞库

华南细胞与干细胞库坐落于广州国际生物岛，总面积 3100 m²，是由军事医学科学院、广州市人民政府、广州开发区、广东省科学技术厅合力打造的国际一流的综合性临床级细胞与干细胞库。拥有国际先进的百万级储存能力的分级分类临床级细胞与干细胞存储库，符合药品 GMP 标准的细胞与干细胞生产制备中心及中试车间，符合国家法规与标准的细胞与干细胞测试分析中心，并建有公共大型实验仪器平台、低温制备室、生物信息岛及学术报告厅等，拥有各类科研实验仪器千余台件。

华南细胞与干细胞库根据《药品生产质量管理规范》《干细胞临床研究管理办法》等法律与规范，建立了完备的 GMP 质量管理规范体系，从"人、机、料、法、环"五大模块进行全程质量监测与控制，先后通过了 CNAS（中国合格评定国家认

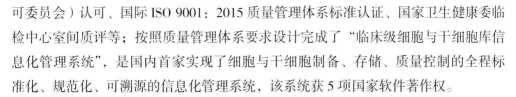

可委员会）认可、国际 ISO 9001：2015 质量管理体系标准认证、国家卫生健康委临检中心室间质评等；按照质量管理体系要求设计完成了"临床级细胞与干细胞库信息化管理系统"，是国内首家实现了细胞与干细胞制备、存储、质量控制的全程标准化、规范化、可溯源的信息化管理系统，该系统获 5 项国家软件著作权。

截至 2020 年底，华南细胞与干细胞库已存储围产期间充质干细胞 185 株 12 300 余支、牙髓干细胞 22 株 220 余支、脂肪间充质干细胞 27 株 1200 余支、385 株 MNC 1400 余支、91 株 hiPSC、1 株 hESC 100 余支、外泌体 38 份。

（6）西南肿瘤干细胞库

西南肿瘤干细胞库是国家干细胞资源库创新联盟首批成员单位，依托于陆军军医大学第一附属医院，Ⅰ期占地 160 m²，具备完善的肿瘤组织材料处理、干细胞培养和保藏的空间与设施，设计储量 100 万份。基于"顶层设计、整体规划、共建共享"的原则和国际/国内样本库建库标准等，西南肿瘤干细胞库制定了肿瘤干细胞生产流程和一系列的管理制度及相关的操作规程，涉及肿瘤组织采集、干细胞分离、培养、鉴定，以及细胞资源、数据信息的管理和共享等。截至 2020 年底，共获得肿瘤干细胞资源 24 株 128 份，为依托单位及合作团队提供服务近百次，支撑肿瘤干细胞相关科研项目 14 项、SCI 论文 14 篇、专利 7 项，极大地推动了该领域的发展。

（7）血液系统疾病细胞资源库

血液系统疾病细胞资源库保藏活细胞样本共计 12 万份、患者及家属入库 4 万余例次，是以保藏血液系统疾病骨髓细胞为特色的新一代生物样本活库，实现了血液病理细胞的规范化收集、存储、管理和使用。特色人诱导多能干细胞 iPSC 共享技术平台以科研合作和技术服务为导向，数年来，已经建立血液系统疾病和罕见病等多种疾病来源的干细胞 700 余株，是血液学研究领域依托干细胞技术开展跨领域跨专业合作的先锋军。

平台拥有从骨髓或外周血单个核细胞高效建立 iPSC 的技术方法，在血细胞重编程、iPSC 基因编辑、血细胞基因编辑等方面取得诸多成果，已经建立数百株血液病和其他罕见病来源的诱导多能干细胞系，为研究相关疾病病理机制和药物筛选系统提供了独特模型。平台自建立以来，已为所内外多个课题组提供血细胞 iPSC 建系技术合作与服务。

3.2.2.2　国家干细胞资源库共享服务情况

作为科技资源共享服务平台，各资源库为科学研究、技术进步和社会发展提供

网络化、社会化的科技资源共享服务。2020年，国家干细胞资源库已与100余家科研院所和医院进行资源及技术合作共享，已共享1000余份细胞资源，支持多项国家各类重大科学项目。国家干细胞转化资源库提供干细胞研究等技术支持，共计服务662次；华南细胞与干细胞库支撑多家医院开展的MSC临床应用备案项目。西南肿瘤干细胞库为依托单位及合作团队提供服务近百次，支撑肿瘤干细胞相关科研项目14项、SCI论文14篇、专利7项，极大地推动了该领域的发展。血液系统疾病细胞资源库建立以来，已为所内外多个课题组提供血细胞iPSC建系技术合作与服务，面向应用提高样本使用率和转化率。

3.2.3 干细胞资源主要成果和贡献

干细胞研究和应用发展迅速，我国的这些干细胞资源在支撑科技创新和社会发展上做出了很多贡献，涉及细胞基础研究、细胞临床应用、国际合作的推进，以及对整个行业的规范等方面。

（1）制定国内首个干细胞标准

依托干细胞资源的研究结果，中国科学院动物研究所国家干细胞资源库主导起草并联合发布了国内首个干细胞国家标准《干细胞通用要求》和首个关于人胚干细胞的标准《人胚干细胞》。这两个标准都是在中国细胞生物学学会干细胞生物学分会领导下，由国家干细胞资源库、中国标准化研究院和中国计量科学研究院等单位参照国内外相关规定，并征询干细胞领域多方专家的建议共同起草制定的，经广泛征求意见，最终修订发布。

已发布的两个团体标准是根据国家标准委2017年发布的《团体标准管理规定》制定的针对干细胞通用要求的规范性文件，标准围绕干细胞制剂的安全性、有效性及稳定性等关键问题，建立了干细胞的供者筛查、组织采集、细胞分离、培养、冻存、复苏、运输及检测等的通用要求。在国家标准发布之前，作为团体标准出版，可以为从事干细胞研究，包括干细胞研发机构、备案医院和干细胞库建设的人们提供具有国际水准的、已达成行业共识的、专业的参考和依循，将在规范干细胞行业发展、保障受试者权益、促进干细胞转化研究等方面发挥重要作用。

（2）干细胞资源在临床应用中的作用凸显

2019年12月，我国湖北省武汉市确诊首例新冠感染病例，随即新冠感染疫情先后于国内外暴发。各细胞资源库积极启动干细胞抗疫工作，有效地支撑了疫情的防控。

干细胞与再生医学创新研究院紧急派遣科技攻关组进驻武汉，按照科技部和联防联控科技小组统一安排，先后启动了 CAStem 细胞救治新冠感染导致的 ARDS 和肺纤维化的临床研究。CAStem 细胞于 2020 年 2 月 7 日获国家药品监督管理局Ⅰ/Ⅱ期新药临床试验批件（批件号：2020L00002），成为全球第一个由国家药监部门批准的干细胞治疗新冠感染临床试验，并入选国务院联防联控机制科技攻关组重点推荐的治疗新冠感染"三药三方案"。科研攻关组先后在多个医院开展临床研究/试验，累计救治重型新冠感染患者 74 例，未出现药物相关不良反应和严重不良反应，并且全部治愈出院。这次临床试验为武汉疫情的防控带来了积极影响，有效地支撑了一线疫情的防控。

人类干细胞国家工程研究中心干细胞库牵头成立湖南省新冠感染重症患者间充质干细胞治疗专家组，制定了《湖南省新型冠状病毒肺炎重症患者间充质干细胞治疗指导原则（试行第一版）》。与长沙市一医院联合申报获批湖南省科技厅新冠感染应急项目，免费捐赠临床级别间充质干细胞制剂用于重型/危重型患者的救治和新冠感染严重后遗症恢复期患者的治疗。2 例危重型晚期 ECMO 治疗患者治愈出院；重型患者无一例转为危重型，全部治愈出院；10 例恢复期患者的肺功能和生活质量显著改善。

华南细胞还积极组织力量参与疫情防控，一方面建立细胞制备及快速响应流程，全力做好治疗用干细胞制剂的准备工作，确保细胞制剂能第一时间运送到广东省内各地，到达临床机构后床旁复苏使用；另一方面同广东省卫生健康委、广东省科技厅、广州市科技局积极沟通，为新冠感染的干细胞救治提供建议方案。

国家干细胞转化资源库获批科技部应急科研攻关项目"应对新冠感染的间充质干细胞治疗研究"，入驻武汉开展脐带间充质干细胞治疗重症新冠感染患者的临床研究，共治疗 37 例重症新冠感染患者，所有患者全部出院，并初步显示安全有效。

为规范并加强间充质干细胞治疗技术在新冠感染重症患者医疗救治中的应用，经湖南省卫生健康委批准，人类干细胞国家工程研究中心干细胞库牵头成立湖南省新冠感染重症患者间充质干细胞治疗专家组，制定了《湖南省新型冠状病毒肺炎重症患者间充质干细胞治疗指导原则（试行第一版）》。

（3）推动国际干细胞协作研究

国际干细胞研究学会（International Sociaty for Stem Cell Research，ISSCR），在全球 60 多个国家和地区拥有 4000 多名成员，旨在推动和促进与干细胞有关的信息和想法的交流与传播，推进干细胞研究和应用领域的专业和公共教育及干细胞科学

家、医生间的全球协作，促进生物干细胞的研究和临床应用。依托于前期干细胞资源的研究经验和结果，中国细胞生物学会干细胞分会人员在 ISSCR 2016 年发布 *Guidelines for Stem Cell Research and Clinical Translation* 之后，立即组织专家完成了中文稿《干细胞临床转化指南》的翻译，以期为中国的干细胞研究与转化提供参考，并促进中国干细胞研究和转化法规的发展和完善，为推动干细胞临床转化国际化提供支持。

国际干细胞组织（International Stem Cell Forum，ISCF），是一个非营利性国际组织，由各个成员国的干细胞管理机构和基金组织组成。目前，ISCF 有 22 个正式成员国，3 个观察员国家，中国于 2007 年正式加入，中国科学院是 ISCF 指派的中国代表，周琪院士为 ISCF 主席。受 ISCF 委托，在中国科学院、科技部、国家自然科学基金委员会和 MRC 的联合支持下，中国科学院动物研究所多次承办 ISCF 临床级干细胞库研讨会、人类胚胎干细胞研究新进展研讨会等会议，为国际干细胞组织的沟通交流提供平台和保障。

近年来，随着国际干细胞研究的深入，为了更好地顺应国际干细胞发展的潮流，国家干细胞资源库也加入了国际干细胞库行动计划（International Stem Cell Banking Initiative，ISCBI），与国际上很多细胞库建立联系，共同沟通交流，提高国际标准化意识。基于干细胞资源的研究结果和基础，参与了国际标准组织（International Organization for Standardization，ISO）相关工作，并与该标准组织的很多专家建立了合作联系，同时，作为中国 ISO 代表团，每年都参与 ISO TC276 关于细胞标准的会议，提交标准提案，同中国食品发酵工业研究院等单位一起承办 2018 年在北京举行的 ISO/TC276 工作会议，形成了干细胞和再生医学研究的国际化环境。

3.3 人脑组织资源

3.3.1 人脑组织资源建设和发展

3.3.1.1 人脑组织资源

人脑是大自然亿万年自然进化的巅峰产物，其结构较动物脑不仅更为复杂，还在众多方面极其独特。在过去的 150 年里，针对人脑的研究在认识中枢神经系统疾病方面起到了关键作用，但是，绝大多数脑部疾病的发病机制目前仍然不明。

揭示人脑秘密、开拓人脑潜力、促进人脑健康、攻克人脑疾病是当今和未来人类发展最激动人心而又富于挑战的科学命题。与此同时，类脑研究已经成为计算机科学前沿技术的发展战略，人脑与类脑研究的互动有望产生颠覆性的科学技术，预计到 2025 年，类脑技术对于全球经济的贡献将超过 20 万亿美元。人脑组织资源库（以下简称"人脑库"）服务于脑科学、脑疾病研究和教育等领域，对志愿捐献的死亡后人脑进行收集、处理、保存和神经病理学检查，向神经科学研究者提供优质人脑研究样本。

3.3.1.2 国际人脑组织资源建设与发展

在西方发达国家，从 20 世纪 60 年代开始，人脑库建设逐步得到高度重视与长足发展，支持和推动了对人脑形态与功能、人脑发育与老化及许多神经精神疾患疾病机制的探索。20 世纪 70 年代开始，很多国家成立了由政府卫生部门管理、资助或协调，由医疗科研学术机构成立的全国性或地区性的脑库，并逐步构建脑库网络。国际上一些著名的人脑库主要建立在综合大学的神经科学研究机构或神经疾病医疗机构中，如哈佛人脑库、荷兰人脑库、日本东京大学医学系人脑库等。脑志愿捐献、病史获得、脑取材、储存和病理诊断、脑标本的共享等环节逐渐建立了标准化程序。并有完善的遗体捐赠和器官移植的相关法律法规和完备的程序规定提供法律规范和保障，如西班牙《器官捐献法》。目前，神经病理学、生物标记物结合的大样本、大数据的临床研究已经成为神经精神疾病发病机制、转化医学和药物开发综合性研究的新趋势。

在国际上，美国拥有全球最多的人脑库和人脑储存，有超过 30 所大学建立了以老年性神经疾病为重点的人脑库。哈佛大学脑组织资源中心是美国高校较大的人脑收集和分配资源中心。仅该大学的人脑库就已收集保存人脑 3000 多例。其他大学如宾州大学、加州大学、芝加哥地区多所大学都有较大的人脑库，根据这些学校中的科学家发表的论文描述，样本量都达到数千例。美国还拥有数家大型私立非营利性人脑组织库和正常与疾病人脑研究所。班奈尔（Banner）太阳城健康研究所以退休安居社区为基础，数千老年居民已注册死后脑与遗体捐献用于科学研究，已实现脑捐献千余例；力博（Lieber）脑发育研究所是以神经系统发育及疾病为研究重点的私立研究所，收集数千例胎儿到 90 多岁人脑标本。美国国立卫生研究院（NIH）有专门支持和协调全国人脑库的专门机构——NIH 神经生物样本库网络中心。由神经疾病和中风研究所、心理健康研究所、儿童健康和人类发育研究所 3 家分支机构

共同负责提供专项经费，维持主要人脑库的行政运行，同时资助特定的综合性研究项目。

欧洲脑库联盟于 2001 年由欧洲大陆和英国著名人脑库组建，目前已发展至 18 家正式成员和 2 家协作成员，获得了欧盟委员会第五框架计划中的生命科学项目资助（LSHM-CT -2004-503039）。欧洲脑库联盟要求成员采用统一的标准化人脑取材、保存、基本病理检测程序，并推动人类脑组织资源共享，支持欧洲和世界其他地区的神经科学合作研究。澳大利亚已建立 10 多个人脑组织库，组成了澳洲人脑库联盟。澳大利亚人脑库联盟的主要分支人脑库包括新南威尔士州组织资源中心、悉尼人脑库、昆士兰人脑库、南澳人脑库和西澳人脑库，在人脑老化、神经退行性疾病、精神疾病、脑损伤及正常人脑结构和功能方面进行广泛探索，与世界各地神经科学家开展人类脑组织共享和合作研究。

3.3.1.3 国家人脑组织资源库建设情况

国家人脑组织资源库包括国家发育和功能人脑组织资源库与国家健康和疾病人脑组织资源库（原"浙江大学医学院中国人脑库"）。截至 2020 年 12 月 31 日，国家发育和功能人脑组织资源库保藏人脑组织样本总计 352 例，其中主体单位北京协和医学院人脑组织库共收集保存 346 例全脑组织，2020 年新增资源 77 例。共建单位河北医科大学人脑组织库（简称"河北脑库"）收集人脑样本 6 例，新增资源 5 例。2020 年度向国内 7 家单位、11 个课题组共提供了冰冻人脑组织样本及固定人脑组织石蜡切片共计 1848 例次，总共涉及 230 例人脑组织的不同脑区，占总例数的65%，支撑了 13 项国家自然科学基金项目和其他课题。

2020 年，国家健康和疾病人脑组织资源库同时在安徽省合肥市、江苏省南京市、上海市设立了 3 家国家脑库的分库，分别由安徽医科大学、南京医科大学、复旦大学医学院承建，辐射范围涵盖华东地区的长江三角洲地区的 3 个主要城市。各分库与国家健康和疾病人脑组织资源库签订共建合作协议，执行统一质控标准，开展资源收集保藏和共享服务工作。这解决了由于人脑全脑组织样本收集的质量受到时间和地域限制，无法实现跨地区收集样本和保藏的困境。截至 2020 年 12 月 31 日，国家健康和疾病人脑组织资源库保藏全脑组织样本共计 390 例，其中位于主体单位浙江大学医学院中国人脑库收集保存 283 例，位于安徽医科大学分库 24 例、南京医科大学分库 12 例、复旦大学分库 71 例。2020 年，国家健康和疾病人脑组织资源库新增资源 85 例，其中安徽医科大学分库新增 3 例、南京医科大学分库新增 6 例、复旦大学分库新增 11 例。2020 年度国家健康和疾病入脑组织资源库收到校内外科研单位的脑组织样本研究申请书共 28 份，通过审核批准发送的人脑组织研究样本 483 份，支持的研究课题包括国家重点研发计划 1 项、国家自然科学基金重点国际合作项目 1 项、国家自然科学基金面上项目 3 项、国家自然科学基金优青项目 1 项、国家青年千人项目 1 项和校级专项科研基金 2 项。国家健康和疾病入脑组织资源库提供样本支持发表论文 4 篇。截至 2020 年 12 月 31 日，国家健康和疾病入脑组织资源库共向国内近 50 个研究课题组近 70 项科研项目提供了约 4880 份人脑组织样本，支持发表论文 16 篇。

3.3.1.4　人脑组织资源国内外情况对比分析

国内外脑组织资源建设方面存在很大差异。

首先，表现在脑样本收集数目方面。尽管很难详细统计国外样本总量，但根据发表文献及私人交流，估计应该有数万例。根据阿尔茨海默病（AD）论坛提供的全球以神经退行性疾病研究为重点的人脑库分布图及链接，其中，美国 79 所、英国 16 所、澳大利亚 10 所、德国 7 所、加拿大 3 所、荷兰 1 所。值得说明的是，美国、欧盟和澳大利亚成立了人脑库联盟。其中，美国国家阿尔茨海默病协调中心（National Alzheimer's Coordinating Center）包括 27 家研究单位，收集的人脑组织样本达 1.3 万例，其中，近 3000 例记载了捐献者生前完整病史。英国多家医学高等学府拥有人脑库，并由医学研究委员会（Medical Research Council）和惠康基金会（Wellcome Trust）资助和协调形成全国人脑组织资源网，由 10 家人脑库组成共享平台（UK Brain Bank Network）已收集上万例人脑组织样本。荷兰人脑库已保存各种神经精神疾病和对照人脑组织样本 3000 多例。与之相比，我国规范化人脑库截至 2020 年底只收集人脑组织样本数百例。

其次，国外人脑库的建立、管理和运行一般由神经病理学家和临床神经科学家主导。各个人脑库尽管规模不同，基本上都有完整的服务、技术、研究及诊断团队形成支撑。就我国目前的情况，人脑库建设还只能以医学院校解剖系"遗体捐献计划"为依托比较实际可行。

最后，国外人脑库目前已建立以收集神经疾病列队患者脑样本为重点的发展模式。越来越多的样本来自有完整生前生活史和疾病诊疗记录（包括神经精神检测指标）的患者。因此，样本优势和专家团队优势不断提升其研究层次，大样本临床 – 病理综合研究成为趋势。

不同于动物组织，人脑组织在种族及人群上有较大差异，因此，即使数量不及国外，但由于中国人群的特殊性，国内人脑库样本也在国内及国际科研工作中具有不可替代的作用。目前，国内人脑库也逐步开展以脑组织收集为终点的生前队列研

究，而且由于开展较晚，可以采用最新的临床检查手段，收集更为详细的背景信息。

3.3.2 人脑组织资源主要保藏机构

3.3.2.1 人脑组织资源特色保藏机构

近年来，中国医学科学院北京协和医学院、浙江大学医学院和中南大学湘雅医学院等部分国内知名高校从 2012 年开始陆续建立了人脑库，并于 2016 年成立了中国人脑组织库协作联盟，共同编写和出版了《中国人脑组织库标准化操作规范》。目前联盟成员已增至 13 家，分布于东北、华北、华东、华中及西南，为促进中国人脑库的建设和规范化奠定了坚实的基础。

（1）中国医学科学院北京协和医学院人脑库

中国医学科学院北京协和医学院人脑库（简称"协和脑库"）成立于 2012 年，设在中国医学科学院基础医学研究所，2018 年正式成为国家发育和功能人脑组织库。截至 2020 年 12 月 31 日，共收集和保存 346 例全脑组织，是国内最大的规范化人脑库。其中，男性 195 例、女性 151 例。年龄范围为 0 ~ 102 岁，中位数 82 岁，50 岁以下 19 人、50~70 岁 60 人、70~90 岁 214 人、90 岁以上 53 人。有痴呆病史者 45 人，帕金森病病史者 9 人，其他神经精神疾病，如脑梗死、精神分裂症病史者 49 人，无神经精神疾病史者 250 人。人脑样本采用半脑固定、半脑冰冻保存方式，保存包埋蜡块 4000 余块及染色切片约 34 万张，并进行了冰冻样本的 DNA、RNA 和蛋白质量检测。目前已建立"基于遗体志愿捐献的前瞻老年研究队列"，入组人数已超过 800 人，是国内首个以人脑捐献为终点的队列。协和脑库还是中国人脑组织库协作联盟的牵头单位和秘书处所在单位。

（2）浙江大学医学院中国人脑库

2012 年 11 月，浙江大学医学院中国人脑库（简称"浙大脑库"）接收了第一例由浙江大学医学院附属第二医院协助捐献的一位亨廷顿患者去世后大脑，标志着人脑库建设工作正式展开。浙大脑库是中国人脑组织库协作联盟的发起单位之一。2019 年 6 月 5 日，浙大脑库成功入选科技部国家科技资源共享服务平台，被命名为"国家健康和疾病人脑组织资源库"，并于 2019 年 8 月通过了教育部和科技部的现场考核论证。截至 2020 年 12 月 31 日，浙大脑库已经按照国际标准收集、完成神经病理学诊断，储存了全脑组织样本共计 283 例，涵盖常见神经、精神疾病及无脑部疾病的对照全脑样本。浙大脑库根据国际脑库建设规范收集捐赠者生前病史信息，对每一例脑样本进行了充分的加工、检测和病理诊断并提供诊断报告。已向国内 70 余项省级及以上科研基金项目提供近 5000 份研究样本，对国内神经科学研究起到重要支撑作用。浙大脑库与世界著名的荷兰人脑库建立了密切合作关系，按照国际一流标准共建，成立了国际化学术委员会，制定系统管理文件和规章制度。脑库样本的所有神经病理学诊断报告均由荷方专家定期复审。浙大脑库还把对民众的科普宣传作为脑库的重要工作内容之一，已在国内率先通过各类媒体向民众开展脑科普宣传，提高民众对于死亡后捐献大脑重要性的认识，推动社会对脑科学研究的支持。目前，浙大脑库已接待科研、媒体、志愿者和学生等单位参观1000余人次，已有116名捐脑志愿者登记在册。通过电话、网络等咨询和表达捐脑意愿的民众逐年增加。

（3）中南大学湘雅医学院人脑库

中南大学湘雅医学院人脑库（简称"湘雅脑库"）于2013年建立，是中国人脑组织库协作联盟的发起单位之一。目前脑库面积约100 m²。截至2020年12月，湘雅脑库已保存成年、老年及痴呆患者人脑样本共130例，15周至足月胎儿人脑样本共140例（与湖南省妇幼保健医院共建）。按脑库目前规模，可以保存大约500例人脑样本。遗体捐献每年可达80例，由于兼顾人体解剖学教学（局部解剖学尸体操作），人脑收集目前限于死亡24小时以内的样本。湘雅脑库已经向本校医学院和校外15家其他单位实验室提供了多份科研用人脑研究样本，包括用于疾病相关DNA、RNA和蛋白质组学研究。

协和脑库、浙大脑库和湘雅脑库联合中国人脑组织库联盟单位，现阶段以继续扩大整脑样本规模为重点。直接支持以中国人群为基础的脑老化神经组织和病理学研究，并通过该过程培养研究生等后备人才，同时开展人脑库建设及基于人脑组织样本的相关研究，扩大中国人脑库的影响力。

截至2020年底，收集人脑样本的最新统计如表3-4所示。

表3-4　人脑样本数量

单位：例

平台名称	国家发育和功能人脑组织库		国家健康和疾病人脑组织库					总计
脑库名称	协和脑库	河北脑库	浙大脑库	复旦大学分库	安徽医科大学分库	南京医科大学分库	湘雅脑库	
样本数量	346	6	283	71	24	12	130	772

3.3.2.2 人脑组织资源库共享服务情况

国家发育和功能人脑组织资源库主库及共建单位人脑组织样本保藏总量为352

例，样本基本信息全部公开于中国科技资源共享网和脑库网站，全部向国内相关科研人员开放。2020年度向国内7家单位、11个课题组提供了冰冻人脑组织样本及固定人脑组织石蜡切片共计1848例次，支撑了包括国家杰出青年科学基金、国家自然科学基金重大研究计划、国家自然科学基金面上项目在内的13项国家自然科学基金项目和其他课题，年度发表SCI论文7篇。在北京及河北积极宣传遗体捐献，如长青园《生命》追思宣传活动，提高社会认知，为人脑组织资源库建设构建捐献人群基础。通过人脑库宣传在医院相关科室的投放，进一步提高了人群对人脑组织资源库的了解，提高对脑科学的关注。由于新冠感染疫情，捐献接收站及人脑组织资源库不能对遗体捐献志愿者开放，但工作人员到校门外接受志愿者咨询，同时进行人脑组织库资源宣讲，咨询宣讲548人次。

国家健康和疾病人脑组织资源库主库及共建单位人脑组织样本保藏总量为390例。2020年度收到校内外科研单位的脑组织样本研究申请书共28份，通过审核批准发送的人脑组织研究样本483份，支持的研究课题包括国家重点研发计划1项、国家自然科学基金重点国际合作项目1项、国家自然科学基金面上项目3项、国家自然科学基金优青项目1项、国家青年千人项目1项和校级专项科研基金2项，支持发表论文4篇。2020年度接待国内、国际学术专家、大学师生及市民参观和交流共计18次，参观人数200余人次。积极通过各类媒体向民众开展脑科普宣传，提高民众对于死亡后捐献大脑重要性的认识，推动社会对脑科学研究的支持。

3.3.3 人脑组织资源主要成果和贡献

（1）推动我国人脑组织资源库的标准化建设

人脑是生物进化的巅峰，也是自然界最复杂的器官。由于人脑结构和功能的复杂性，难以用其他动物模型来替代，人脑库是脑疾病和脑科学研究及创新的重要战略资源。很长一段时间以来，由于国内规范化人脑库建设的缺失和滞后，中国的科研工作者只能从国外脑库申请脑组织来开展研究。近年来，随着我国规范化人脑库的建立和发展，特别是中国人脑组织库协作联盟的成立和《中国人脑组织库标准化操作方案》的发布与实施，中国人脑库开始有能力为脑科学相关领域研究者提供符合伦理规范、具备相对完整临床资料和病理检测结果的人脑组织样本，在很大程度上改善了中国科学家"无脑可用"的窘迫状况。2018年末，在中国神经科学学会会刊 *Neuroscience Bulletin* 主编"人类脑库的构建和研究"专刊 *Special Topic on Human Brain Bank：Construction and Research* 上发表了英文版SOP。脑库联盟成员增加，

国内人脑组织收集范围扩大，促进国内脑科学研究取得进展。

（2）助力开发阿尔茨海默病诊疗的新方法

华中科技大学王建枝课题组项目"微管相关蛋白Tau在阿尔兹海默病的发生发展中的作用机制研究"：国家发育和功能人脑组织库在2018年4月至2020年12月期间为课题组提供AD及对照组各8例海马冰冻组织及石蜡切片，共计91例次，用于动物实验结果在人体中的验证和进一步的分子机制研究。课题组通过以AD小鼠为模型的体外干预实验及人脑组织中的验证实验，发现AD患者和小鼠齿状回（DG）的GABA能中间神经元中出现显著的磷酸化tau蛋白的积累。特异性过度表达人源tau（hTau）蛋白对小鼠DG中间神经元可诱导AHN缺失、神经干细胞衍生的星形胶质细胞增生，这与GABA能中间神经元的下调和邻近兴奋性的过度激活有关。利用化学物抑制兴奋性神经元或利用药物强化GABA能中间神经元可挽救tau导致的AHN缺乏，改善认知。这些发现证明了tau蛋白在GABA能中间神经元内的积累通过抑制GABA能递质传递而损害AHN，在局部影响神经回路，提示了GABA能细胞作为潜在的AD的细胞疗法可能性。

（3）推动跨单位、跨学科脑科学分子水平合作研究

中国人脑库得到国内外越来越多的科学工作者和相关管理部门的认可，人脑库的样本资源已经开始为中国科学家所采用并发表有影响力的成果。据不完全统计，截至2019年12月31日，协和脑库的固定及冰冻脑组织已为医科院系统的研究所及清华大学、北京大学、中国科学院、北京师范大学、复旦大学上海医学院、军事医学科学院、第三军医大学等全国25个校内及校外单位的相关课题组提供了共计4397例次人脑组织样本进行神经科学研究，有力支持了国内的脑科学研究。以协和脑库为依托，相关课题组承担了国家自然科学基金委员会重大研究计划培育项目"基于中国人脑组织库的阿尔茨海默病分子机制研究"、上海市自然科学基金与基础重大重点研究"人脑认知功能及障碍研究"的子课题"阿尔茨海默病研究资源库和早期诊断技术研发"，以及中国医学科学院医学科学与健康科技创新工程协同创新团队项目"基于人体组织器官库的老年人群前瞻性队列研究"等多个研究项目。浙大脑库已经向本校及清华大学、复旦大学、中国科学技术大学、中南大学等61人次科研人员提供3800多例次研究样本，服务多项科技部重点研发计划、国家自然科学基金委员会重大研究计划等国家级重大科研项目。湘雅脑库对国内多个研究组提供了冰冻和固定脑组织，包括与中南大学遗传所、湘雅医院神经内科、外科和儿科合作开展与中国人群特质、颞叶癫痫、智能发育障碍有关的DNA、RNA及蛋白

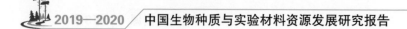

质组学研究，提供支持的科研项目包括国家自然科学基金面上项目、重点项目等。随着中国人脑组织资源库的建设、扩展和标准化操作规范的推广，将为中国脑计划的实施，脑疾病的诊断、预防和治疗，以及脑科学的进步提供关键性的战略资源平台。

第 4 章

标本资源

生物标本是自然界各种生物最真实、最直接的表现形式和实物记录，广泛应用于科学研究、科普展示、生物学教育等方面，是生物学研究领域的重要物质素材，并在生物多样性保护、有害生物入侵、全球气候变化及进化生物学等生命科学及交叉学科前沿领域发挥着重要作用[1]。标本资源具有研究、服务和教育三大功能，是了解物种和自然的实物汇集和知识储备，是人类认识自然和改造自然的重要基础，是生物多样性最全面的代表，是重要的不可再生的战略生物资源[2]。

据相关资料调查和统计分析，目前全国正常运转的生物标本馆有250余家，收藏总量为4000万～4500万号/份，主要集中在各科研机构、高等院校和自然博物馆[3]，其中，中国科学院生物标本馆保藏各类生物标本共计2203.6万号/份（截至2020年底），占全国标本资源总量的一半以上[2]。中国科学院生物标本馆联合国内主要标本保藏机构，已牵头建立了国家动物标本资源库和国家植物标本资源库，两个资源库将充分展示了资源大国的优势和科学发展的实力，推动生物多样性的研究与保护，支撑学科的交叉融合与创新，促进生物标本资源面向社会开放共享，提高资源的利用效率[1]。

4.1 植物标本资源

4.1.1 植物标本资源建设和发展

4.1.1.1 植物标本资源

植物标本是指野外采集的全部或部分的植物体通过一定的方法处理后，所获得的能够长期保存的植物材料。植物标本通常指蜡叶标本，标本均附有采集签和鉴定签详细说明其来源及物种名称，并按一定的顺序保存在标本馆中。植物标本资源除蜡叶标本之外，还包括浸制标本、化石标本、种子标本、DNA 材料等实体标本，以及植物图像（照片、视频、线条图等）、数字化标本资源、植物 DNA 条码信息、物种分布信息等多种资源类型。

植物标本资源是一个国家和地区植物多样性资源的本底资料和户口本，在一定程度上反映了一个国家和地区植物资源概况。植物标本承载着包括各种宏观和微观性状及其变异、物候期、地理分布、物种丰富度、生长环境、物种适应策略、物种遗传等许多重要的信息，是植物资源开发利用、生物多样性保护、生态学研究等的主要依据，是研究地球自然历史的主要材料之一。近年来，随着科学技术的发展，植物标本资源被深入挖掘，承载的信息被越来越多地开发应用于生态学、进化生物学、遗传学等领域研究。

我国独立自主的标本资源建设开始于 20 世纪初，新中国成立后，我国植物标本资源的建设进入全新的时代，取得了巨大的成就，积累了大量的标本，截至 2020 年底，全国有各类植物标本馆 359 家，收藏植物标本 2038 万份，其中，模式标本 63 881 份，标本馆藏量居全球第 5 位，国家植物标本资源库主体馆藏量 287 万份，是亚洲最大的植物标本馆，覆盖了中国高等植物物种约 90%。依托植物标本资源，我国科学家先后编写和出版了《中国高等植物图鉴》、《中国植物志》和 *Flora of China* 等志书，开展了中国高等植物物种濒危状况评估，为经济和社会等发展奠定了坚实的基础。

4.1.1.2 国际植物标本资源建设与发展

根据国际植物分类学会（International Association for Plant Taxonomy，IAPT）发布的标本馆索引（Index Herbarium，IH）第 5 次年度报告显示，截至 2020 年底，全球共有活跃的植物标本馆 3426 个，收藏标本 3.96 亿份。2020 年全球新增注册的标本馆 81 个，其收藏的标本约 100 万份。全球有 182 个国家至少有一个植物标本馆，标本馆工作人员约 12 470 人。在过去的 10 年间（2011—2020 年），全球新增植物标本超过 3600 万份，571 家标本馆为新注册加入标本馆索引数据库（图 4-1）。

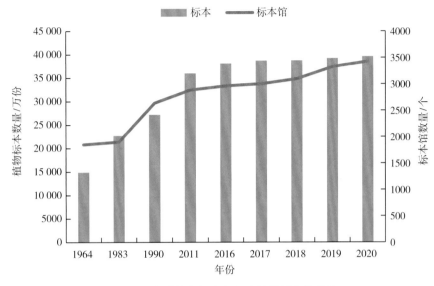

图 4-1　全球植物标本和标本馆数量变化趋势

到 2020 年，植物标本馆馆藏量最大的标本馆包括英国皇家植物园标本馆（邱园，K）、法国国家自然历史博物馆（P & PC）和纽约植物园标本馆（NY）等，馆藏量分别是 812.5 万份、800 万份和 792.1 万份（表 4-1）。馆藏标本量排名居前 5 位的国家分别是美国、法国、英国、德国和中国，各国收藏标本 7846 万份、2405 万份、2366 万份、2212 万份和 2038 万份（图 4-2）。

表 4-1　世界十大植物标本馆（含并列）

排名	中文名称	缩写	国家	馆藏标本量/万份	建立年份
1	英国皇家植物园标本馆（邱园）	K	英国	812.5	1852
2	法国国家自然历史博物馆	P & PC	法国	800.0	1635
3	纽约植物园标本馆	NY	美国	792.1	1891
4	荷兰国家自然历史博物馆	L, WAG, U	荷兰	690.0	1829
5	密苏里植物园标本馆	MO	美国	685.0	1859
6	日内瓦植物园标本馆	G	瑞士	600.0	1824
7	俄罗斯科学院科马洛夫植物研究所标本馆	LE	俄罗斯	600.0	1823
8	维也纳自然历史博物馆	W	奥地利	550.0	1807
9	大英自然历史博物馆	BM	英国	520.0	1753
10	哈佛大学标本馆	US	美国	510.0	1848

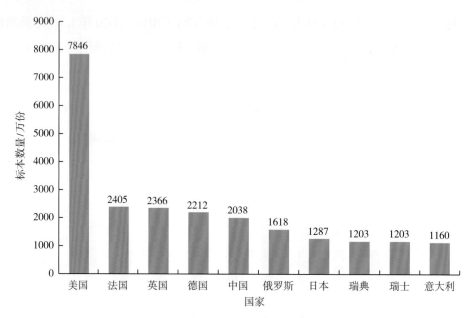

图 4-2　全球植物标本馆藏量排名居前 10 位的国家

英国皇家植物园标本馆（邱园，K）是目前世界上标本储量最大的植物标本馆，其收藏标本是全球维管植物多样性的重要代表，覆盖了维管植物约 95% 的属，模式标本有 33 万份，每年新增约 25 000 份标本。目前，约有 12% 的馆藏标本已纳入数字化管理，包括所有的模式标本，均已完成图像采集。每年有超过 400 名世界各地的科学家访问植物标本馆，从事植物分类学、进化生物学、保护规划、农业、环境和气候科学等方面的研究。该馆每年还向世界各地的科学家交换与借阅标本约 10 000 份。

法国国家自然历史博物馆（P & PC）是一个历史悠久的植物标本馆，收藏超过 200 万份的隐花植物（各种真菌、藻类等）标本和超过 600 万份的显花植物标本。其标本主要来自法国和欧洲。目前，该馆标本已完成数字化，并建成虚拟标本馆，可以在互联网上检索和查阅。

纽约植物园标本馆（NY）是世界最大的植物标本馆之一，致力于对所有植物类群和地区进行标本采集与收藏，并对标本进行大规模数字化和快速数据录入。目前馆藏标本的 51%，约 400 多万份已完成数字化，年平均访问量约 1200 人次。该馆通过多种途径收集标本，如通过工作人员采集、标本副本交换或购买或赠送的方式获得标本。此外，该馆每年为植物学家提供 3 万 ~ 5 万份标本借阅服务。

4.1.1.3　国家植物标本资源库建设情况

截至 2020 年底，国家植物标本资源库蜡叶标本超过 1000 万号（约占全国植物标本总量的 50%），含模式标本 63 881 号，涉及 479 科 2588 属 25 553 种。收藏菌物标本 56 万号，种子标本 8.5 万号，涉及 263 科 3600 余属 16 000 余种；收藏有涵盖前寒武纪、古生代、中生代、新生代的化石植物标本 7 万余号；收录各类植物彩色图像 776 万幅，涉及 508 科、5440 属和 39 206 种（含种下）；植物 DNA 样本 24.8 万号，涉及 574 科、6700 属和 5 万余种（表 4-2）。

表 4-2　资源类型和数量汇总

资源类型		资源量
实体资源	蜡叶标本	1000 万号
	化石标本	7 万号
	种子标本	8.5 万号
	孢粉标本	0.7 万号
	浸制标本	0.6 万号
	DNA 样本	24.8 万号
数字化资源	标本数据	1115 万条
	标本图像	623 万幅
	彩色图像	776 万幅
	孢粉图像	10 万张
	种子图像	5 万张
	DNA 条码	60 万条
	"花伴侣"等智能 APP	5 个
	视频、3D 影像资料等	250 部

目前，标本数据资源总量达 72 TB，完成国内 216 家标本馆共计约 1115 万号植物标本、623 万幅标本图像的数字化工作，涉及 482 科 4956 属 61 782 种（含种下）。建立了包含《中国植物志》和各地方植物志 200 余册志书的文献数据库；完成了中国生物物种名录等数十个相关数据库的建设。此外，资源库建有 DNA 条形码数据库，收集植物核心 DNA 条形码 100 余万条；维护和更新中国高等植物红色名录数据库。

2020 年，国家植物标本资源库通过精准采集、精准交换、整理整合实体标本，

新增蜡叶标本约 9 万号 19.3 万份，含新增模式标本 1463 号，新增菌物标本 14 443 余号；新增植物图像 120 万幅 4500 种；规范化整理植物线条图稿 6500 幅；新增 DNA 标本 8141 号；新增 9 万号蜡叶标本数据，新增化石标本数字化 5062 号，新录入菌物数据 2 万条。

国家植物标本资源库以服务国家需求、服务科学研究、服务科学普及为导向，在保证标本实物和数据资源快速增长的同时，每年组织分类学家收集整理并审核中国公开发表的植物物种数据，汇编成中国植物物种名录对外发布，有效支撑了我国的植物科学研究和生物多样性保护事业。此外，通过为国内外科研人员提供现场查阅、标本借阅及鉴定、数据在线查询及申请下载等服务，满足相关领域从业者对植物信息快速、全面、准确获取的需求，对我国植物分类学、生态学、生物多样性保护等领域的研究做出积极的推动作用。国家植物标本资源在线服务系统（www.cvh.ac.cn）已累计完成近千万份标本的数字化表达，实现了植物标本数据、植物彩色照片和其他特色数据资源面向全国开放共享，取得了显著成效。

4.1.1.4 植物标本资源国内外情况对比分析

目前，我国馆藏标本量达 2000 多万份，在国际上排名第 5 位，标本类型丰富，包括蜡叶标本、化石标本等，涉及藻类、苔藓、蕨类和种子植物等各植物类群。然而，我国标本资源国际性代表不足，科研力量不足，国际影响力有待提高。

根据 IAPT 发布的《2020 年全球标本馆索引》调查报告，截至 2020 年底，我国馆藏标本量增长了 22 万份标本，涨幅位于前三；增加了 9 家植物标本馆，涨幅位于前四。国家植物标本资源库主体馆的馆藏量为 287 万份，排名全球第 28 位，与全球馆藏量最大的英国皇家植物园标本馆（邱园，K）和法国国家自然历史博物馆（P&PC）的馆藏数相比仍有差距。因此，未来我国标本资源库的建设重心仍是扩大馆藏量、提升代表性、增加覆盖度。

在资源共享利用与服务方面，美国牵头的北美数字生物标本平台 iDigBio（https://www.idigbio.org）有超过 5000 万条的数字化植物标本共享；英国皇家植物园标本馆（邱园，K）（https://www.kew.org）共享了 700 万条标本记录；法国目前共享 550 万条标本记录。我国标本数字化共享平台在科技部条件基础平台支持下，于 2003 年开始建设，截至 2020 年底，国家植物标本资源库（https://www.cvh.ac.cn）已完成中国 130 余家标本馆共计约 1100 万份植物标本的数字化工作，仍有很大的发展空间。部分标本数据的原始信息不够完整、部分标本鉴定准确率偏低，因此亟须提高科研基础数据质量。

在资源安全和法律法规方面，国家植物标本资源库实体馆在标本的保藏空间及配套设备的安全方面均实施了最优方案，构建了立体式的容灾备份方案。资源库制定了标本采集、保藏及使用的各项管理规章和制度，同时严格按照《中华人民共和国数据安全法（草案）》，以及国务院办公厅印发的《科学数据管理办法》来管理标本资源，亦正在制定相应的数据分级管理方案。在数据标准方面又引入生物多样性国际数据标准 Darwin Core，还通过引入 LSID、Dublin Core、KML、TaxonX 等国际标准，进一步强化了标本数据与其他相关植物学信息之间的关联，丰富和扩展了标本信息的内涵。

4.1.2 植物标本资源主要保藏机构

4.1.2.1 植物资源特色保藏机构

（1）国家植物标本资源库主体馆——中国科学院植物研究所标本馆（PE）

中国科学院植物研究所标本馆（PE）始建于 1928 年，是亚洲最大的植物标本馆。馆藏各类标本约 287 万份，其中模式标本 2 万余份，是国家战略生物资源的重要保存中心。自建馆之初，该馆就制定了标本采集、保藏及使用的各种管理规章和制度，部分已成为行业标准。近年来，标本馆通过制定《植物标本质量评价标准》《植物标本鉴定规范》《标本信息录入管理办法》《标本馆信息系统实施细则》等文件，对植物标本信息化的标准进行了严格规范。该馆发起和领导了由 15 国科学家参与的《泛喜马拉雅植物志》的编研工作；发起和引领了全国植物标本的数字化和信息化工作，建成了国家标本资源共享平台、中国植物图像库等大型共享平台，研发了包括"花伴侣"等 APP；定期举办植物分类学高级培训班，培养植物分类学和生物多样性研究的后备人才。

（2）中国科学院昆明植物研究所植物标本馆（KUN）

中国科学院昆明植物研究所植物标本馆（KUN）现馆藏总量 150 余万份，为目前国内第二大植物标本馆，KUN 始终坚持"四特"和"四精"原则，"四特"即区域特色、收藏特色、研究特色和"一带一路"特色，"四精"即精准开展空白或薄弱区域植物调查和尚未保藏的标本的采集、精准从事全息分类学和大数据科学研究、精准支撑研究所"一三五"和特色所建设及国家任务的实施、精准推广植物科学知识普及和造福百姓。

（3）中国科学院华南植物园标配馆（IBSC）

中国科学院华南植物园植物标本馆（IBSC）馆藏标本极富华南区域特色，同

时面向东南亚乃至全球热带亚热带地区，主要收藏维管束植物和苔藓标本。馆藏标本超过 115 万份，其中模式标本 7200 份，是国内三大植物标本馆之一。IBSC 借鉴美国哈佛大学等标本馆的管理模式，标本从科、属、种及不同的国家和地区进行分类，并建立了 3 套完善的卡片系统。同时，IBSC 还专门收集植物分类学发表的相关文章、专著等参考资料附在标本上，让标本同时具备"图书馆"的功能。

（4）中国科学院武汉植物园植物标本馆（HIB）

中国科学院武汉植物园植物标本馆（HIB）始建于 1956 年，是目前华中地区规模最大的植物标本馆。目前，HIB 馆藏以华中地区为主的植物标本 20 余万份。从 2013 年开始，HIB 依托中 – 非联合研究中心平台，在非洲组织植物资源科学考察和标本采集，采集非洲植物标本 1.2 万余号，约 4 万余份，发表相关研究论文 100 余篇，发现并正式命名非洲植物新类群 14 个。目前，HIB 联合肯尼亚国家博物馆（NMK），在肯尼亚开展了《肯尼亚植物志》编研项目，该志书必将在国际植物学界产生深远的影响，也将提高我国植物学基础研究在国际上的地位。

（5）中山大学生物博物馆（SYS）

中山大学生物博物馆（SYS）是国家二级博物馆，始建于 1916 年，含植物馆、动物馆、昆虫馆、化石馆，现有馆藏标本超过 120 万号，其中植物标本 28 万号，包括早期采集交换的东南亚地区植物标本 5 万多号。在国家有关生物资源保护和学校基础基金项目的支持下，生物博物馆搬迁至新馆，科研成果显著，共出版相关教材、专著 25 部，发表核心期刊论文、SCI 论文超过 500 篇，发现、发表生物新种 300 多种，并且与境内外 30 多家研究机构进行了广泛的科学交流，也为数百名本科生、研究生提供了科研基地，以及为数万名中小学生、社会各界人士提供了科普导赏服务。

4.1.2.2　国家植物标本资源库共享服务情况

2020 年，国家植物标本资源库在坚持实体资源和数据资源持续有效增量的基础上，多手段、多措施并举，重点提升资源库的数据共享和服务能力。

在服务用户情况方面，2020 年服务用户共 177 039 人次，包括来自美国、日本、英国、法国等 38 国共计 2300 人次，国内 34 个省份 174 739 人次。服务用户单位来自国内外共计 1614 家单位，重点集中在林业部门、高校、植物园等，数据主要用于科学研究，主要研究方向为植物分类学。

在服务国家重大需求方面，2020 年，国家植物标本资源库承担国家林草局《国家重点保护野生植物名录》调整工作，并通过国家林草局与农村农业部联合组织的评审工作；承担国家林草局全国兰科植物调查平台建设、技术培训和数据分析等工作；与中国野生植物保护协会联合组织 3 期"中国野生植物保护沙龙"，就重大和公众关心的话题进行了深入讨论，效果良好。

在服务科技计划项目方面，2020 年，国家植物标本资源库服务 6 类科技计划项目共计 508 个，其中国家重点基础研究发展计划项目 34 个，国家高技术研究发展计划项目 1 个，国家科技重大专项 2 个，自然科学基金项目 104 个，省部级项目 120 个及其他项目 247 个。

在支撑科技成果产出方面，2020 年度，国家植物标本资源库支撑科技成果产出 278 次，包含专著出版 14 部，论文发表 250 篇，获奖 2 项，专利申请 10 个，相关标准制定 1 个，政策性建议报告 1 次。支撑《泛喜马拉雅植物志》《中国真菌志》《中国地衣志》的编研，发表包含新科、新属、新种及新组合等新类群 120 个，继续对各项科技成果产出进行有力支撑。

在支撑经济社会发展服务方面，利用形态学、DNA 条形码综合分析，为海关、公安部物证鉴定中心等 30 多家单位提供超过 100 余件植物检材的鉴定服务，涉及毒品原植物、检疫性植物、新资源植物、药用植物等。

在面向公众开放与开展科普方面，2020 年通过举办科普讲座和培训班，开展科普宣传及科学教育，参与"全国科普日""全国科技活动周""公众开放日""中科院第三届科学节"活动，在格致论道讲坛推出"雪域精灵"科普讲座，在线观看人数达 374 万次；公众号累计推送文章 35 篇，阅读量达到 17 700 次。

4.1.3　植物标本资源主要成果和贡献

（1）《中国维管植物生命之树》出版发行

中国是世界生物多样性最丰富的国家之一，构建"中国维管植物生命之树"能够展示各分类群之间的亲缘关系，为生物地理学研究提供新的研究思路，揭示生物多样化过程及其影响因素，并为其在生物多样性理论研究和保护中的应用提供新的学科交叉和生长点，是我国植物系统发育研究领域长久以来所追求的目标。国家植物标本资源库科研人员及合作者通过近 30 年的努力，在我国维管植物系统学研究成果积累的基础上出版了《中国维管植物生命之树》，这是一部论述中国维管植物系统演化的专著，相对全面地构建了中国维管植物属级生命之树，将跨越 4 亿年的维管植物演化历史浓缩成一棵生命之树，全面反映了 20 世纪 90 年代以来中国维管植物分子系统学的研究进展。结合树图展示中国维管植物的亲缘关系，详细比较分

子系统和形态系统。

（2）完成泛喜马拉雅地区植物综合考察和 *Flora of Pan-Himalaya* 编写

2020 年，国家植物标本资源库科考队对藏南隆子县、林芝地区、日喀则珠峰地区、阿里地区及藏北荒漠地区进行了多次科学考察，采集植物标本 4000 号 1 万余份、DNA 材料 2000 余份。央视国际频道 CGTN 进行了长达半个月的跟拍，并制作专题英文纪录片，已在 2021 年下半年面向全球播放，宣传科考队成果。

2020 年 12 月，《泛喜马拉雅植物志 46 卷》由科学出版社和剑桥大学出版社联合出版。该卷册由资源库李振宇研究员、王强研究员、彭华研究员和邓云飞研究员合作完成，全书收录狸藻科、爵床科、紫葳科、马鞭草科、角胡麻科、粗丝木科、心翼果科 7 科共计 51 属 243 种，包含 21% 的泛喜马拉雅特有种、1 个新属、5 个新种、11 个新组合和 18 个新异名。

（3）植物 DNA 库助力入境植物鉴定，保障国门安全

国家植物标本资源库凭借主体馆和中国植物 DNA 库的长期积累，建设了物种覆盖度高的 DNA 条形码参考数据库，设立了入侵植物、珍稀濒危植物、毒品植物、有毒植物等特色植物 DNA 条形码参考数据库，为有效服务海关等检验检疫部门，甄别入境植物身份提供技术支撑。2020 年为海关、公安部物证鉴定中心等 24 家单位提供超过 98 件植物检材的鉴定服务。其中，通过 DNA 分子数据和形态性状相结合的方法，帮助北京市海关高效鉴定了 4 份来自非洲的入境植物。海关入境植物的快速有效鉴定为严厉打击违法携带检验检疫生物、保护野生植物资源不外流提供了有效的凭证，为守护国门生物安全做好坚实的后盾。

4.2   动物标本资源

4.2.1   动物标本资源建设和发展

4.2.1.1   动物标本资源

动物标本是指保存实物原样或经过特殊加工和处理后，保存在生物标本馆或博物馆中的各种类型的动物完整个体或其部分[4]。动物标本作为生物标本资源的重要组成部分，是生物多样性的载体和表现形式，是人类研究、分析、监测生物多样性动态变化和探索物种起源演化的重要科学依据。同时，动物标本也是一类重要的战略生物资源，为国家生物与生态安全、外来入侵生物的预警与监测，以及重大动物

疫病等研究提供关键基础信息和原材料。

动物标本根据制作与保存方式可分为干制标本、浸制标本、剥制标本和玻片标本等，根据保存的内容或部位则可分为整体标本、皮张标本、骨骼标本、组织器官标本等[4]。动物标本包含两类资源：一类是实物标本；另一类是数字化标本数据。

4.2.1.2 国际动物标本资源建设与发展

生物标本具有重要战略资源价值，发达国家很早就开始了本国乃至全球生物标本的收集和研发工作，并拥有一大批藏量丰富、收藏类群齐全、覆盖范围广泛的国家级生物标本馆。目前，世界一流、馆藏量达到千万级以上的动物标本收藏机构有 12 家，均位于欧美发达国家，其中一半位于美国，且有着悠久的收藏和研究历史。排在前几位的超大规模机构，如美国史密森国家自然历史博物馆、英国伦敦自然历史博物馆、俄罗斯动物研究所标本馆等（表 4-3），其某一单类群的馆藏量甚至可达千万、百万号以上。例如，英国自然历史博物馆仅昆虫部的标本收藏就达到6100 余万号，涵盖全世界昆虫已知物种的 70% 以上，是我国目前生物标本总藏量的1.5 倍。

表 4-3 全球动物标本资源保藏量达到千万级的机构

排名	国家	机构名称	馆藏总量/万号	数据来源
1	美国	史密森国家自然历史博物馆	9290.70	https://naturalhistory.si.edu/research
2	英国	英国自然历史博物馆	6300.00	https://www.nhm.ac.uk/our-science/collections.html
3	俄罗斯	俄罗斯动物研究所标本馆	6000.00	https://www.zin.ru/collections/index_en.html
4	法国	法国国家自然历史博物馆	4325.00	https://www.mnhn.fr/en/collections/collection-groups/vertebrates
5	美国	美国自然历史博物馆	2817.50	https://www.amnh.org/research/vertebrate-zoology/ornithology/collection-information
6	德国	柏林自然历史博物馆	2565.00	https://www.museumfuernaturkunde.berlin/en
7	美国	菲尔德自然历史博物馆	1932.00	https://www.fieldmuseum.org
8	美国	丹麦自然历史博物馆	1400.00	https://snm.ku.dk/english
9	美国	卡耐基自然历史博物馆	1353.85	https://carnegiemnh.org
10	奥地利	维也纳自然史博物馆	1124.00	https://www.nhm-wien.ac.at/en/research

续表

排名	国家	机构名称	馆藏总量/万号	数据来源
11	美国	哈佛大学比较动物学博物馆	1014.50	https://mcz.harvard.edu
12	俄罗斯	莫斯科大学动物学博物馆	1000.00	https://zmmu.msu.ru/en/about-muzeum/fonds

从全球来看，动物标本资源实体保藏数量继续保持稳定增长的态势，与实体资源相对应的数据信息（如分布地、时间、遗传信息等）近年来也一直呈激增状态，由上述资源信息衍生的支撑科研、科普甚至国家决策等的作用无论量还是质都有着长足的进步与发展。这些超大的生物标本馆已开始从实物标本的收集向实物标本与数据信息并重的方向发展，目前，全球已有与生物标本相关的网站200多个，与生物物种和标本信息系统有关的网站2万多个，同时研发了一些具有国际水平、全球综合性和专题性的大型生物多样性数据库平台和网站，如iDigBio、GBIF、SPECIES 2000等。丰富的馆藏积累和快速的数据共享平台建设使得这些机构在支撑科学研究、政府决策及科学普及等方面能够发挥巨大的影响力和价值。同时我们也看到，包括我国在内的许多发展中国家在生物资源的收集、保存与共享方面刚刚起步，也逐渐认识到生物多样性资源在国家长期发展中的重要性，未来在全球范围内，对包括动物标本在内的生物资源与信息的争夺必将愈演愈烈。

4.2.1.3 国家动物标本资源库建设情况

目前，国内现有动物标本资源约3100万号，基本集中在中国科学院及各大高校的标本馆，其中馆藏量大、制度完善且处于健康发展状态的标本馆（博物馆）有13家，均已纳入资源库的共建单位。资源库动物标本总量已达2160万号，约占全国动物标本保藏量的70%，能够代表我国动物标本资源的收集、保藏和共享水平。目前，这些分库都在资源库整体规划下稳定、持续地进行资源收集、整理、数字化和共享工作，并针对各分库的特点，明确定位，在基础工作之上制定个性化的发展策略和服务目标，充分发挥国家动物标本资源库的服务功能。

国家动物标本资源库2020年度克服新冠感染疫情影响，围绕资源建设和服务共享，推进重点类群、重要资源的收集和数字化，有针对性地开展主题建设，提供资源共享和服务。2020年度共增加六大类群82万余号实物标本入库，完成16万余号动物标本资源的整理与数字化，新制作标本25万余号，新增鉴定标本17万余号，新增模式标本2400余号496余种。截至2020年底，国家动物标本资源库及其共建单位共存藏各类动物标本资源 2160.27 万号，其中，模式标本约 2.9 万种 16 万号；定名标本 779 万号；收集的标本覆盖了我国所有的省份、海域和典型生态系统，占有我国近 70% 的动物标本资源和近 90% 的已知动物物种；馆藏量 100 万号以上的单位有 6 家。其中，43% 的动物标本收藏在中国科学院生物标本馆，尤其是模式标本及新中国成立之前采集的标本。

资源库对外共享的资源主要为各类型标本库内所保藏的实物资源及标本数字化后形成的信息资源。自 2003 年起，在国家科技基础条件平台中心领导下，中国科学院动物所牵头组织 37 个机构开展动物标本资源数字化建设和共享，建成了动物标本资源共享平台，并通过国家数字动物博物馆（http://museum.ioz.ac.cn）共享标本资源，目前已累计共享各类群动物标本 375 万余号，是国内最大的动物标本资源建设及共享服务平台。

为了最大程度上支撑科研、发挥标本资源价值，主库和各分库以实地借阅、检视、测量、拍照及线上检索查询、标本交换等方式，对全世界科研单位及研究人员开放并提供优质服务。未来数据的规模化整合与深度挖掘、数据类型的拓展与应用（如分子数据、形态数据、可视化数据等）将成为新的建设内容和发展方向，代表了未来动物标本资源建设与共享的新趋势。

4.2.1.4 动物标本资源国内外情况对比分析

与欧美等发达国家相比，我国动物标本资源收藏的差距比较明显，主要体现在藏量和收藏范围上。从藏量上看，我国各收藏机构馆藏达到百万级的有 6 个（表 4-4），但无达到千万级的，且全国的藏量在世界各机构中仅能排到第 5 位。从收藏范围来看，欧美发达国家的博物馆收藏范围非常广，采集地点遍及全世界，特别是一些模式标本和已灭绝生物的标本仅在很少的博物馆保藏，其收藏的起始时间也较早。我国因起步较晚，收藏以本国生物为主。

表 4-4　国家动物标本资源库各参建单位基本保藏情况（截至 2020 年底）

序号	保藏机构名称	依托单位	库藏总量/万号	保藏资源全国占比
1	国家动物标本资源库（主库）	中国科学院动物研究所	892.00	28.77%
2	中国农业大学昆虫标本馆	中国农业大学	301.50	9.73%
3	西北农林科技大学昆虫博物馆	西北农林科技大学	153.00	4.94%
4	河北大学博物馆	河北大学	150.00	4.84%

续表

序号	保藏机构名称	依托单位	库藏总量/万号	保藏资源全国占比
5	南开大学昆虫标本馆	南开大学	140.00	4.52%
6	上海昆虫博物馆	中国科学院分子植物科学卓越创新中心	126.00	4.06%
7	昆明动物博物馆	中国科学院昆明动物研究所	89.84	2.90%
8	海洋生物标本馆	中国科学院海洋生物研究所	85.64	2.76%
9	中山大学生物博物馆	中山大学	83.02	2.68%
10	青藏高原生物标本馆	中国科学院西北高原生物研究所	56.50	1.82%
11	水生生物博物馆	中国科学院水生生物研究所	40.00	1.29%
12	南海海洋生物标本馆	中国科学院南海海洋研究所	23.00	0.74%
13	两栖爬行动物标本馆	中国科学院成都生物研究所	11.77	0.38%
14	新疆大学标本馆	新疆大学	8.00	0.26%
合计			2160.27	69.69%

国外虽起步较早，但已过了大规模采集的时期，并且现今因为动物保护主义兴起，以及各国对生物物种资源的重视，已难以进行大批量的采集。我国近几年对物种保护和物种资源及国门生物安全的重视，陆续支持了一些较大的项目，使得各馆能够有针对性地对国内研究薄弱的地区进行标本采集，而且能走出国门与周边国家及其他较不发达国家深入合作并联合考察和标本采集活动。在这些项目的支持下，现今各馆馆藏量呈现较快增长的态势，将逐步缩小我国与发达国家标本藏量间的差距。

在资源共享利用和服务方面，我国正加快建设和发展。国外很早就积累了大量标本用于科学研究，我国虽起步较晚，但随着动物标本的积累，大量依赖标本的研究正在进行，新的项目也正在启动，标本资源为这些项目的实施提供了重要的支撑作用。各保藏机构还利用标本进行多种多样的科学普及活动，以让公众集中了解自然界中的各种动物，并提升科学素养和对生态环境的认识，各保藏机构在做好基本科研科普服务的同时，也在积极发掘标本资源的其他各种价值。所以在资源共享利用和服务方面，国内外差距并不太大。

从资源的共享利用平台建设来看，国际平台对资源的共享有3种类型：一是对全资源的集大成，进行全球性或国家级综合性平台建设（如GBIF、美国的iDiGBio、澳大利亚的ALA）；二是以类群为主导，建立以相应类群为主的全信息平台（如脊椎动物标本信息网VertNet、世界鱼类数据库FishBase等）；三是各博物馆、标本馆自建数据共享平台。前2种类型资源库建设均趋向于全类型数据收集、建设和共享服务，而第3种类型则更趋向于数据、图片及其他信息检索功能。国家动物标本资源库则吸取以上3种类型优点，以各动物类群资源为主导，联合优势机构进行共建，形成国家级类群资源平台，便于国家级全资源共享平台建设，并对信息在动物资源领域进行全数据信息的集中和共享，既能发挥国家级平台优势和力量，形成优势平台，又能带动全国动物标本资源收集、管理、数字化建设及共享服务水平。

4.2.2 动物标本资源主要保藏机构

4.2.2.1 动物标本资源特色保藏机构

截至2020年底，我国有110余家与动物标本相关的保藏机构，涉及科研院所、大专院校、自然保护区等单位和部门下设的标本馆。以下重点介绍全国具有典型优势和特色资源的动物标本馆的基本情况。

（1）中国科学院动物研究所国家动物标本资源库

中国科学院动物研究所国家动物标本资源库是我国历史最悠久的生物标本收藏机构，以"标本收藏、服务科研、服务国家"为指导思想，充分发挥馆藏标本的科研价值和战略生物资源价值，服务于基础科学研究、应用科学研究、国家经济建设、国民科学素质提升等工作，支撑着全国乃至东亚地区动物进化与系统学研究，以及研究所其他学科（如保护生物学、虫鼠害防治等）对标本的使用和信息需求，同时为国内外学者使用馆藏标本提供一切便利，并在国家经济建设、生物安全与生物多样性认知与保护方面发挥着不可替代的重要支撑作用。国家动物标本资源库围绕资源收集、整理、保藏、鉴定、共享与利用制定了一系列管理制度，为实物资源安全保藏、科学合理使用提供了保障。截至2020年底，馆藏量达892万号，是我国乃至亚洲最大的动物标本馆（图4-3、图4-4）。

图 4-3　国家动物标本资源库

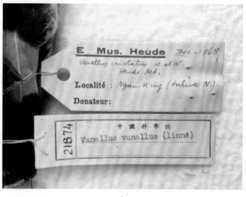

　　　　　a　　　　　　　　　　　　　　　　　b

图 4-4　馆藏震旦博物院标本

（2）中国农业大学昆虫标本馆

　　中国农业大学昆虫标本馆是在清华大学和北京大学两校原农学院昆虫标本收藏的基础上发展起来的，至今已有百余年的历史（图 4-5），经刘崇乐、杨集昆、杨定、彩万志等几代昆虫学家和师生的不懈努力，截至 2020 年底，标本总量已达301.5 万余号，涉及 32 目 600 余科，采集地覆盖全国各省及其他 20 多个国家和地区。其中，馆藏模式标本达 7000 多种、定名标本 3 万种左右，占全国已知昆虫种类的 1/4 ~ 1/3（图 4-6）。该馆是中国农业大学重要的科研平台和教学基地，在昆虫学科研和教学中发挥了重要作用，年平均接待国内外科研来访者 30 余人次，在国内外均有一定影响力和知名度。近年来，依托农业农村部数字博物馆和科技部标本资源共享平台项目，该馆正逐步向数字化与智能化迈进。

图 4-5 中国农业大学昆虫标本馆外景

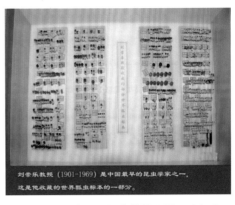

图 4-6 刘崇乐教授收藏的世界瓢虫标本

（3）中国科学院昆明动物博物馆

中国科学院昆明动物博物馆拥有我国西南地区规模最大的动物标本馆和最具特色的动物专题博物馆，立足西南、覆盖全国、面向东南亚是该馆收藏标本的定位（图4-7）。标本馆现藏各类动物标本近90万号，其中，模式标本633种/亚种6612号，涵盖了云南及邻近省各生态类型的动物标本，凸显了其在收集世界生物多样性热点区域的我国西南地区丰富的生物多样性标本的地域优势和特色。展示馆展出各类动物标本2万余号，包括国家一、二级重点保护动物90余种，辅以图片、文字和多媒体触摸屏、声光电等手段，集科学性、知识性、趣味性于一体，充分展示中国南方动物的概貌，是全国和云南省科普教育的重要基地，并成为展示云南"动物王国"的重要窗口（图4-8）。

图 4-7 中国科学院昆明动物博物馆

图 4-8 昆虫展厅

（4）中国科学院海洋生物标本馆

中国科学院海洋生物标本馆是目前我国规模最大、亚洲馆藏量最丰富的海洋生物标本馆（图4-9），收藏了自1889年至今的各门类海洋生物标本85.6万号，其中，

模式标本 1277 种 2062 号，范围覆盖整个中国海域及南、北极在内的 57 个国家和地区，是集标本收藏、分类系统学与生物多样性研究、科学普及于一体的多功能标本馆。该馆汇聚了一支我国海洋生物门类齐整、研究力量雄厚的分类学和生物多样性研究团队，是我国海洋生物多样性研究的中心和策源地，目前已建成海洋生物学领域的数据库服务系统和国内规模最大的深海生物标本库（图 4-10），主要服务于海洋研究所和国内外从事海洋生物多样性和系统分类等研究的科研机构。

图 4-9　中国科学院海洋生物标本馆

图 4-10　深海生物标本库

（5）中国科学院成都生物研究所两栖爬行动物标本馆

中国科学院成都生物研究所两栖爬行动物标本馆是国内唯一的专门保藏和研究两栖爬行动物的标本馆，历史悠久、藏量丰富（图 4-11）。该馆拥有两栖爬行动物标本 11.7 万号，占全国已知两栖爬行种类的 80% 以上，模式标本数量占全国已发表两栖爬行物种的 70% 以上，无论在藏量、物种数及相关资料等方面居全国第一、亚洲第二（图4-12）。自建馆以来，以馆藏标本为依托发表的科研论著建立了我国两栖爬行动物的分类体系，引领着我国两栖爬行动物分类、系统发育、动物地理、区系、生物多样性保护等领域的研究，在国内外两栖爬行动物研究领域具有不可替代的地位。其下设的科普馆是目前国内面向青少年及社会大众的唯一专门宣传两栖爬行动物科学知识的场所。

图4-11　两栖爬行动物科普馆

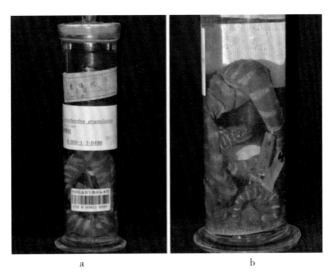

a　　　　　　　　　　　b

图4-12　采自1917年的瘰鳞蛇标本

4.2.2.2 动物标本资源库共享服务情况

近年来，国家动物标本资源库及动物标本资源共享平台在支撑国家重大需求、重点科技计划、重大工程、科学研究、科学普及等方面取得了显著的服务成效。在服务用户方面，2020 年度资源库为科研人员提供标本检视或取样服务共计 5000 余人次，涉及标本 8.7 万余号。在支撑科技计划项目方面，据统计，资源库在 2020 年主持参与或服务支撑国家级重大项目 40 余个，服务国家自然科学基金项目 118 个，服务省部级项目 102 个，以及数十个地方项目、横向项目或院所/高校自主部署项目。国家动物标本资源库仅主库就支撑了 112 个各类科研项目。在支撑科技成果产出方面，2020 年度共计发表或支撑发表科研论文 341 篇，出版专著 8 部，支撑专利 10 项，支撑标准研制 3 项。例如，中国科学院昆明动物研究所分库依托馆藏标本及团队优势，出版专著《西藏两栖爬行动物——多样性与进化》，对深入理解西藏生物多样性起源、演化具有重要价值，为该地区的生物多样性保护提供了重要的一手数据。在面向公众开放和科普方面，受新冠感染疫情影响，2020 年度国家动物标本资源库日常开放时间减少且均为不定期开放，共接待大、中院校，中、小学校及社会各界 18 万人次参观学习。全年举办线上科普活动 100 余场次，出版科普著作 2 部，发表科普文章 44 篇。

4.2.3 动物标本资源主要成果和贡献

（1）针对性的标本资源收集与保藏

国家动物标本资源库除了支持已有的国家重大科研项目的执行，在一些特殊地理区域、生物多样性重点区域进行生物资源和生物多样性考察外，还组织力量对馆藏历史标本、热点区域和热点方向的动物标本资源进行梳理和补充，明确收藏薄弱、空白区域，对未来的资源收藏发展进行布局。各分库充分发挥地域或类群特色，结合各自功能定位和优势、任务和目标，有针对性地进行资源收集。例如，中国科学院成都生物研究所分库重点赴西藏拉萨、林芝、那曲、日喀则、阿里 5 个地区，采集到包括扎达蟾蜍、墨脱树蜥、喉褶蜥等地模标本和珍稀标本约 430 号，补充模式系列标本共计 246 号 26 种，包括正、副模标本 33 号 14 个物种，地模标本 213 号 12 个物种（图 4-13）；中国科学院南海海洋研究所分库根据馆藏历史标本资源，在资源收集方面重点、系统采集整理热带岛礁生物标本，系统掌握南沙岛礁珊瑚礁生态系统本底和群落结构，为岛礁生态系统修复等提供基础支撑，以及为海洋经济贝类新品种的开发提供支撑；中山大学分库以维持本分库华南地区动物资源特色和服务大湾区生态建设为目标，重点发展华南区域的野生动物资源调查和收集保藏，赴华南地区开展动物资源科考和采集 34 次。

a   b

图 4-13 赴西藏采集动物标本

（2）支撑生物多样性研究与保护

2020 年，国家动物标本资源库依托馆藏标本和数据，深入开展物种的分类研究，共发表新种 188 个，丰富了我国生物多样性研究，服务于动物保护及农林害虫防治等多个方面。例如，中国科学院成都生物研究所分库发表我国两栖爬行动物新种共计 62 个，其中，两栖动物 39 个、爬行动物 23 个，还参与了《中国两栖爬行动物更新名录》的修订工作，整理出截至 2019 年底的两栖动物 515 种、爬行动物 511 种。

基于馆藏标本及相关的数据信息，资源库开展了《中国生物多样性红色名录——昆虫卷》、"中国爬行动物红色名录更新评估"等各项国家和地方物种评估工作（图 4-14），对各类群动物物种的生存状况、资源数量、分布和受威胁变化状况进行专项评估，初步掌握了我国动物资源的数量、分布和受威胁变化状况，为国家制定野生物种多样性保护行动和保护名录、开展全国性物种多样性本底调查和资源合理利用提供了科学依据，也为开展相关科学研究和科普教育提供了基础性指导，更为推进我国承诺的《生物多样性公约》《中国生物多样性保护战略与行动计划（2011—2030 年）》提供了战略服务。

图 4–14　中国爬行动物红色名录评估会

（3）服务国门生物安全

国家动物标本资源库牵头并完成了中国科学院重点部署项目"国门入侵生物预防与控制技术"，建立并完善了国门生物安全动物标本分馆及西南地区动物分馆等实体库和信息库，完成了 26 种新截获有害生物风险分析和评估报告，对 816 种陆栖脊椎动物开展了引种风险和生态位模型基础上的潜在野生种群建立区域的预测研究[5]，完成了 10 种重要有害生物列入《中华人民共和国禁止进境检疫性有害生物》名单的建议报告和风险分析报告，以及中国入侵物种快速鉴定平台的整合与优化集成，建立了中国入侵物种共享技术服务体系平台，构建了我国入侵生物信息库，基于这些研究成果，未来将为我国外来入侵物种防控和国门生物安全发挥重要作用。

参考文献

［1］贺鹏，陈军，乔格侠.中国科学院生物标本馆（博物馆）的现状与未来［J］.中国科学院院刊，2019，34（12）：25–36.

［2］贺鹏，陈军，孔宏智，等.生物标本：生物多样性研究与保护的重要支撑［J］.中国科学院院刊，2021，36（4）：425–435.

［3］国家文物局第一次全国可移动文物普查工作办公室.第一次全国可移动文物普查专项调查报告［M］.北京：文物出版社，2016：33–66.

［4］伍玉明，等.生物标本的采集、制作、保存与管理［M］.北京：科学出版社，2010：1–4.

［5］LIU X，BLACKBURN T M，SONG T，et al. Risks of biological invasion on the belt and road［J］. Current biology，2019，29（3）：499–505.

4.3 菌物标本资源

4.3.1 菌物标本资源建设和发展

4.3.1.1 菌物标本资源

菌物在传统上被定义为行吸收营养、具细胞壁、能产孢、无叶绿素、以无性或有性两种方式繁殖的真核有机体，包括真菌、地衣、卵菌和黏菌等类群，遍布世界每个角落，与动物和植物一起共同构成真核生物的主体。在自然界中，植物、动物与菌物，分别扮演着生产者、消费者、分解者的角色，共同完成了自然界绝大多数的生物物质循环，是地球生态系统中不可或缺的一环。菌物的生物多样性非常丰富，据保守的估计高达 220 万～380 万种，大约是植物与脊椎动物物种总和的 3 倍，然而，目前已被人类认知和描述的真菌物种约 15 万种，不足 6%，是生命树上各大主要真核类群中描述率最低的。菌物资源具有重要的开发价值，已广泛用于工业发酵、医药卫生和农业病害生物防治等诸多领域，产生巨大的经济效益。例如，利用青霉开发的抗生素曾经突破性地提升了人类的健康状况和寿命；食用菌已经成为我国农业第五大产业（年产值约 2700 亿元），其种质已经被提升到与"作物、畜牧、水产"等传统种质同等重要的地位；植物病害的 70% 以上由真菌引起，历史上一些重要真菌病害的暴发曾间接导致人类社会格局的重大变化。因此，真菌的重要性毋庸置疑。

菌物标本是菌物研究和应用中最重要的参考和凭证材料。由于形态和生理特征上的巨大差异，不同菌物的标本保藏形式存在很大差异。对于肉眼可见的大型菌物，如大型真菌、地衣等，通常将其烘干后的子实体作为标本；对于一些微小不易观察且可培养的小型真菌，可以将其培养物经灭活烘干制成标本；对于寄生于植物体的病原真菌，可将已感染的植物叶片、茎节或果实作为标本；对于球囊霉等不可培养且无法通过寄主载体保存的菌物，则将其菌体结构制备成玻片保存。

菌物标本作为生物标本资源的重要组成部分，是一个国家和地区菌物多样性资源的本底资料，承载着菌物物种的宏观和微观特征，以及地理分布、生长基物、物种丰富度、物种遗传等许多重要的信息，是菌物资源开发利用、生物多样性保护、生态学研究等的主要依据，是探索物种起源演化的主要材料之一，同时也是一类重

要的战略生物资源，为国家与地区生态安全、外来入侵生物的预警与监测等研究提供关键基础信息和原材料。

4.3.1.2 国际菌物标本资源建设概况

由于历史上认识的局限性，菌物过去曾长期被归入植物的范畴，菌物标本也习惯性地由植物标本馆收藏。世界上专门的菌物标本馆数量还很少，菌物标本的数量与植物标本和动物标本相比仍存在巨大差距。由于菌物在生态环境中的特殊地位和在人类经济社会发展中的作用日益重要，世界各国政府和科学界越来越认识到菌物标本资源的重要意义。欧美发达国家非常重视菌物标本的收藏，欧洲的英国皇家植物园菌物标本馆和法国国家自然历史博物馆都收藏了 100 万号以上的菌物标本，美国农业部国家菌物标本馆和纽约植物园菌物标本馆为西半球最大的两家菌物标本馆。上述标本馆都长期开展针对全球范围的菌物标本资源的收藏。近年来，随着计算机科学的发展和技术的应用，全球主要菌物标本保藏机构都积极致力于菌物标本及相关信息的数字化工作，构建了完善的标本信息管理系统和菌物名录数据库，并通过互联网对公众开放。目前，美英等发达国家都在大力开展菌物资源信息平台构建、信息数据深入挖掘和利用工作，菌物标本馆的功能也得到进一步的延伸和拓展。

4.3.1.3 国内菌物标本资源发展现状

我国馆藏菌物标本总量约 120 万号，主要收藏于中国科学院系统及部分高等院校、科研院所的 14 家标本馆，其中，隶属于中国科学院的 3 家、隶属于地方的 2 家、隶属于高等院校的 9 家。在这些标本馆中，中国科学院微生物研究所菌物标本馆为我国唯一全面收藏综合性菌物的标本馆，其余各馆主要针对特定地域和生境及某些菌物类群进行特色收藏。具有地域及生境特色的标本馆有中国科学院昆明植物研究所标本馆隐花植物标本室、西北农林科技大学真菌标本室、广东省微生物研究所真菌标本馆、吉林农业大学食药用菌教育部工程研究中心菌物标本馆、河西学院甘肃省应用真菌工程实验室菌物标本馆、赤峰学院菌物标本室和西藏自治区高原生物研究所高原菌物标本室 7 家；针对特定类群的菌物标本馆有新疆大学"中国西北干旱区地衣研究中心"地衣标本室、中国科学院沈阳应用生态研究所标本馆、山东农业大学植物保护学院植物病理学标本室、北京林业大学微生物所标本室、南京师范大学真菌标本室和聊城大学菌物标本室 6 家（表 4-5）。

表 4–5　我国主要菌物标本保藏机构概况（截至 2020 年底）

序号	保藏机构名称	保藏特色	馆藏总量/万号	保藏资源全国占比
1	中国科学院微生物研究所菌物标本馆	综合型	54.1	44.45%
2	中国科学院昆明植物研究所标本馆隐花植物标本室	地区特色 – 西南地区	18.1	14.87%
3	广东省微生物研究所真菌标本馆	地区特色 – 华南地区	8.0	6.57%
4	新疆大学"中国西北干旱区地衣研究中心"地衣标本室	类群特色 – 地衣	7.9	6.49%
5	中国科学院沈阳应用生态研究所标本馆	类群特色 – 木生菌物	7.0	5.75%
6	西北农林科技大学真菌标本室	地区特色 – 西北地区	7.0	5.75%
7	吉林农业大学食药用菌教育部工程研究中心菌物标本馆	地区特色 – 北方地区	4.2	3.45%
8	北京林业大学微生物所标本室	类群特色 – 木生菌物	3.3	2.71%
9	山东农业大学植物保护学院植物病理学标本室	类群特色 – 植物病原菌	3.0	2.47%
10	聊城大学菌物标本室	类群特色 – 地衣	2.1	1.73%
11	河西学院甘肃省应用真菌工程实验室菌物标本馆	地区特色 – 祁连山地区	2.0	1.64%
12	赤峰学院菌物标本室	地区特色 – 内蒙古地区	2.0	1.64%
13	南京师范大学真菌标本室	类群特色 – 黏菌	2.0	1.64%
14	西藏自治区高原生物研究所高原菌物标本室	地区特色 – 青藏高原地区	1.0	0.82%
	合计		121.7	

目前，中国科学院系统的3家菌物标本馆已初步完成馆藏标本信息化工作，同时继续推进全国菌物资源信息库的构建。中国科学院微生物研究所菌物标本馆已完成全部55万份标本的信息数字化任务，建立了完善的标本信息系统并向国内其他相关机构推广。此外，中国科学院昆明植物研究所标本馆隐花植物标本室、中国科学院沈阳应用生态研究所标本馆和西藏自治区高原生物研究所高原菌物标本室共计实现了13.2万份已定名标本的信息数字化工作。

中国科学院微生物研究所菌物标本馆在2020年度对标本馆网站进行了全面升级，已初步建成新的信息平台（https://nmdc.cn/fungarium）并上线试运行（图4–15）。

截至 2020 年底，平台已经搭载了 120 万条数据和 1.8 万张图像，搭载了 4 个不同功能菌物数据库：中国菌物名录数据库、HMAS 馆藏标本数据库、中国大型真菌红色名录数据库和世界菌物名称数据库。该平台将为菌物相关科研、政策制定、生产实践和科普等工作提供全方位的数据支持和服务。菌物标本馆还建成并维护国际菌物名称注册网站（Fungal Names），与 Index Fungorum 和 MycoBank 数据互通，是获得国际菌物命名委员会授权的 3 个注册网站之一。

图 4-15　中国科学院微生物研究所菌物标本馆信息平台网站首页

为了全面推进国内菌物标本馆的规范化建设和高质量发展，加强交流与创新，从而建成国际顶尖水平的菌物标本馆体系。2020 年 10 月 30 日，由中国科学院微生物研究所菌物标本馆牵头，联合中国科学院昆明植物研究所菌物标本馆、吉林农业大学食药用菌教育部工程研究中心菌物标本馆、广东微生物研究所真菌标本馆等

14家菌物标本馆，正式建立了中国菌物标本馆联盟（图4-16），联盟成员在资源收集、信息化建设、开放共享等方面达成共识，将有计划地完成全国菌物资源普查，建成功能全面、数据充足的资源信息平台，积极为国家建设、政策制定、产业发展和科学传播等方面贡献菌物力量。该联盟汇集了国内主要菌物标本资源保藏机构，总保藏量近110万号，占全国菌物标本保藏总量的九成以上。在今后的工作中将稳步提升我国菌物标本馆藏量，进一步加强数字化建设，实现全国菌物标本和菌物名录信息数据等资源的共享，并逐步开展生物标本信息的大数据挖掘和可视化信息工作，努力使我国菌物信息数据研究达到国际领先水平，为国家菌物资源的管理、研究、保护和持续利用及其相关制度、政策和法规的制定提供可靠的支撑。利用标本馆实物资源与专业队伍优势，积极开发标本资源在国民经济主战场上的应用，对接海关、农林、食药监等行业对菌物检测的需求。

a   b

图 4-16　中国菌物标本馆联盟徽标和旗帜

4.3.1.4　菌物标本资源国内外情况对比分析

我国已经基本建立了菌物标本保藏体系，近年来馆藏标本的数量有了较快的增长，馆藏条件逐步得到改善，馆藏和管理能力也有了很大提升。但是，与国外大型菌物标本馆相比，我国的菌物标本保藏体系还存在很大不足。我国馆藏菌物标本总量刚刚超过120万份，且包含大量的未定名标本，与英国皇家植物园菌物标本馆的125万号已定名标本相比，还有一定的差距。我国菌物标本收集和保藏始于20世纪20年代，绝大多数标本为20世纪80年代以后收集，而一些欧洲国家菌物标本收集的历史可以追溯到17世纪，具有重要的学术研究和历史参考价值。此外，我国菌物标本的数字化工作开展较晚，目前仅中国科学院系统的3家标本馆真正实现了标本信息的计算机化管理，其他高等院校和科研院所的标本信息化工作还处于初始阶段。欧美发达国家的菌物标本信息化工作始于20世纪80年代，信息和管理系统已

趋于成熟，信息平台的建设也更为完善。加强国家菌物标本保藏和研究平台建设，增加馆藏数量，全面提升标本信息化管理水平，是未来我国菌物标本馆工作需要加强的主要内容。

4.3.2　菌物标本资源主要保藏机构

（1）中国科学院微生物研究所菌物标本馆

中国科学院微生物研究所菌物标本馆创建于 1953 年，由戴芳澜先生、王云章先生、邓叔群先生等将原"中央研究院"、北平研究院、清华大学和金陵大学收藏的菌物标本合并而成。该馆为我国乃至亚洲最大的、收藏最全面的菌物标本馆，馆藏标本超过 54.1 万号，约占我国菌物标本馆藏总量的一半，已定名标本 37.5 万余号，共计 2000 余属 1.88 万种，其中包括模式标本 4481 号，涵盖 3291 种。标本馆馆藏标本来自全国 34 个省份及包括南北极在内的世界 111 个国家和地区；保藏范围包括卵菌、壶菌、接合菌、子囊菌、担子菌、地衣和黏菌等。标本馆建筑面积 1204 m^2，拥有优良的标本保藏条件和完备的管理制度，为我国菌物学及相关研究和应用提供了重要的支撑。

（2）中国科学院昆明植物研究所标本馆隐花植物标本室

中国科学院昆明植物研究所标本馆隐花植物标本室创建于 20 世纪 70 年代，馆藏菌物标本共计 18.1 万余号，其中，真菌标本 10.7 万号（以大型真菌为主）、地衣 7.4 万号。总量居全国第 2 位，其中，包括模式标本近 500 号。馆藏标本主要采自我国西南地区，同时涵盖了全国 31 个省份及世界 20 余个国家和地区。地衣标本已经全部完成了数字化工作，真菌标本的数字化工作正在开展。2019 年实施了修缮改造，极大地优化和提升了标本保藏及安全条件。

（3）广东省微生物研究所真菌标本馆

广东省微生物研究所真菌标本馆创建于 1962 年，前身隶属于中国科学院中南真菌研究室。自 20 世纪 70 年代起，开展重点针对华南地区同时兼顾全国范围的大型真菌、植物病原真菌及虫囊菌目真菌资源的收集工作。馆藏已定名标本 8 万余份，涵盖 2000 余种，为揭示我国华南地区菌物多样性提供重要的凭证材料。

（4）吉林农业大学食药用菌教育部工程研究中心菌物标本馆

吉林农业大学食药用菌教育部工程研究中心菌物标本馆始建于 1978 年，前身是吉林农业大学植物病理教研室的真菌标本室，现已成为我国东北地区重要的菌物标本馆。馆藏已定名标本 4.2 万号，涵盖大型真菌、植物病原真菌及黏菌等重要类群，其中，馆藏黏菌标本 1 万余份，数量位居全国之首。主要保存我国北方地区及俄罗斯、蒙古、白俄罗斯、德国等国家部分地区采集的标本。

（5）中国科学院沈阳应用生态研究所标本馆

中科院沈阳应用生态研究所标本馆创建于 1954 年。馆藏菌物标本 7 万余号，其中，真菌标本 4 万余号，地衣标本 3 万号。主要收藏非褶菌类木生真菌，同时也保藏部分伞菌、腹菌和森林病原真菌标本。目前，已有部分标本完成了数字化，实现了计算机化管理。

（6）西北农林科技大学真菌标本室

西北农林科技大学真菌标本室由西北农林科技大学植物保护学院真菌标本室和林学院森林真菌（林木病害）标本室两部分构成，保藏植物病原真菌和林木大型真菌共计 7 万余号，主要收集我国西北地区的菌物资源，同时兼顾全国。植物保护学院真菌标本室始建于 20 世纪 40 年代初，已收集真菌标本 4 万余号。林学院森林真菌标本室始建于 20 世纪 50 年代，成为立足西北、面向全国的林木真菌标本室，保藏标本 3 万份，涵盖 2500 多种。

（7）新疆大学"中国西北干旱区地衣研究中心"地衣标本室

新疆大学"中国西北干旱区地衣研究中心"地衣标本室创建于 1985 年，前身是原新疆大学生物系植物标本室。馆藏地衣标本 7.9 万号，隶属于 197 个属的 600 余种，地衣标本保藏量位居全国第二，也是国内最大的专门从事地衣标本收集的标本馆。馆藏标本产自国内 21 个省份及国外 16 个国家。标本馆拥有自己的研究团队，主要对我国西北干旱地区地衣资源进行调查、分类和区系研究。

（8）北京林业大学微生物所标本室

北京林业大学微生物所标本室创建于 2007 年，馆藏菌物标本 3.3 万号（包括国外 50 多个国家标本 7000 余号，模式标本 2000 余号），主要为多孔菌等木材腐朽菌和革菌等类群。标本室面向全国和世界范围开展资源收集工作。

（9）山东农业大学植物保护学院植物病理学标本室

山东农业大学植物保护学院植物病理学标本室创建于 1978 年，馆藏标本 3 万多号，其中，已定名标本为 2 万多号、2000 余种。标本室专注于全国范围内的小型真菌标本的收集和保藏，主要包括小煤炱目、间座壳目、锈菌、黑粉菌和镰刀菌等重要植物病害标本及寄生或腐生的无性丝孢真菌标本。标本室与古巴、新西兰和荷兰等国家标本馆建立了标本借阅、交换与馈赠等业务联系。

（10）南京师范大学真菌标本室

南京师范大学真菌标本室创建于 2000 年，可溯源至 20 世纪 50—60 年代陈邦杰先生建立的南京师范大学苔藓和地衣标本室。保藏标本约 2 万号，其中，已定名的黏菌标本近 1.1 万号，保存的标本以黏菌、大型真菌、植物内生真菌和植物病原

真菌及地衣等为主，以华东和华中地区的菌物标本为主，部分标本完成了数字化工作。

4.3.3 菌物标本资源主要成果和贡献

（1）编撰中国菌物名录

近年来，依托中国菌物名录数据库，中国科学院微生物研究所菌物标本馆牵头组织《中国生物物种名录　第三卷　菌物》印刷版的编撰工作。这项工作由国内菌物各类群的分类学专家参与，已完成壶菌、接合菌和球囊霉分册、盘菌分册、锈菌和黑粉菌分册、地衣分册、黏菌和卵菌分册 5 卷的编撰和出版工作，总计包含约7000 种。印刷版名录的编撰和出版，推进了菌物标本馆的信息化建设，促成了中国菌物名录数据库的建成，收录了 1.2 万篇文献和近 300 部专著的菌物记录 32 万条，包含有文献记载在中国分布的菌物各类群名称 10 门 34 纲 93 目 410 科 2587 属 25 218种。同时，名录中及时总结了分类学研究成果，把新种和新修订的信息及时整合到生物物种名录中，克服了志书编写出版周期长的不足，使读者和用户能及时了解和使用新的分类学成果。名录的出版有助于推进我国菌物志书的编研和生物多样性编目与保护工作，也为相关学科如生物地理学、保护生物学、生态学等的研究工作提供了更多的支持。截至 2020 年，《中国生物物种名录　第三卷　菌物》已成为《世界菌物现状报告》《中国生物物种名录 2020 版》等国内外一系列重要报告、论文、数据库的数据来源，以及相关领域政府决策咨询的主要依据。

（2）支撑"中国孢子植物志"编研工作

2020 年，"中国孢子植物志"编研组赴全国 24 个省份及黄海、渤海等海域进行了野外考察，采集标本约 11 000 份，分离菌（藻）种 670 株，为编研工作积累了丰富的材料。同时借阅并研究了国内外标本馆的馆藏标本 6500 余份，发表新科 1 个、新属 4 个、新种 110 余个，建立新组合 2 个，报道中国新记录种 69 个，发表论文40 篇。本年度新出版《中国真菌志　第六十卷　肉座菌科》（图 4-17），对我国子囊菌门真菌中的肉座菌科进行了全面的形态学和系统分类研究，记录该科 6 属 244种；对科和属的国内外分类研究概况进行了评述，提供了每个种的形态描述、图示和必要的讨论、中国已知种的分属检索表及部分属的分种检索表。肉座菌科真菌主要为潮湿林区中植物残体、腐殖质层、土壤等基物中的腐生真菌，一部分寄生于其他真菌的子实体上；另一部分为高等植物的内生菌。其中，一些种具有分解几丁质和木质纤维素的能力；另一些可以促进植物生长。

图 4–17　《中国真菌志　第六十卷　肉座菌科》

（3）大型真菌红色名录与真菌资源保护研究

在首部《中国生物多样性红色名录——大型真菌卷》的基础上，中国科学院微生物研究所菌物标本馆全面系统地总结了红色名录评估过程中的经验和研究成果，汇集成为《生物多样性：中国大型真菌红色名录专辑》（图 4–18），该专辑详细介绍了中国大型子囊菌、大型担子菌和地衣型真菌的评估结果、科学意义及评估方法和过程，并探讨了评估中存在的问题及对策。上述工作全面阐述了我国大型真菌红色名录及濒危物种研究的最新进展，进一步推动了我国生物多样性保护工作的开展。《中国生物多样性红色名录——大型真菌卷》的发布及《生物多样性：中国大型真菌红色名录专辑》等研究成果的发表，为我国大型真菌的保护与利用提供了数据基础和技术规范，是贯彻落实《中国生物多样性保护战略与行动计划（2011—2030 年）》和履行《生物多样性公约》的具体行动，对我国大型真菌多样性保护与管理产生了深远的影响，促成微生物多样性保护的内容首次被列入国家级的生物多样性保护规划（"十四五"规划）。

图 4-18　《生物多样性：中国大型真菌红色名录专辑》

4.4　岩矿化石标本资源

4.4.1　岩矿化石标本资源建设和发展

4.4.1.1　岩矿化石标本资源

岩矿化石标本资源是指地质工作者从事区域地质调查和地球科学研究过程中，采集、收集、整理、研究测试和收藏的矿物、岩石、矿石和化石标本，以及与之相关的数据和研究资料。岩矿化石标本资源为人们研究和复原地球演化历史提供了最为直观、科学的证据，是地球科学研究的重要支撑材料，是人类社会生存发展和社会经济长远发展重要的战略资源。

近年来，地球科学领域在地球深部物质循环与结构、板块构造、地球系统、矿产资源绿色开采、行星地质学及大数据与人工智能技术在地球科学中的应用等方面取得了一系列新的重要进展，一些国家和国际组织亦围绕上述领域进行了研究部署[1]。在这些研究工作中，对岩矿化石标本资源的观察、分析测试和研究是主要的手段和可靠的依据，标本的长期保存也为日后科学验证和深入挖掘研究提供保障。

4.4.1.2　国际岩矿化石标本资源建设与发展

根据对世界主要地学类标本资源保存单位的文献记载及官方网站发布的数据统计，截至 2020 年底，全球岩矿化石标本资源保存量约 1.2 亿件，保存机构有 753个，与前几年相比，资源量增幅并不明显。标本资源保存量达 15 万件以上的国家有 24 个（表 4–6），资源主要集中在西方发达国家，其中，美国占 52.0%，英国占12.2%，德国占 10.0%，澳大利亚占 6.2%，法国占 5.5%，并且主要集中在少数大机构。例如，美国国立自然历史博物馆有 4060 万件、英国自然历史博物馆有 750 万件、德国斯图加特国家自然历史博物馆有 414 万件。中国的岩矿化石标本资源仅占1.0%（125 万件），排在全球第 9 位。

表 4–6　全球各国岩矿化石标本资源保存数量及保存机构情况

序号	国家	资源保存数量 /万件	保存机构数量 / 个	代表性的资源保存机构
1	美国（America）	6250	89	美国国立自然历史博物馆 美国自然历史博物馆 内布拉斯加州大学博物馆
2	英国（England）	1550	90	英国自然历史博物馆 剑桥大学地质博物馆 牛津大学博物馆
3	德国（Germany）	1260	48	斯图加特国家自然历史博物馆 柏林自然历史博物馆 森根堡自然历史博物馆
4	澳大利亚（Australia）	745	42	昆士兰博物馆 西澳大学 南澳博物馆
5	法国（France）	663	15	法国国家自然历史博物馆 里尔自然历史博物馆 国家自然历史博物馆

续表

序号	国家	资源保存数量 / 万件	保存机构数量 / 个	代表性的资源保存机构
6	荷兰（Netherlands）	420	11	荷兰莱顿自然博物馆 马斯特里赫特自然历史博物馆 Museon 博物馆
7	比利时（Belgium）	333	13	比利时皇家自然历史博物馆 中非皇家博物馆
8	挪威（Norway）	202	9	奥斯陆大学自然历史博物馆 NTNU 自然历史与考古博物馆 斯塔万格博物馆
9	中国（China）	125	102	中国地质博物馆 中国科学院南京地质古生物研究所 中国科学院古脊椎动物与古人类研究所
10	瑞典（Sweden）	120	15	瑞典自然历史博物馆
11	瑞士（Switzerland）	114	12	巴塞尔自然历史博物馆 日内瓦自然历史博物馆 卢迦诺州自然历史博物馆
12	南非（South Africa）	65	15	南非自然历史博物馆 南非奥尔巴尼博物馆 麦格雷戈博物馆
13	俄罗斯（Russia）	62	16	莫斯科古生物博物馆 圣彼得堡国立矿业学院 费尔斯曼矿物学博物馆
14	加拿大（Canada）	55	28	加拿大自然博物馆 皇家阿尔伯塔博物馆 多伦多大学
15	意大利（Italy）	52	10	比萨自然博物馆 自然科学博物馆 米兰自然历史博物馆
16	巴西（Brazil）	52	12	圣保罗地质博物馆 巴西国家博物馆 科技博物馆（PUCRS）
17	阿根廷（Argentina）	42	8	拉普拉塔博物馆 安赫尔盖拉多博士省自然科学博物馆

续表

序号	国家	资源保存数量／万件	保存机构数量／个	代表性的资源保存机构
18	新西兰（New Zealand）	42	9	惠灵顿维多利亚大学 地质与核子科学（GNS）研究所国家古生物研究收藏中心 奥克兰大学
19	奥地利（Austria）	29	15	维也纳自然历史博物馆 Krahuletz 博物馆 维也纳森林博物馆
20	匈牙利（Hungary）	26	6	匈牙利地质与地球物理研究所 匈牙利自然历史博物馆
21	西班牙（Spain）	20	19	米克尔 Crusafont 古生物学院博物馆 自然与人博物馆
22	捷克（Czech）	16	3	布拉格国家博物馆 布拉格查理大学
23	印度（India）	16	19	印度博物馆 金奈政府博物馆 印度国家博物馆
24	罗马尼亚（Romania）	15	7	罗马尼亚地质博物馆 克鲁日巴比什·波雅依大学矿物学和动物博物馆

注：截至 2020 年 12 月。

岩矿化石标本资源的数字化与开放共享，是当今世界科技资源战略的重要趋势，美国和欧洲发达国家的有些标本资源保存机构早在 20 世纪七八十年代就开展了标本数字化工作，建立数据库，并对外提供信息共享服务。目前，欧美发达国家仅有 6 家博物馆建有标本数据库及服务平台，标本数据量居前 3 位的国家是美国（132万余条）、英国（111 万余件）、中国（22.8 万余件）（表 4-7）。其中，美国国立自然历史博物馆标本数据量约有 112.2 万条，数据项有 19 项，标本图片有 30 万张；美国自然历史博物馆标本数据量约有 20.4 万条，无标本图片；英国自然历史博物馆标本数据量约有 91 万条，标本图片有 20 万张；牛津大学博物馆标本数据量有 20万条，无标本图片；国家岩矿化石标本资源共享平台标本数据量约有 22.8 万条，标本图片有 34 万张；比利时皇家自然历史博物馆标本数据量约有 4.58 万条，无标本图片。

表 4-7　世界主要岩矿化石标本数据平台信息统计

机构名称	国家或地区	实物标本量/件	标本数据量/条	数据项	数据完整度	网址
美国国立自然历史博物馆	美国	40 600 000	1 121 946	19项, 包括名称信息、分类信息、产地信息、描述信息、图像信息、样品处理信息	75%	http://collections.nmnh.si.edu
美国自然历史博物馆	美国	4 750 000	204 291	7项, 包括名称信息、产地信息、描述信息	70%	http://research.amnh.org/paleontology/search.php?search=&media_only=-1&page=0
英国自然历史博物馆	英国	7 500 000	910 471	24项, 包括名称信息、分类信息、描述信息、产地信息	86%	http://www.nhm.ac.uk
牛津大学博物馆	英国	250 000	200 000	13项, 包括名称信息、分类信息、产地信息、描述信息、样品处理信息	58%	http://www.oum.ox.ac.uk/collect/earthcoll2.htm
国家岩矿化石标本资源共享平台	中国	950 000	228 194	28项, 包括名称信息、分类信息、产地信息、描述信息、保存信息、图像信息	92%	http://www.nimrf.net.cn
比利时皇家自然历史博物馆	比利时	1 200 000	45 754	17项, 包括名称信息、分类信息、产地信息、描述信息、收藏信息	53%	http://darwin.natural-sciences.be/search/geoSearch

注: ①数据为截至 2021 年 3 月 11 日世界主要地学类标本数据平台官方网站实际发布的数据。

②数据完整度统计方法: 对国内外地学类标本数据平台中的标本信息进行抽样调查, 随机抽取各网站发布的 100 条标本数据, 并通过统计得出有效内容字段数与字段总数的百分比, 即为各标本数据平台的数据完整度。

4.4.1.3　国家岩矿化石标本资源库建设情况

（1）标本资源整合

截至 2020 年底, 国家岩矿化石标本资源共享平台参加单位 35 家, 涵盖了我国地学领域全部国家级标本资源保存单位及 75% 的省级标本资源保存单位。平台保存标本资源 90 万件。完成 22.8 万件具有重要科学价值的岩矿化石标本资源的数字化及共享, 共享标本资源产地覆盖 98 个国家和国内 34 个省级行政区域, 包括模式化石及典型化石群标本 9.5 万件，中国新矿物、国内外典型矿物标本 2.8 万件，国内外典型岩石标本 8 万件，中国濒危矿床和大型、超大型、特色矿床矿石标本 2.5 万件。

2020 年，国家岩矿化石标本资源库平台汇交了国家重点研发计划、国家自然科学基金、科技基础性工作专项及地质调查项目等 85 个财政资金资助的科技计划项目形成的标本资源 1.12 万件。系统采集 56 个中国大型、超大型及战略性新兴矿产矿床，3017 件标本资源。新增 32 269 件化石、岩石、矿物、矿石实物标本及标准化信息数据（图 4-19），包括化石标本 10 489 件，岩石标本 11 271 件，矿物标本 5098 件，矿石标本 5411 件，按照岩矿化石标本资源描述标准对标本资源进行标准化整理和数字化表达。实物标本资源分布式保存在全国各资源单位实体库房，标本数据由平台统一管理发布。

铁陨石（美国）　　玄武岩（中国广东湛江）　　花岗斑岩（中国江西贵溪）　　糜棱岩（中国西藏）

石榴子石（中国安徽）　　水硅钒钙（中国内蒙古）　　异极矿（中国安徽）　　钼铅矿（中国西藏）

含金辉锑矿（中国青海）　　方铅矿（中国青海）　　含铌钽矿伟晶岩（中国青海）　　金云母矿石（中国新疆哈密）

三叶虫（摩洛哥）　　海百合（中国贵州关岭）　　鹦鹉嘴龙（中国辽宁）　　楯齿龙（中国贵州关岭）

图 4-19　代表性增量标本资源

（2）共享服务

国家岩矿化石标本资源库主库及分库分布在全国 22 个省市，服务半径几乎覆盖全国：京津冀地区（以北京、天津、河北燕郊为中心）、长三角地区（以上海、南京为中心）、珠三角地区（以广州、深圳为中心）、华中地区（以郑州、武汉、长沙为中心）、华南地区（以南昌、桂林为中心）、西南地区（以重庆、成都、昆明、自贡为中心）、东北地区（以长春、沈阳为中心）、西北地区（以乌鲁木齐、西宁、兰州、银川为中心），在这些地区都有开放共享的实物标本资源服务库（馆）为国内外的专家、学者、社会公众提供标本资源开放共享服务。充分利用平台优质资源，针对国家各类科技计划，尤其是重大科研项目需求提供专题服务，积极开展科技合作与学术交流，以满足基础科学研究、重大公益性研究、战略高技术研究与产业关键性技术研发的基本需求。

平台门户网站国家岩矿化石标本资源共享平台（http://www.nimrf.net.cn）是国内最大的岩矿化石标本数据共享平台。集成了多类地学专题集：中国典型矿床专题 110 个、中国重要古生物化石群专题 31 个、中国"金钉子"剖面 6 个，典型地质剖面专题 3 个，以及 3000 种系统矿物学数据库的查询系统。囊括珠宝玉石电子书 39 部、岩矿化石精品图片库 4 个、原创科普视频 11 个、3D 矿物精品 24 个。用户可检索浏览标本信息及专题数据库，信息资源开放服务比例为 100%。平台为科技创新、专业教学、人才培养及科学普及等提供了服务，在实施国家创新驱动发展战略、国家科技创新体系中提供重要基础支撑与条件保障。

4.4.1.4 岩矿化石标本资源国内外情况对比分析

（1）资源保存情况对比分析

截至 2020 年底，我国拥有省部级、市级、县级岩矿化石资源保存机构 102 家，保存各类岩矿化石标本共计 125 万件，其中化石标本约 55 万件、矿物标本约 10 万件、岩石标本约 25 万件、矿石标本约 35 万件，资源总量排在全球第 9 位，与标本资源大国相比，存在较大差距。原因主要有 3 点：

第一，在资源产地方面，我国岩矿化石标本主要产自国内，本国产出的标本资源约占 85%。对比西方岩矿化石标本资源大国，以英国为例，外国引进的标本资源约占 90%，收集了来自世界各地的标本资源，产地分布广、种类丰富。

第二，在资源类型结构方面，我国保存的化石标本占 44%，而英国自然历史博物馆保存的化石标本占 93%，美国自然历史博物馆保存的化石标本占 98%。化石是地球演化过程中出现过的物种保存下来的记录，因此其种类和数量繁多。我国化石标本资源量占比少也反映了收集的种类和数量有待提升。

第三，在标本资源的收集方式方面，西方发达国家博物馆收藏的标本资源主要来源于收藏家及社会团体捐赠，占资源总量的60%以上，另外博物馆自身也是顶尖的科研机构，在上百年的发展过程中，科研工作者收集了丰富的藏品。而我国岩矿化石标本资源主要来源于地质调查采集、高校及科研单位专家学者收集，近20年来，地质行业蓬勃发展，建立了新的地质博物馆，购置了一批优质的国内外标本资源，但数量和种类有限。

（2）资源保护情况对比分析

在资源保护方面，我国2010年颁布了中华人民共和国国务院令第580号《古生物化石标本条例》，加强对古生物化石的保护，促进古生物化石的科学研究和合理利用，条例明确规定了中华人民共和国领域和中华人民共和国管辖的其他海域遗存的古生物化石属于国家所有，在重点保护古生物化石集中的区域，应当建立国家级古生物化石自然保护区，受保护的化石未经自然资源主管部门批准不允许出境。而在国外，尤其是西方发达国家，岩矿化石资源出土后归土地所有者，可以买卖、交换，不受国家法律法规制约，因此，境外岩矿化石标本资源入境不受限制，为我国的标本资源保存单位引进国外优质资源提供了便利。

4.4.2 岩矿化石标本资源主要保藏机构

4.4.2.1 岩矿化石标本资源特色保藏机构

我国在规模和影响力方面较大的岩矿化石标本资源保存单位有：中国地质博物馆、中科院南京地质古生物研究所标本馆、中科院古脊椎动物与古人类研究所标本馆、中国地质大学（北京）博物馆、中国地质大学（武汉）逸夫博物馆、自然资料实物中心、吉林大学地质博物馆、河南省地质博物馆、北京自然博物馆及安徽省地质博物馆。

（1）中国地质博物馆

中国地质博物馆创建于1916年，在与中国现代科学同步发展的历程中，积淀了丰厚的自然精华和无形资产，以典藏系统、成果丰硕、陈列精美称雄于亚洲同类博物馆，并在世界范围内享有盛誉。中国地质博物馆收藏地质标本20万件，涵盖地学各个领域。其中有蜚声海内外的巨型山东龙、中华龙鸟等恐龙系列化石，"北京人"、元谋人、山顶洞人等著名古人类化石，以及大量集科学价值与观赏价值于一身的鱼类、鸟类、昆虫等珍贵史前生物化石；有世界最大的"水晶王"、巨型萤石方解石晶簇标本、精美的蓝铜矿、辰砂、雄黄、雌黄、白钨矿、辉锑矿等中国特色

矿物标本，以及种类繁多的宝石、玉石等一批国宝级珍品。中国地质博物馆长期开展丰富多彩的社会教育活动，年接待观众约 30 余万人次。

（2）中科院南京地质古生物研究所标本馆

中科院南京地质古生物研究所标本馆是在 1928 年成立的"中央研究院地质研究所标本室"的基础上发展起来的，是世界上重要的古无脊椎动物和古植物化石标本收藏中心之一，馆藏有 16 万号极具科学价值的模式标本。该标本馆历史悠久，藏品丰富，既有我国古生物学的早期开拓者李四光、葛利普、孙云铸、黄汲清、尹赞勋、赵亚曾、斯行健等教授采集研究的标本，更汇集了瑞典、德国、美国、英国、加拿大、澳大利亚、波兰、捷克、苏联、伊朗、日本等数十个国家交流合作研究的标本。经过几代人的艰苦努力，该标本馆已积累了 3000 余篇（册）研究成果的标本，其地域分布之广，时代范围之宽，化石门类之全，是国内外有关科研、生产、教育部门在科研和实际工作中重要参考对比和引用的基本资料，每年为国内外古生物学专家学者提供实物标本服务数百人次。

（3）中科院古脊椎动物与古人类研究所标本馆

中科院古脊椎动物与古人类研究所标本馆创建于 1956 年，其前身可追溯至 1922 年农商部地质调查所地质矿产陈列馆增设的古生物化石展室。该标本馆现有藏品 8 万余件，涵盖脊椎动物化石、人类化石、旧石器时代文化遗物等，特别是在脊椎动物化石标本和现代脊椎动物骨骼标本的收藏方面，该标本馆是国内该领域收藏门类最齐全、数量最丰富的场馆，在世界同类机构中也享有盛誉。众多藏品中，有许多标本都具有重要的历史意义和科学价值，例如，1920 年法国古生物学家桑志华在甘肃庆阳幸家沟（今属华池县）黄土层中发现的我国第一件有明确地层关系记录的旧石器；抗战时期杨钟健等在云南禄丰发现并被誉为"中国第一龙"的许氏禄丰龙化石；1966 年在北京周口店发掘到的现存唯一的"北京人"头盖骨化石。该标本馆以研究所为依托，对我国境内一些国际古生物学研究热点区域的标本均有收藏，如燕辽生物群、热河生物群、云南曲靖古生代鱼类、贵州关岭三叠纪海生爬行动物、甘肃临夏盆地和西藏札达盆地晚新生代哺乳动物、广西崇左现代人化石等，相关标本的研究文章多次发表在 *Nature*、*Science* 和 *PNAS* 等国际顶级刊物，每年为国内外古生物学专家学者提供实物标本服务数百人次。

（4）中国地质大学（北京）博物馆

中国地质大学（北京）博物馆始建于 1952 年。建馆初期，标本主要继承了北京大学地质系、清华大学地质系、天津大学（前身为北洋大学）地质系、唐山铁道学院地质科的收藏，追溯藏品在北京大学、清华大学、北洋大学、唐山铁道学院的收藏历史，则已逾百年。藏品除了采自国内各地之外，还有来自美国、英国、法国、德国、意大利、捷克、瑞典、俄罗斯、伊朗、日本、越南、印尼、澳大利亚等世界五大洲 40 多个国家的标本，典藏标本来源之广也是国内高校博物馆中少有的。该博物馆的馆藏标本中还有一些珍奇标本，如来自地外的 Fe–Ni 陨石、采自地球之巅——珠穆朗玛峰顶的奥陶纪灰岩、采自太平洋海底约 6000 m 深处的钴锰结核、来自南极大陆的岩石及新疆采集的马门溪龙和翼龙头骨等。1999 年，中国地质大学（北京）博物馆被中国科学技术协会确定为全国科普教育基地，成为青少年科普教育的课堂，年接待观众 5 万余人次。

近年来，在平台建设的推动下，学校加强对国家战略计划、重大项目、国家重点基础研究发展计划、国家科技支撑计划、国际科技合作、国家自然科学基金等科技计划项目所形成的标本资源进行收集、整理及数字化，标本资源量逐年增加，截至 2020 年底，保存标本资源总量达到 6.5 万件。

（5）中国地质大学（武汉）逸夫博物馆

中国地质大学（武汉）逸夫博物馆建筑面积近万平方米，馆藏各类地质标本5 万余件，其中，自然界罕见的珍品近千件，如著名的黑龙江东北龙、关岭鱼龙、海百合、和平永川龙、鹦鹉嘴龙等古生物化石及各种珍贵的矿物、宝玉石、化石标本等。中国地质大学（武汉）逸夫博物馆是"全国科普教育基地""全国青少年科技教育基地""全国古生物教育基地""全国中小学环境教育社会实践基地""全国国土资源科普基地"，是全国首家被评定为 AAAA 景区的高校博物馆，年接待观众 20 余万人次。

4.4.2.2 国家岩矿化石标本资源库共享服务情况

（1）服务科技计划项目及成果产出

2020 年，国家岩矿化石标本资源库提供实物标本资源服务 227 次，服务用户单位 47 个，服务用户人员 537 人次，实现 9525 件实物标本的共享。为各类科技计划提供了实物标本资源及信息服务，包括 2 项国家重大科学计划"松辽盆地国际大陆科学钻探工程——松科 3 井"及"深时数字地球计划"；6 项国家重点基础研究发展计划项目"青藏高原深部成矿""三维岩石圈架构""难熔元素和同位素分析技术创建与革新及地学应用""松辽盆地深层早白垩世新层系古环境与古气候及油气资源潜力评价""多要素的中生代–古近纪全球古地理重建""冈底斯成矿带资源潜力评价与深部找矿预测示范"；中国科学院战略性先导科技项目"关键地史时期生物与环境演变过程及其机制"；27 项国家自然基金项目及 12 项省级项目。平台标本资

源支撑发表科研论文 522 篇，专著 3 部，开展及参加学术交流活动 16 次。

（2）面向公众开放及科学普及服务

国家岩矿化石标本资源库具有重要的地学知识传播和科学普及功能，拥有中国科协"全国科普教育基地""全国青少年科技教育基地"，自然资源部"自然资源科普基地"，文化旅游部"全国中小学生研学实践教育基地"共计 15 个教育基地称号，开放以生命与地球演化展厅、地球物质成分、恐龙化石、古生物、岩石、化石、矿物及珠宝为主题的展厅 40 个，2020 年，接待大中小学生、社会公众 200 万人次。平台地球科学科普传播专家团队开展线下科普课堂 35 次，并通过百度、新浪微博、空中课堂、微信公众号等网络平台，开展线上科普活动 49 次，包括"第 51 个世界地球日空中课堂"系列讲座、"自然大讲堂之恐龙家族和它们的邻居在 6600 万年前的故事"、"花开何时？——植物化石有话说"、"科普大咖讲故事"、"第 44 个国际博物馆日线上云课堂"、"讲述地球故事"网络公益课等，观看人数超过 300 万人次。举办主题科普实践活动 26 次，包括"九天揽月，筑梦苍穹——嫦娥五号月球采样模拟月壤及陨石"主题活动、"科技列车怀化行"地学科普走进湘西怀化。

（3）数据信息服务

平台门户网站"国家岩矿化石标本资源共享平台"为用户提供信息检索服务。平台整合的 22.8 万件标本资源数据信息及 100 余个专题数据库均通过该网站对外发布，用户可检索浏览标本信息及专题数据库，信息资源开放服务比例为 100%。2020 年，平台网站访问量达 212 536 人次，数据下载量为 5468 GB。

4.4.3　岩矿化石标本资源主要成果和贡献

（1）收集中国战略性新兴矿产标本资源，服务国家重大需求

战略性新兴矿产是在新一代信息技术、高端装备制造、新材料、生物、新能源汽车、新能源、节能环保等七大战略性新兴产业中发挥关键作用的矿产资源。2011年国务院下发的《找矿突破战略行动纲要（2011—2020 年）》，提出了战略性新兴矿产主要指铼、稀土、钨、钴、锑、锆、镓、锗、锂、铍、铌、钽、铟等"三稀"矿产，金刚石、高纯石英、晶质石墨等矿种。近年来，我国开展了战略性新兴矿产研究，将战略性新兴矿产定义为在新型工业化和生态文明社会发展阶段，由新技术革命引导，满足战略性新兴产业可持续发展和我国全面建成小康社会需求的新能源矿产、新材料稀有矿产和新功能矿产。

相比于铁、铜、铅、锌等国家大宗矿产，中国战略性新兴矿产的科学研究还处

于起步阶段。2020 年，平台组织中国地质大学（北京）专家及地质调查一线资深技术人员开展了中国战略性新兴矿产标本资源的收集，重点在我国重要产地江西及甘肃、湖北、贵州省内开展了中国战略性新兴矿产矿床标本资源的采集及地质资料收集整理，历时 6 个月，收集了 17 个战略性新兴矿产资源矿床标本 865 件，包括江西省宜春雅山铌钽矿、江西省漂塘钨矿、江西省德安彭山锡矿、江西省宁都县河源锂辉石矿、江西省河岭稀土矿、江西省于都县银坑牛形坝矿、湖北省恩施双河鱼塘坝硒矿床、湖北省宜昌二郎庙石墨矿床、湖北省竹溪铌稀土矿床、甘肃省肃南县小柳沟大型钨矿、甘肃省肃北县七角井子大型铁钒矿、甘肃省瓜州县国宝山大型铷矿、甘肃省敦煌县方山口大型钒磷矿、甘肃省阿克塞余石山铌钽矿、甘肃省阿克塞余石山铌钽矿、贵州省六枝县郎岱镇三稀矿、贵州省威宁且黑石镇三稀矿（图 4-20）。标本资源已全部数字化，将提供实物标本资源及信息开放共享，为科研人员提供系统的战略性新兴矿产标本资源及基础地质资料，为中国战略性新兴矿产研究程度、分布规律、理论研究和科技创新提供基础材料，对提升我国战略性新兴矿产资源科学研究水平，推动我国战略性新兴矿产成矿理论和找矿获得突破具有重要意义，同时提高了社会公众对战略性新兴矿产资源的认知水平。

a 铌钽矿石（江西宜春）　　　b 锂矿石（江西宁都）　　　c 铷矿石（甘肃酒泉）

图 4-20　平台采集的战略性新兴矿产标本

（2）国家岩矿化石标本资源库为"松辽盆地国际大陆科学钻探工程——松科 3 井"提供岩心标本整理技术服务

松辽盆地国际大陆科学钻探工程——松科 3 井是松辽盆地国际大陆科学钻探计划"三井四孔"的最后一口钻井，由科技部、吉林油田和国际大陆科学钻探计划共同资助，取心层位时代属于地球历史最热的时期，被称为"热室地球"的白垩纪中期，对研究长周期的温室气候变化具有重大科学价值。松科 3 井完钻井深 3600 m，完整取得泉头组和登娄库组（102Ma-92Ma）地层，获取岩心总长 1592.35 m，是珍贵的研究资料。2020 年 9 月至 2021 年 8 月，国家岩矿化石标本资源库组织专业技

术人员，在松科 3 井钻探现场进行岩心标本的整理，包括清洗、装盒、浇注、切割、打磨抛光、标尺、拍照工作。岩心处理工作结束后将其运回中国地质大学（北京）国家岩矿化石标本资源库长期保持，为松科 3 井岩心标本后续科学研究提供服务，将为高精度地质年代学与古气候—古环境演化综合研究、建立高精度综合年代地层格架、开展松科 3 井构造—轨道—亚轨道等多尺度气候分析、综合探讨白垩纪中期松辽盆地陆地气候—环境变化事件的演化过程和规律、探索陆相储集岩形成演化与古气候—古环境变化的耦合关系、总结深部储集层勘查方法体系、建立深层储集层形成的古气候学成因机制等重要研究提供支撑（图 4-21）。

a b

图 4-21　松科 3 井钻探现场及整理的岩心标本

（3）为火星探测计划提供标本资源服务

我国火星探测计划发射的火星探测器将搭载多光谱相机采集火星表面光谱数据，以分析火星表面岩石圈物质成分。2019 年 7—11 月，国家岩矿化石标本资源库为火星探测计划科研工作者提供了 50 余件标本，包括玄武岩、橄榄岩、碳酸盐岩、铁矿石等，用于研究光谱混合像元的分解，为多光谱相机扫描火星表面岩石圈物质成分分析提供科学数据。

参考文献

［1］中国科学院 . 2019 科学发展报告［M］. 北京：科学出版社，2020.

第 5 章

实验材料资源

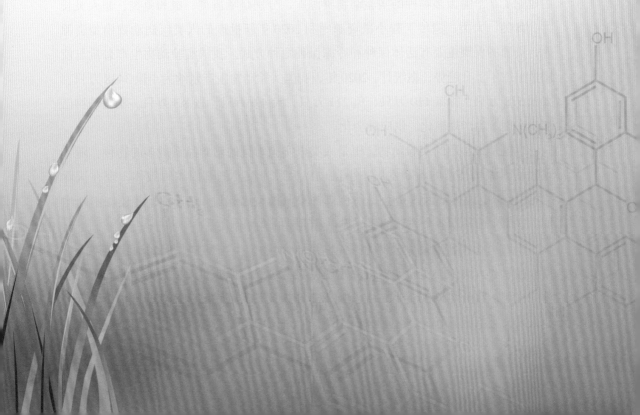

5.1 实验动物资源

5.1.1 实验动物资源建设和发展

5.1.1.1 实验动物资源

实验动物是经人工饲育，对其携带的病原体实行控制，遗传背景明确或来源清楚，用于生命科学和生物技术研究、食品和药品等质量检验与安全性评价的动物。实验动物涵盖很多物种，包括小鼠、大鼠、豚鼠、兔、犬、猴、禽类等。实验动物资源根据制备方式或研究领域的不同，包含了常规实验动物、基因工程动物、遗传突变动物、动物模型等。实验动物广泛应用于科学研究、安全评价、效果验证及新技术和新方法的探索等方面，涉及医药、化工、农业、轻工、环保、航天、商检、军工等众多领域，是生命科学研究和生物技术发展不可或缺的物质基础和支撑条件，是实现科技进步、促进经济社会可持续发展、提高我国科技国际地位的基础性支撑。实验动物科学的发展水平在一定程度上已成为衡量一个国家或地区科学技术发展水平和创新能力的重要标志之一，是国家重要的战略性资源之一，倍受各国政府及科技界的关注和重视。

在国家多年来的布局和推动下，我国实验动物资源工作取得了长足的进步，先后建立了 7 个涵盖多物种的实验动物资源库，分别是啮齿类、鼠和兔类、非人灵长类、禽类、犬类、遗传工程小鼠资源库和 2020 年新批准的人类疾病动物模型资源库，资源的保藏主要有活体保种和冷冻保种两种方式。我国实验动物生产总量与使用量呈逐年上升趋势，据统计，2020 年，我国实验动物生产量约为小鼠 3438 万只、大鼠 578 万只、豚鼠 110 万只、兔 211 万只、犬 4.6 万只、猴 8.3 万只。实验动物已初步实现了生产规模化、供应社会化。

小鼠是最常用的实验动物，也是人类以实验为目的培育品系最多的物种。随着现代基因编辑技术的不断发展，小鼠也成为最为重要的基因编辑载体，现在国际（含我国）上通过基因改造获得遗传修饰小鼠模型已超过 1.6 万种，并还在不断增加，这为生命科学各个领域的研究提供着重要的支撑作用。

非人灵长类实验动物资源主要包括活体动物、生物样本、疾病动物模型、数据。国家非人灵长类实验动物资源库现保存有 7 个品种的非人灵长类动物和 1 个品种的树鼩，数量共 8000 余只，是全国保有非人灵长类动物品种最多的机构；保藏的非人灵长类细胞系有 38 种（亚种）167 株，是国内最大的非人灵长类细胞数据库；

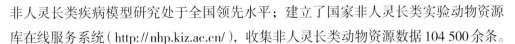

非人灵长类疾病模型研究处于全国领先水平；建立了国家非人灵长类实验动物资源库在线服务系统（http://nhp.kiz.ac.cn/），收集非人灵长类动物资源数据 104 500 余条。

犬类实验动物是指经人工培育，遗传背景明确或来源清楚，对其携带的微生物、寄生虫实行控制，用于科学研究、教学、生产、检定及其他科学实验的犬类动物。犬类实验动物种质资源是指谱系记录完整、生物学特性明确、用于保种繁殖下一代的动物个体及精子、卵母细胞和胚胎等能用于保留遗传信息，并能生产下一代动物的配子、合子等。犬类实验动物在生理机理、解剖学上更接近人类，可提高临床预测准确率，是人类疾病研究、创新药物研发的重要支撑条件，是药物非临床研究中不可替代的实验动物。目前，国内经认可并持有实验动物生产许可证的犬类实验动物只有实验 Beagle 犬一个品种，其具有体型小、性格温顺、反应均一、遗传稳定、重复性好和适应性强等优点，是世界公认的实验用犬，被广泛应用于生命科学研究。目前，国内外实验 Beagle 犬资源主要以活体保种方式科学繁殖，避免近交系数上升过快，保持动物的基因异质性及多态性。

5.1.1.2　国际实验动物资源建设与发展

国际实验动物资源经过近百年的发展历程，已有 200 多个实验动物品种被开发，已形成超过 3 万个品系的资源体系，从昆虫到非人灵长类，资源十分丰富，并在全球已经形成产业化和社会化供应格局。近年来基于 CRISPR/Cas9 基因编辑技术的广泛应用，实验动物模型的构建比以往更加迅速、准确、可靠，新的动物模型，尤其是基因修饰动物和免疫缺陷动物模型资源得以迅速普及和应用。

目前，以美国、欧盟、日本等发达国家和地区为引领的实验动物资源体系已基本构建完成。以美国为例，美国把实验动物资源建设作为国家的固定投入项目，每年国家投入数十亿美元，据统计，仅通过 NCRR（National Center for Research Resource）支持建立的国家级实验动物资源和技术服务机构涉及啮齿类动物、灵长类动物、水生动物、猪、无脊椎动物等动物种类。啮齿类国家中心有 12 个，现有啮齿类人类疾病动物模型 20 000 多种；非人灵长类研究和资源中心有 15 个；大猩猩研究资源中心有 3 个；建有 6 个遗传资源分析库（Genetic Analysis Resources）。欧盟各国也采取多国合作、集中研发的形式，成立了欧洲遗传工程小鼠种质中心（EMMA），并建立了资源使用联盟，先后为 16 个机构保存基因修饰小鼠模型，并向全球提供各类小鼠种质资源。日本实验动物规模化研究也是由政府资助，主要在东京大学、日本理化研究所和熊本大学 3 个单位，相继开发了数千种高血压、糖尿病、心脏病、阿尔茨海默病等国际上特有并广泛使用的自发性和基因工程实验动物模型。

实验动物资源的共享与合作是全球性的发展趋势，目前，全球已经形成了多个以信息共享为主的非营利性实验动物资源联盟。2006年，北美洲和欧洲研究者牵头成立了"国际小鼠基因敲除联盟"（IKMC），基于C57BL/6N的小鼠胚胎干细胞同源重组和基因捕获技术，计划敲除小鼠基因组中的2万个编码蛋白基因并建立胚胎干细胞库。2010年，全球10多个小鼠研究机构合作共同成立了小鼠表型分析联盟（IMPC），其旨在通过建立统一打靶策略的小鼠品系，对构建的小鼠品系进行与人类疾病相关的表型分析，截至2020年底，IMPC已经完成7360个敲除基因小鼠的表型分析，并通过IMPC网站对资源信息进行共享（表5-1）。

表 5-1 部分国外重要的资源保藏中心

编号	名称（缩写）	网址和介绍
1	JAX	https://www.jax.org/cn 美国杰克逊实验室（JAX）是全球最大的遗传工程小鼠研究中心，小鼠构建及表型信息注释全面
2	MGI	http://www.informatics.jax.org 小鼠基因组信息 MGI（Mouse Genome Informatics）是实验小鼠的国际数据资源库，提供遗传、基因组和生物学数据
3	IMPC	https://www.mousephenotype.org/phenodcc 国际小鼠表型项目联盟（International Mouse Phenotyping Consortium，IMPC）致力于对20 000个小鼠突变体进行表型分析，并首次对哺乳动物基因组进行功能性注释
4	TIGM	https://www.tigm.org 资源包括世界上最大的C57BL/6N小鼠品系ES细胞gene trap库和基因敲除冷冻保存种质库
5	MMRRC	http://www.mmrrc.org 突变小鼠资源中心，美国突变小鼠公共存储资源库。存档和共享具有科学价值的自发和诱导突变小鼠品系和ES细胞系
6	NCI	https://frederick.cancer.gov/science/technology/mouserepository NCI Mouse Repository 是小鼠癌症模型和相关菌株的资源库。该存储库包含来自全球研究人员捐赠的150个基因工程癌症模型和1500个microRNA转基因的基因工程小鼠胚胎干细胞
7	AMMRA	http://ammra.info 亚洲小鼠突变与资源协会（AMMRA）是亚洲突变小鼠的开发、保种、表型分析、共享和信息学协调的协作组
8	RRRC	http://www.rrrc.us 美国大鼠资源与研究中心，提供科研所需的大鼠模型、胚胎干细胞、相关试剂、方案和专业服务

续表

编号	名称（缩写）	网址和介绍
9	NBPR	http://www.anim.med.kyoto-u.ac.jp/nbr/Default.aspx 日本大鼠资源库
10	MARSHALL	https://www.marshallbio.com 全球最大的比格犬、杂交犬供应商，供应的实验动物有比格犬、杂交犬、猫、小型猪、雪貂等
11	INFRAFRONTIER	https://www.infrafrontier.eu 欧洲突变小鼠资源库
12	CIEA	https://www.ciea.or.jp/en 日本最早提供 SFP 级和无菌小鼠的机构，有多种小鼠模型资源
13	RIKEN	https://web.brc.riken.jp/en 亚洲最大生物资源中心，有啮齿类、植物和微生物资源
14	UCDAVIS	https://cnprc.ucdavis.edu/author/DSAdmin 加利福尼亚国家灵长类研究中心
15	ZFIN	http://zfin.org 斑马鱼基因组、发育突变和野生种系数据库

（1）非人灵长类实验动物资源

截至 2020 年底，全世界共有 16 科 74 属 423 种非人灵长类动物，遍布于 92 个国家和地区，主要分布在非洲、亚洲等地区。为了科学研究和科技战略资源储备的需要，全球发达国家纷纷建立了国家非人灵长类研究中心及战略资源保存中心（表 5-2）。

表 5-2　国际非人灵长类主要保藏机构

保藏机构	保藏机构单位属性	保藏各类资源总量
日本猿猴中心（灵长类研究所和博物馆） 京都大学灵长类研究所	日本在名古屋的动物园 京都大学	70 多个品种的灵长类动物，灵长类标本集数据库有 6300 份个体样本；13 种灵长类动物，1100 余只
韩国灵长类研究中心	韩国生命工学研究院	3 个品种
德国灵长类研究中心（DPZ）	德国科学界提供服务的独立研究机构	7 个品种 1300 只
美国 7 个灵长类研究中心	美国政府委托 NIH 建设和管理	约 2.5 万只

1956 年，日本在名古屋的动物园内成立了猿猴中心（JMC），又称为灵长类研究所和博物馆。有 70 多个品种的灵长类动物，是世界上保持灵长类动物品种最多的动物园，也是日本进行灵长类研究的一个主要基地。拥有人工饲养的灵长类标本集数据库，储存于 JMC6300 份个体样本；京都大学灵长类研究所建于 1967 年，有 13 种灵长类动物，主要集中对灵长类的生物学特性、行为学和社会群落方面展开研究。

2005 年，韩国建成韩国灵长类研究中心，保有 SPF 级别的猕猴、食蟹猴、非洲绿猴 3 个品种，每个品种超过 300 只，也是韩国唯一使用灵长类动物的生物安全 3 级（ABL3）研究机构，开展异种移植、再生医学、疾病动物模型构建、新药研发等研究。

德国灵长类研究中心（DPZ）在秘鲁、塞内加尔、马达加斯加和泰国都设有研究站，开展灵长类生物学、神经科学和感染疾病研究。DPZ 保存了较多种的灵长类资源，保藏 7 个品种的非人灵长类动物 1300 只。

1959 年，经美国国会批准成立了美国国家灵长类研究中心（NPRC），现由 7 个独立的研究中心组成，保有灵长类动物约 2.5 万只，主要开展科学研究、非人灵长类种质资源保存和供应工作，其中，包括了非洲绿猴、狒狒、黑猩猩、猕猴、食蟹猴、恒河猴、灰狨猴、臀尾猴、白眉猴、松鼠猴等几乎所有当前在生物医药研究中用到的非人灵长类动物。NPRC 经费来源于美国国立卫生研究院（NIH）。据报道，2020 年在新冠感染开始流行后，600 ~ 800 只猴子用于病毒研究。此外，美国还在印度、尼泊尔和东南亚国家建设了一些养殖基地，近几年也在中国收购了几家规模较大的猴场。

（2）犬类实验动物种质资源

国际上实验犬资源主要分布在美国。美国并没有国家层面的犬类实验动物资源库，而是以专业公司的形式保有实验动物资源。美国三大主要的犬类实验动物专业机构分别为 Marshall BioResources、Covance 及 Ridglan Farms。Marshall BioResources 及 Covance 各占约 45% 的市场份额，Ridglan Farms 约占 10% 的市场份额。美国专业公司经营模式是将种犬等重要战略资源保存在本土，牢牢控制知识产权及主动权，同时在其他国家建立合资公司，仅向市场提供实验用犬，不供应种犬。例如，Marshall BioResources 在中国境内就设立了 3 家分公司，其实验 Beagle 犬占据中国市场 60% 以上的份额。美国 3 家公司生产的实验犬，基本都供美国本土科研机构使用，据美国农业部（USDA）统计，2016—2020 年，美国年平均实验犬使用量在 65 000 只左右[①]。

---

① https://usdasearch.usda.gov/search?utf8=%E2%9C%93&affiliate=usda&query=Annual+Report+Animal+Usage+by+Fiscal+Year.

英国由于动物保护条例原因，实验犬的使用受到严格监管，仅用于人类医药、口腔及兽医等相关产品的安全性测试，据英国政府统计，2015—2019 年，英国年平均实验犬使用量在 4500 只左右[①]。

（3）啮齿类实验动物资源

在发达国家，实验动物行业已经是一个比较成熟的行业，实现了规模化、标准化生产供应，建立了较为成熟的生产繁育技术体系和产业化营销网络。美国 Jackson Laboratory、Charles River Laboratories（CRL）等少数企业占据全球近 80% 的实验动物市场份额。

实验动物资源的共享与合作是全球性的发展趋势，主要目标在于打破国家之间的贸易壁垒，增进实验动物资源的分享、利用和保存，避免资源的重复生产与浪费。以啮齿类实验动物为主，已经形成了几个主要以信息共享为主的非营利性实验动物资源联盟。

国际小鼠资源联盟（International Mouse Strain Resource，IMSR）28 个成员情况如下：澳大利亚 2 个，日本 4 个，中国 4 个，韩国 1 个，加拿大 2 个，美国 11 个，欧洲 4 个。截至 2021 年 3 月，IMSR 共保存 71 392 种小鼠品系，ES 细胞系 217 419 种（表 5-3）。美国密苏里大学大鼠资源库（RRRC）收集保存 391 种大鼠品系资源，拟入库的有 134 种，ES 细胞有 6 种。

表 5-3　国际小鼠资源联盟主要保藏数据

单位：种

保藏库	存量	更新日期
澳大利亚表型组数据库（APB），澳大利亚	品系：1619 ES 细胞系：0 合计：1619	2019-07-30
动物资源中心（ARC），澳大利亚	品系：16 ES 细胞系：0 合计：16	2019-07-30
动物资源与发展中心（CARD），日本	品系：1757 ES 细胞系：31 合计：1757	2020-03-06
康奈尔大学小鼠光遗传学信号心肺血液资源中心（CHROMus），美国	品系：8 ES 细胞系：0 合计：8	2017-12-14

[①]　https://www.gov.uk/search/all？keywords=Statistics+of+scientific+procedures+on+living+animals%3A+Great+Britain&order=relevance.

续表

保藏库	存量	更新日期
加拿大转基因鼠保藏中心（CMMR），加拿大	品系：845 ES 细胞系：13 654 合计：14 499	2019–07–04
剑桥—苏大基因组资源中心（Cmsu），中国	品系：273 ES 细胞系：0 合计：273	2021–03–11
查尔斯河实验室（CRL），美国	品系：56 ES 细胞系：0 合计：56	2017–06–15
囊性纤维化小鼠模型中心（CWR），美国	品系：10 ES 细胞系：0 合计：10	2019–02–08
欧州突变小鼠资源库（EMMA），德国	品系：7118 ES 细胞系：0 合计：7118	2021–03–09
Elizabeth M. Simpson 博士（EMS） 大不列颠哥伦比亚大学分子医学和治疗中心，加拿大	品系：4 ES 细胞系：0 合计：4	2007–02–01
欧洲小鼠突变细胞库（EuMMCR），德国	品系：0 ES 细胞系：16 828 合计：16 828	2017–07–04
genOway 公司（GENO），法国	品系：18 ES 细胞系：0 合计：18	2020–10–19
江苏集萃药康生物科技股份有限公司（GPT），中国	品系：13 806 ES 细胞系：0 合计：13 806	2021–03–04
Harwell 医学研究委员会（HAR），英国	品系：1491 ES 细胞系：0 合计：1491	2020–02–05
杰克逊实验室（JAX），美国	品系：11 419 ES 细胞系：2 合计：11 421	2021–03–14
日本柯力亚公司（JCL），日本	品系：0 ES 细胞系：0 合计：0	2021–03–14

续表

保藏库	存量	更新日期
韩国小鼠表型分析中心（KMPC），韩国	品系：189 ES 细胞系：0 合计：189	2021-01-26
突变小鼠资源中心（MMRRC），美国	品系：17 383 ES 细胞系：42 614 合计：59 997	2021-03-07
弗雷德里克国家癌症研究所（NCIMR），美国	品系：139 ES 细胞系：0 合计：139	2018-05-24
国家遗传学研究所（NIG），日本	品系：142 ES 细胞系：0 合计：142	2017-03-29
Oriental BioService 公司（OBS），日本	品系：29 ES 细胞系：0 合计：29	2019-07-30
橡树岭国家实验室保存库（ORNL），美国	品系：908 ES 细胞系：0 合计：908	2018-06-08
日本理化研究所种质资源中心（RBRC），日本	品系：5350 ES 细胞系：1747 合计：7097	2021-01-20
"国家实验研究院"（RMRC-NLAC），中国台湾	品系：351 ES 细胞系：0 合计：351	2019-08-21
上海南方模式生物科技股份有限公司（SMOC），中国	品系：5437 ES 细胞系：0 合计：5437	2021-01-20
塔科尼克生物科学（TAC），美国	品系：2725 ES 细胞系：0 合计：2725	2020-03-02
得克萨斯州农工大学基因组医学研究所（TIGM），美国	品系：195 ES 细胞系：142 543 合计：142 543	2017-05-25
北卡罗来纳大学教堂山分校系统遗传学中心（UNC），美国	品系：75 ES 细胞系：0 合计：75	2019-07-30

续表

保藏库	存量	更新日期
范德比尔特冷冻保存小鼠资源库（VCMR），美国	品系：29 ES 细胞系：0 合计：29	2020-09-03
数据统计	品系：71 392 ES 细胞系：217 419 合计：288 585	2021-03-14

数据来源：IMSR 数据库。

（4）遗传工程小鼠资源

国际实验小鼠资源（特别是遗传工程小鼠资源）是生物医学研究和新药研发的基本支撑之一。针对分散型实验室对遗传工程小鼠模型资源开发标准型差、效率低、整合困难等问题，多国陆续建立专业性的实验动物资源库。

美国国立卫生研究院（NIH）在 1999 年开始组织和资助国家突变小鼠资源研究中心（MMRRC），包括一个整合的信息平台和 4 个区域实体资源设施（JAX 实验室、加州大学戴维斯分校、密苏里大学和北卡大学教堂山分校），旨在为美国生物医药研究和研发提供遗传工程小鼠相关资源服务。欧洲突变小鼠资源库（EMMA）是由欧盟框架总部和各国共同资助建立的欧洲遗传工程小鼠种子联盟，数据总部在德国，创造了欧盟 15 国协同高效共享资源的体系。日本将小鼠资源分别设立在理化研究所的生物资源与研发中心及熊本大学。我国的小鼠资源主要由国家遗传工程小鼠资源库（包括南京大学及资源库共建单位集萃药康公司）保存。截至 2021 年 6 月，资源库共建单位集萃药康公司的小鼠品系数量（16 604 品系）已经超过美国杰克逊实验室（11 511 品系）。

5.1.1.3 国家实验动物资源库建设情况

相比西方国家，我国实验动物起步较晚。从 1982 年第一届实验动物工作会议在云南西双版纳召开以来，经过近 40 年的发展，我国实验动物资源在种质研究与开发、品种保藏与应用、信息数字化与社会共享服务等方面取得了长足进展。

在科技部、国家发展改革委和中国科学院等相关部门的支持下，经过从"九五"到"十二五"的发展，尤其是全面贯彻实施《国家中长期科学和技术发展规划纲要（2006—2020 年）》以来，我国实验动物工作有了长足的进步。自 1998 年开始，我国已经基本建成了包括小鼠、大鼠、豚鼠、地鼠、兔、犬、禽类和实验灵长类的国家实验动物种子中心和种质资源基地网络，2019 年将几大实验动物种子中心纳入国家科技资源共享服务平台统一管理，建设成为国家级实验动物资源库，并视运行管理、服务成效等给予一定的运行补贴，进一步支持实验动物资源的建设。经过几十年的发展，我国在特有实验动物资源研究方面取得了一系列成绩，在国际上已经占有一席之地，有力促进了我国生物医药事业的发展。

（1）国家非人灵长类实验动物资源

国家非人灵长类实验动物资源库 2020 年新增 207 只实验猴、261 只实验树鼩；新增心、肝、脾、肺、肾、肌肉等 47 种组织样本 2191 份，DNA 样品 4000 份；新增 4 株北平顶猴不同来源细胞系的收集和保藏；新发现自发罹患帕金森病食蟹猴模型 1 个、建立了 SARS–CoV–2 感染老年与青年中国猕猴、树鼩疾病模型 3 个；新增非人灵长类遗传数据、影像学数据、生理生化数据共 44 500 余条。截至 2020 年，国家非人灵长类实验动物资源库保有猕猴、食蟹猴、滇金丝猴、平顶猴、熊猴、红面猴、狨猴 7 个品种 6000 余只的非人灵长类特色种群、1 个品种 2000 余只的树鼩种群；收集保存 10 000 余份非人灵长类动物的生物样本，包括 47 种组织、167 株细胞系、血液、脑脊液等；收集保存食蟹猴糖尿病模型、HIV–1R3A 北平顶猴艾滋病模型、帕金森急性偏侧损毁模型、帕金森慢性猴模型、猕猴可的松诱导抑郁模型、猕猴母婴分离模型、携带人类基因（MCPH1）拷贝的转基因恒河猴模型、SARS–CoV–2 感染老年与青年中国猕猴和食蟹猴疾病模型、自发罹患帕金森病食蟹猴等 14 个疾病动物模型及建模方法；建立非人灵长类生理生化数据库、遗传数据库、影像数据库等，资源库线上系统收录了非人灵长类实验动物资源数据 104 500 余条（表 5–4）。

表 5–4　2020 年国家非人灵长类实验动物资源库新增资源数量和保藏量

资源类型		资源总量	2020 年新增资源数量
非人灵长类动物和树鼩		8 个品种 8000 只	468 只
非人灵长类疾病动物模型		14 个	4 个
生物样本	组织	2191 份	2191 份
	DNA	13 000 份	4000 份
	细胞系	167 株	4 株
数据库	遗传数据	104 500 余条	44 500 余条
	影像学数据		
	生理生化数据		

2020 年，平台对拥有的动物资源、数据、技术等进行了全面共享，为新冠实验提供实验猴 761 只，技术服务 20 440 余人次，在新冠疫苗、动物模型和药物筛选研究中发挥重要作用，其中，新冠疫苗评价疫苗 26 个，7 个正在临床试验，2 个上市，筛选候选药物及抗体 6 个，发表高水平文章 30 余篇；已向全国 40 余家单位提供脑脊液、骨髓、血液、组织、细胞等样品及技术服务；建立国家非人灵长类实验动物资源库线上系统和"模型—评价"资源数据库。2020 年度资源库网站访问量达 10 908 人次，实现了数据共享与服务。

（2）国家人类疾病动物模型资源库

国家人类疾病动物模型资源库主要以"新发突发传染病""四大慢病"为主要搜集目标，现有人类疾病动物模型的资源包括疾病特定物种资源、基因工程动物、遗传多样性动物、无菌动物资源、PDX 资源和数据资源共 6 类；有 16 种活体保种的特定人类疾病模式动物资源，包括雪貂、土拨鼠、猕猴、食蟹猴、狨猴、绿猴、布氏田鼠、毛丝鼠、巴马小型猪、树鼩等，拥有国家最多的疾病特色物种资源。拥有国际领先的病原易感动物资源和传染病动物模型资源，是国内主要的传染病动物实验和传染病药物临床前转化机构。有亚洲最多、国际排名第二的基因工程大鼠资源。该资源库主要以活体保种和冷冻保种相结合的方式进行保种，现已冻存胚胎 220 000 枚（687 种），精子 10 000 麦管（500 种）。资源库现有实验动物资源 1018 种，按照疾病类别分类如表 5-5 所示。

表 5-5　国家人类疾病动物模型资源库资源量（按疾病类别分类）

疾病类别	品系名称（举例）	数量 / 种
神经系统疾病相关动物模型	APP/PS1 双转基因痴呆小鼠模型、α-synuclein 转基因帕金森小鼠模型、APP/PS1/TAU 三转基因痴呆大鼠等	114
心血管系统疾病相关动物模型	LMNA（E82K）心肌病小鼠、CTNTR141W 扩张型心肌病小鼠、CTNTR92Q 肥厚型心肌病小鼠等	106
代谢性疾病相关动物模型	瘦素受体敲除大鼠、瘦素敲除大鼠、内脂素转基因小鼠等	91
肿瘤相关动物模型	人脑胶质母瘤异种移植小鼠模型、人下咽癌（HC）异种移植小鼠模型等	64
传染病动物模型	SARS-CoV-2 感染恒河猴模型、艾滋病 SHIVSF162P3 阴道感染恒河猴模型、豚鼠结核潜伏感染模型等	133
免疫缺陷与病原易感动物	IFNgamma 敲除小鼠、TNF-a 敲除小鼠、IL-6 受体敲除小鼠、IL-10 敲除小鼠等	177

续表

疾病类别	品系名称（举例）	数量/种
遗传多样性小鼠	ZIF2-HA 小鼠、ZIE2-HA 小鼠、YID-FH 小鼠、WOT2-DE 小鼠、LIP-BG 小鼠、LOT-FC 小鼠等	68
其他疾病相关动物模型	慢性胃肠黏膜损伤树鼩模型、遗传性狼疮小鼠、贫血小鼠模型、早衰小鼠模型等	78
疾病研究工具和信号转导模型	全身性表达 Cyr61 转基因小鼠、全身性表达 stathmin 转基因小鼠等	146
大小鼠封闭群、近交系及突变系	129S1/SvImJ 小鼠、无菌 ICR 小鼠、无菌 C57BL/6 小鼠等	25
疾病易感动物物种	雪貂、土拨鼠、猕猴、食蟹猴、狨猴、绿猴、布氏田鼠、毛丝鼠、巴马小型猪、树鼩等	16

据统计，2020 年国家人类疾病动物模型资源库在面向重大科技创新、国家重大发展战略、区域创新发展等方面提供对外服务共计 388 次，其中，资源共享 48 次、以资源为基础的技术服务 340 次。为京津冀地区 72 家单位服务 239 次、为长江经济带 18 家单位服务 34 次、为粤港澳大湾区 15 家单位服务 30 次、为长江中游地区 20 家单位服务 37 次，对区域经济社会发展做出了贡献。资源库有许多自主研发的疾病模型动物资源，如 APP/PS1 双转基因痴呆小鼠模型、α-synuclein 转基因帕金森小鼠模型、LMNA（E82K）心肌病小鼠、CTNTR141W 扩张型心肌病小鼠、CTNTR92Q 肥厚型心肌病小鼠、肌萎缩侧索硬化症大鼠等已被国内多家科研院所使用，仅以 CTNTR141W 扩张型心肌病小鼠为例，2020 年，有中国医学科学院阜外心血管病医院、首都医科大学附属北京朝阳医院等 5 家科研院所和企业使用，共计 160 只。

（3）国家犬类实验动物资源库

2020 年，国家犬类实验动物资源库保有 Beagle 犬种群 600 多只，共繁殖近 1905 只幼犬，相比 2019 年新增 400 余只。资源库均严格按照 SOP 规定进行常规免疫及加强免疫，定期进行驱虫及洗护，定期进行病原微生物、寄生虫的自检，实验 Beagle 犬质量通过省实验动物监测所质量监督检查。同时根据信息管理系统，以非近亲交配方式进行繁殖，有效避免了近交系数随繁殖代数增加而过快上升。

2020 年度资源库依据《国家科技资源共享服务平台管理办法》，在实物资源、信息资源、技术服务等各个方面为社会提供资源共享与服务。资源库 2020 年为国内 10 个省 38 家科研院所、安评机构提供 103 批次实验犬资源供应及相关技术服务，

供应了 1900 多只 Beagle 犬，其中包括种犬 1 批（30 只），创历史之最，得到用户的一致好评。教学用 Beagle 犬数量广东地区占据绝对优势，为国内绝大多数新药安评中心提供 Beagle 犬服务，为我国医学及生物医药事业的发展提供实验动物基础资源保障条件。同时，资源库几乎总揽广东省海关检测犬复训工作，为保卫国门生物与生态安全做出了较大贡献。

资源库 2020 年建设完成在线服务系统。截至 2020 年底，上传至犬资源库在线服务系统进行开放共享的资源总量有 1756 条，全部按照国家标准进行资源标识，资源信息合格，已与中国科技资源共享网互联互通。截至 2020 年底，资源库在线服务系统试运行期间，用户访问总量达 13 592 人次，独立 IP 地址访问量达 913 人次，其中资源浏览量达 8200 多人次，同时在线服务系统及时发布国内本领域资源的相关信息，为用户提供了一个较好的信息与资源共享平台。

（4）国家啮齿类实验动物资源库

截至 2020 年底，国家啮齿类实验动物资源库主库现有 241 个品系，新增 15 个品系，冻存小鼠精子总数达 0.78 万根，冻存小鼠胚胎 3.05 万枚，全年共向 17 个省市 24 家单位供应 2383 只种子动物；供应各类商品实验动物 78 万只；面向新冠感染疫情，在疫苗研发初期，累计向国内 33 家单位提供 hACE2-KI 小鼠模型 2504 只，支持科技部、省市级新冠病毒抗体或者疫苗应急项目 17 项；在疫苗生产和检测期间，应急生产和供应豚鼠、BALB/c 小鼠。动物的销售模式逐步转向签订销售协议、能提供较长时间使用计划的客户及医药生产企业，满足国内各科研单位及社会对种子资源的需要，同时适应市场变化增产增收，服务范围进一步扩大；继续完善标准化操作规范，从实验动物遗传、微生物、环境、营养等各个方面加大质量控制，保障实验动物的质量和数量。

2020 年，资源库对保存的种质资源进行了抽检，全年对外 35 个单位检测 547 只/头/份，对内共计检测 1167 只/头/份。作为主要技术力量，协助北京市实验动物管理办公室完成北京市实验动物质量汇检 2 次，共完成 62 家生产单位 1241 只实验动物质量的监督检测，包括清洁级及 SPF 级大、小鼠，清洁级及普通级豚鼠、兔、地鼠、犬、猴和小型猪等 17 个品种品系。资源库通过承担课题，建立质量检测关键技术，向国内 21 个省市 35 个检测实验室提供实验动物质量诊断试剂盒 559 盒，接收 23 个单位 121 批次单抗、重组制品、生化药及医疗器械病毒灭活/去除工艺验证工作，接收 44 个单位 129 批次外源性病毒检测，已完成 129 份报告。

作为实验动物质量能力验证提供者，2020 年资源库组织能力验证计划 3 个，分别为：NIFDC-PT-281，实验动物粪便中肺炎克雷白杆菌检测；NIFDC-PT-282，兔血清中仙台病毒抗体检测；NIFDC–PT–283，实验小鼠肾匀浆中苹果酸酶–1和异柠檬酸脱氢酶–1检测。全国33家实验室参加59项次，总体满意率为90.33%。组织测量审核，4家单位参加10项次。参加ICLAS组织的国际比对1次共10个项目，满意率达90%。

（5）国家遗传工程小鼠资源库

国家遗传工程小鼠资源库是集资源保存与供应、疾病模型创制与开发、实验动物人才培训与国际交流于一体的国家科技资源共享服务平台，旨在针对国家生物医药创新发展的需求，提供完整的小鼠模型资源开发、繁育保种、服务咨询、人才培训和国际交流等服务。截至2020年底，已创建、收集及代理服务各类小鼠品系20 771种、大鼠品系217种，成为国际上品系资源最多的资源库。

小鼠品系资源可以从不同的角度和定义进行，每一个品系都有唯一的命名。小鼠品系的命名非常重要，一方面保证科学研究和新药研发的可靠性与可重复性；另一方面直接涉及品系的知识产权。资源库系统梳理了上万种体系内的小鼠命名，将上述不同的特征均纳入每个品系的数据中，建立较完善的数据管理和查询系统。2020年，已按国标完成资源标识4576个小鼠品系（共建单位集萃药康公司），并上传至中国科技资源共享网（https://www.escience.org.cn），另有约1000个资源库小鼠品系待整理标识上传。

2020年资源库启动了公益性"小鼠集结号"项目，为国内30多家高校与研究院所开发了87个疾病模型新品系；服务国内28个省份的800多家单位，提供数量超过40万只的小鼠品系资源，包括大专院校、医院、研究所和国家科研中心、制药公司及CRO企业。

5.1.1.4 实验动物资源国内外情况对比分析

经过近40年的发展，我国在特有实验动物资源研究方面取得了一系列成绩，这也成为中国实验动物资源开发的突破口。目前，我国特有实验动物资源根据制备来源和方法的不同，可归纳为五大类：①自主发现与培育的品种，如615小鼠、TA1小鼠、TA2小鼠、T739小鼠、NJS小鼠、无毛鼠等；②历史形成的品种，如KM小鼠、小型猪等；③野生动物驯化后的品种，如东方田鼠、长爪沙鼠、中国地鼠、灰仓鼠、灰旱獭、小家鼠等；④应用基因编辑技术研发了多种拥有自主知识产权的动物模型品系，如免疫缺陷动物模型、阿尔茨海默病动物模型和新型非编码核酸基因敲除模型；⑤新型人源化动物模型的研发有力促进了我国精准医疗事业的发展。另外，中国是世界上最大的食蟹猴、猕猴原产国，我们应发挥这一优势，建立非人灵

长类动物疾病模型研发和生产基地，实现非人灵长类动物疾病模型产品的稳定、快捷、可批量化生产，实现对欧美发达国家的"弯道超车"。

与国外实验动物资源的建设相比，我国资源库在资源的建设、研发、资助、共享和规范化管理方面还存在一些不足。

（1）实验动物建设资助不足

美国、日本和欧盟等发达国家及地区始终将实验动物资源建设、研究积累和开放共享作为一项根本性工作放在国家科技发展战略的重要地位，并将其作为生命科学和医学的重要支撑条件与公益性资源给予重视，制定了长期的发展规划，持续投入大量经费，形成了稳定的资助扶持体系，对实验动物资源、保藏中心等进行了大规模的建设，形成了完整的实验动物资源架构。同时，这些发达国家和地区还建立健全了一整套资源共享体系，不但实现了本国的高程度共享，也辐射了全球多个国家。经过多年的建设与追赶，我国已经先后建立了7个实验动物资源库，初步建成了实验动物种质资源开发与共享平台，培育出诸多具有自主知识产权的动物品系；但整体来看，当前实验动物资源和服务共享体系的建设，欠缺全国性布局理念，在科研项目中产生的实验动物模型缺少汇交和分享的共识，导致了一定程度上的资源浪费。

（2）动物模型资源缺乏和多样性不足

虽然近年来我国在实验动物的数量上有所增长，但是从整体来看仍呈现动物模型资源缺乏和多样性不足，缺少创新实验动物模型。以疾病动物模型为例，在对心脑血管病、肿瘤、肥胖症、糖尿病、痴呆等的治疗和药物研发具有重要作用的疾病动物模型资源方面，我国和国际相比是 1∶20；在对重大疾病机制研究具有重要作用的疾病相关模型资源方面，我国和国际相比是 1∶8；我国仅在重大疾病研究方面就有5000种以上实验动物模型的差距。国内实验动物研究大多集中在高校和科研院所，一般依靠国家科研经费支撑，对科研项目较重视，对市场和药企需求较多的疾病动物模型的研发却不甚敏感。痴呆研究中常用的3XTg小鼠、5XTg小鼠，糖尿病研究中常用的db/db小鼠，高脂代谢研究中常用的APOE敲除小鼠等都是国外引入的品系，在新药研发中使用没有自主知识产权的实验动物不利于后期的专利申请。在人类疾病实验动物模型的创制研发上，需要国家层面的稳定经费保障和实验动物学科的专门立项。

（3）实验动物资源的战略储备和可持续利用能力仍需提升

随着全球医药市场重要组成部分的大分子生物制药市场发展势头迅猛，其临床前研究需要选用与人类具有相似分子靶标和信号转导途径的灵长类实验动物，每年大分子药物的种类数量平均不低于数百种，对实验猴的需求量大增，也促成了实验猴需求的居高不下和价格持续上涨；2020年新冠感染疫情暴发以来，攻关新冠感染实验研究进一步加剧实验猴的严重短缺，并且大部分资源在私人企业，近些年在出口利益驱使下，适宜实验的高品质猴大量出口，加上多年来禁止进口补充种源，导致繁殖种群老化，繁殖率显著下降，从而出现目前非人灵长类实验动物严重紧缺的局面，亟须通过种源补充恢复实验猴的正常生产，加强非人灵长类资源战略保存及可持续利用。

国际上，20世纪50年代以来就高度重视灵长类资源的保护与利用，尤其美国、德国、日本、韩国等国就依据《生物多样性公约》建立了供生命医学研究用的灵长类饲养和研究中心，总数达70余个，仅美国就有国家级的非人灵长类研究中心7个，保有灵长类动物约2.5万只。

美国是世界上最大的实验猴使用国，曾提出"战略性猴子储备"以应对未来的需要，为"无法预见的疾病暴发"提供缓冲，但一直没有建成这样的储备，而我国是非人灵长类实验动物的生产大国，我国非人灵长类标准化生产水平和研究能力仍需提升，充分保障我国生命科学与生物医药产业的自主创新能力提升的需求。

（4）亟须制定长远规划，提升实验动物资源的战略地位

美国、日本和欧盟等发达国家和地区始终将实验动物资源建设、研究积累和开放共享作为一项根本性工作放在国家科技发展战略的重要地位，并作为生命科学和医学的重要支撑条件和公益性资源给予重视，制定了长期的发展规划，如美国通过先进植物计划、特种植物研究计划、动物基因组研究蓝图、微生物组计划等，为美国生物资源的保护、研究和开发形成全方位、全链条的支撑与管理。通过设立专门管理机构，如实验动物国际委员会（ICLAS）、美国动植物检疫局（APHIS）、食品与药品管理局（FDA）、美国国立卫生研究院（NIH）、动物饲养管理与应用委员会（IACUC）等，加强实验动物规范管理。出台相应标准及法律法规，如美国的《动物福利法》《濒危物种保护法》《食品安全法》《实验动物饲养管理与使用指南》《人道主义饲养和使用实验动物的公共卫生服务方针》，欧洲的《欧洲实验和科研用动物保护公约》《动物福利法》等，保证实验动物资源的建设发展。

我国还没有为实验动物管理制定专门的法律，但是在我国现行的法律体系中，一些条款与实验动物管理密切相关，如《中华人民共和国行政许可法》《中华人民共和国野生动物保护法》《中华人民共和国动物防疫法》《中华人民共和国畜牧法》等，现行实验动物管理的主要依据是实验动物的行政法规与规章，以及地方法规与规章，如《实验动物管理条例》《实验动物质量管理办法》《实验动物许

可证管理办法（暂行）》，其共同形成我国实验动物管理政策法规的主要架构和主旨思想。

但我国实验动物仍然存在资源种类不足、研发与创新能力不强、资源信息化和共享程度低、生产规模化和社会化程度不高等问题，亟须制定符合当前行业需求、满足实验动物资源建设长远发展的前瞻性策略与引导方向。

5.1.2　实验动物资源主要保藏机构

（1）国家非人灵长类实验动物资源库

国家非人灵长类实验动物资源库于2019年6月获科技部批准建设，依托中国科学院昆明动物研究所，联合中国医学科学院医学生物学研究所、中国科学院生物物理研究所建立，以"建成国际一流非人灵长类实验动物资源库"为目标，以"优化、整合、共享、效益"为指导原则，遵循合理布局、整合共享、分级分类、动态调整的基本原则，着力建设种子资源库、生物样本库、疾病动物模型库和信息数据库4个模块，从资源收集与保存、科技资源汇交、资源挖掘与应用、开放共享与服务、共性技术研发与资源研制、国内外动态监测和国内外交流与合作7个方面，收集、整合、优化非人灵长类和树鼩种质资源，并开展共享服务。

资源库依托中国科学院昆明动物研究所通过了2008年国际AAALAC认证和2018年全国首家CNAS认可，质量控制体系完善，在硬件设施及实验动物管理、种质资源服务方面均达到了国际标准与规范。2020年，为了进一步加强和规范资源库的运行管理，新制定了《国家非人灵长类实验动物资源库管理制度》《实验动物粪便采集操作程序》《实验动物血液采集操作程序》《实验动物体内寄生虫检测程序》《组织样本质量控制程序》《人员培训与管理程序》《生物样本超低温粗存安全管理程序》《细胞资源管理程序》8项管理制度。另外，资源库同时主持或参与制定国家、行业和团体标准6项，涉及资源库运行管理的多个方面。

资源库也为依托单位和共建单位的《非人灵长类模式动物表型与遗传研究设施》，以及P3、P4等级别的国家重大实验设施提供资源保障。2020年充分发挥非灵长类种质资源在新冠疫苗、新药、动物模型等研发中的重要作用，做出重大贡献。同时，资源库依托单位和共建单位前期利用实验猴在原子弹核辐射实验、脊髓灰质炎疫苗研发及生产等方面做出重大贡献。2020年以资源库为桥梁纽带，加强与"京津冀、长江经济带、粤港澳大湾区、成渝地区双城经济圈"等区域机构的交流与合作，构建了高效的科技资源服务新渠道，在国家创新驱动战略中发挥着重要作用。

体现在为 40 余家科研机构、企业等提供非人灵长类实验动物资源，在新冠疫苗评价、药物筛选、模型构建的技术服务、脑科学等研究中起到不可替代作用，为科研机构和企业等产生的直接、间接效益达数亿元以上，创造了很大的社会效益，在非人灵长类实验动物资源保存及利用、技术服务、规范管理等方面具有较大影响力，起到示范引领作用。

（2）国家遗传工程小鼠资源库

国家遗传工程小鼠资源库建于 2001 年，拥有动物设施约 8000 m^2、7 万个大小鼠笼位，实验室面积 21 000 m^2，形成集 SPF 级小鼠和大鼠的繁育保种、模型研发及分析应用于一体的综合性资源服务平台。截至 2019 年底，已创建、收集及代理服务各类小鼠品系 11 189 种、大鼠品系 154 种，成为国际上品系资源最多的资源库之一。资源库资源已服务超过 800 多家国内外单位，提供超过 40 万只的小鼠品系资源，包括了国内 28 个省份的大专院校、医院、研究所和国家科研中心，以及上百家制药和生物企业。资源库的建设全面促进了我国生命科学、医学、药学等相关学科的发展，平台团队于 2016 年获国家科学技术进步奖二等奖。

资源库拥有强大的资源整合能力与创制能力，在 2005 年为中国制作了国内第一个基于胚胎干细胞重组技术的条件性敲除小鼠，并在国内率先将 CRISPR/Cas9 基因编辑技术用于小鼠模型的制作，完成中国首例基于 Cas9 的基因敲除小鼠模型，参与全球首例 Cas9 敲除犬、全球首例 Cas9 敲除猴的研发。

资源库参与发起国际大科学计划"国际小鼠表型分析联盟"（IMPC），与 11 个国家的 27 家资源库建立了合作和服务。资源库是国际大科学计划"国际小鼠表型分析联盟"的发起者和核心成员，也是亚洲小鼠基因组改造和资源协会、亚洲表型分析联盟发起单位之一，并与 KOMP、Eucomm、MMRRC、RikenBRC、JAX、Taconic 等 27 家资源库（分布在 11 个国家）建立了合作交流关系。

（3）国家犬类实验动物资源库

国家犬类实验动物资源库由广东省科技厅主管和监督，依托于广州医药研究总院有限公司。资源库始建于 1983 年，是国内历史悠久、种源纯正、管理规范、水平领先的实验 Beagle 犬资源专业研究机构，长期致力于国家实验 Beagle 犬种质资源的保存、繁育及利用，为国内科研院所、新药研发机构及海关提供高质量种犬、科研用犬、教学用犬及检疫犬等系列服务。

资源库 Beagle 犬繁育场地占地面积约 40 亩，其中拥有符合国际实验动物福利标准的犬舍 5700 m^2、通过 AAALAC 认证的大动物实验室 1200 m^2；拥有显微操作系

统、多普勒彩色超声系统、程序降温仪及全自动血球计数仪等一批先进的科研仪器设备，为资源库运行和管理提供软硬件保障。

实验 Beagle 犬资源科学保存与管理水平国内领先。建立 Beagle 犬标准化保种育种、饲养管理和质量控制等标准操作规程 190 多项；建立微生物、寄生虫、环境监测等系列监测实验室，确保资源质量；建立国家犬类实验动物种子中心信息管理系统，实现 Beagle 犬生长繁育终身记录；首家引入 RFID 电子芯片管理系统，实现种犬信息化高效管理，在种群质量、饲养管理等方面处于国内领先水平。

实验 Beagle 犬资源数据化并实现全国共享集成利用。牵头制定《实验 Beagle 犬共性描述规范》，采集分析实验 Beagle 犬生理生化等背景参数数据 2000 多项，整合及数字化表达共性描述规范 145 项，并上报中国科技资源共享网实现全国共享；制定《实验犬生物学特征数据采集技术规范》《实验犬生物学特性数据测定技术规范》《实验 Beagle 犬保种技术规范》《犬类实验动物种子低温保存技术规范》等；资源库为科研院所、研发机构等提供种用、科研和教学用 Beagle 犬近 30 000 只，为生物研究和新药研发提供实验动物支撑，为我国犬类实验动物种质资源的保存、利用和共享做出重要贡献。

实验 Beagle 犬资源与技术服务逐见成效。2000 年以来承担科技部重大专项"实验用 Beagle 犬及疾病模式犬研究开发平台"等国家省市科研项目 40 多项，获得政府资金数千万元；构建全球首例基因敲除 Beagle 犬模型，填补国内外空白，为开展人类重大疾病模型犬研究奠定重要基础；研发自发性前列腺肥大、高血压等疾病 Beagle 犬模型，为上海计划生育研究所、南方医科大学珠江医院等科研单位提供服务；建立国内首家"Beagle 检疫犬培训中心"，检疫犬上岗后仅在广州白云机场海关就截获禁止进境物近 18 000 批次，为保障我国农林牧业及生态安全发挥重要作用，该项目获得广东省、广州市科学技术进步奖三等奖，并获广州市科普专项资助，并录制了科普视频进行科学普及。

（4）国家啮齿类实验动物资源库

国家啮齿类实验动物资源库的前身是 1998 年成立的国家啮齿类实验动物种子中心，依托于中国食品药品检定研究院（以下简称"中检院"）实验动物资源研究所。立足于国家科技创新对实验动物资源的需求，采用国外引进、国内收集、自主研发、协议保存等多种方式集聚、整合和优化实验动物资源。资源库每年向 200 多家机构提供科研教学用 SPF 级实验动物 35 万只。依据相关规范采集并提供实验动物生物学特性数据，开展实验动物资源的服务共享。资源库现有 13 000 m² 建筑设施用于动物保种及繁殖生产，其中屏障环境达 8000 m²，有 52 台隔离器和 6700 个 IVC

笼位；拥有功能完善的实验室和实验设备，可开展冷冻保存、体外受精与复苏、生物净化、模式动物制作、基因型鉴定、表型分析，以及实验动物遗传学、微生物学和寄生虫学等质量检测和环境设施监测工作。建有完善和有效运行的质量管理体系（CNAS-CL01：2006），确保动物资源的遗传质量；运用生物学净化技术（胚胎移植或剖腹产），持续提升保种动物质量等级水平。

（5）国家禽类实验动物资源库

国家禽类实验动物资源库于 2019 年 6 月由科技部和财政部批准成立。资源库由农业农村部主管，依托于中国农业科学院哈尔滨兽医研究所，相对自主运行、独立核算，是目前我国唯一的禽类实验动物资源培育、收集和保存中心，也是目前国内唯一的 SPF 鸭资源培育、保存和生产繁育与供应基地，SPF 鸭的培育和保存水平在国际上处于领跑行列。资源库是国家科技资源共享服务平台的重要组成部分，具有公益性、基础性、长期性、战略性等特点，是保障国家健康养殖、生物安全、人类健康、畜牧及生物医药产业可持续发展的基础支撑，是助力美丽中国和健康中国建设的重要平台。

国家禽类实验动物资源库拥有 SPF 鸡保存与生产、SPF 鸭保存与生产、SPF 鸭培育、SPF 猪保种、SPF 猪生产及 ABSL-2 等设施，总建筑面积约 3.2 万 m^2。

国家禽类实验动物资源库从国内外引进、收集和整理禽类实验动物资源，形成了资源引进、收集和整理的技术体系。在全国范围内收集生产性能高、病原微生物携带少、对较多疫病敏感性强的轻型白羽蛋鸡和轻型蛋鸭品种，开展实验动物化研究。现已收集、培育、生产、保存和开放共享 BWEL、ZH7、SJ5、MQ5、BM8 及 CZ 等 6 个 SPF 级封闭群鸡品种，BW/G 系列 MHC 单倍型鸡 4 个品种；HBK 和 HJD 等 2 个 SPF 级封闭群鸭品种，HBW/B 系列 MHC 单倍型鸭 4 个品种；转 *Mx-RNAi*、*RIG-I* 基因的 2 种抗流转基因鸡，转 *IFN-α2b* 基因的输卵管生物反应器转基因鸡。

5.1.3 实验动物资源库共享服务情况

（1）国家非人灵长类实验动物资源库

2020 年，国家非人灵长类实验动物资源库紧紧围绕国家发展战略需求，重点服务重大科技创新、国家重大发展战略、区域创新发展等方面，提供资源、技术、数据信息等服务，开放共享支撑服务取得较好成效。为新冠实验等提供实验猴 761 只，提供血液、组织、细胞等样品 2000 余份，为全国 40 余家单位提供猴遗传操作

技术、动物模型构建、疫苗免疫学研究和评价等实验技术服务20 440余人次，并通过平台建设汇集的科学数据实现共享，促进研究成果充分有效利用。

资源库参与和支撑服务国家新冠联防联控办疫苗研发专班和动物模型专班的科技攻关项目，在新冠疫苗、动物模型和药物筛选研究中发挥重要作用，其中参与新冠疫苗评价26个，7个正在临床试验，2个已上市，筛选候选药物及抗体6个，成功构建猕猴、食蟹猴、狨猴、树鼩新冠模型。支撑服务国家重点研发计划项目6项，申请发明专利3件，发表高水平学术论文30余篇。资源库支撑获得中科院先导专项和重点部署项目5项、国家自然科学基金项目36项、其他科技计划项目53项。资源库承担科技计划项目10余项。

支撑相关标准研制方面，资源库团队参与《实验动物　微生物学等级及监测》（GB 14922.2—2011）的修订，参与《实验动物　运输管理规范》《实验动物　安乐死技术规范》2个行业标准的编写，都已完成征求意见，进入报批发布阶段；参与《实验动物　猕猴属动物行为管理指南》1个中国实验动物学会团体标准的编写，也已进入报批发布阶段。

资源库结合依托单位的资源及服务研究成果，积极参与"中国科学院公众科学日""昆明市科技局科普宣传"活动。主要通过网络科普信息共享、实物及标本实体展示、专题科普知识讲座等主要方式进行公众开放与科普宣传服务，让大众了解实验动物为人类做出的重要贡献，倡导纪念实验动物。

（2）国家人类疾病动物模型资源库

2020年，国家人类疾病动物模型资源库不断优化资源配置、增强服务意识、提高服务能力与水平，积极主动服务国家战略和重大科技任务需求，面向国家重大发展战略、重大科技创新、区域创新发展等方面提供对外服务共计388次，服务内容包括疾病动物模型资源共享和以资源为基础的技术服务项目（影像、病理、行为学等），支撑包括京津冀地区、长江经济带、粤港澳大湾区、长江中游地区等共计125家单位，在区域经济社会发展服务方面做出了贡献。服务的科技计划项目包括国家科技重大专项11项、国家自然科学基金项目34项、省部级项目46项、省部级科技计划项目3项。

因为新冠感染疫情等原因，2020年的科普工作主要通过线上和线下结合的方式开展，通过微信科普新冠病毒相关的科学知识、实验动物和实验技术方面的进展、实验动物在生物热点研究领域的作用等。利用社区内的室外橱窗，开展了"防控新型冠状病毒"科普活动。

（3）国家犬类实验资源库

国家犬类实验资源库主要通过实物资源共享、数据资源共享、技术培训及其他方式向社会提供服务，具体包括为科研院所、药物研发机构、海关等提供实验用犬、种犬、检疫工作犬、疾病模型犬、教学犬等实物资源服务，提供基础生物学数据资源共享服务，以及为科研院所提供新型医疗器械、生物医学材料评价、疫苗效果评价等相关技术服务。

2020年资源库为广东、四川、云南、山东等省份的相关单位提供了1948只高质量Beagle犬，其中新药安评中心及医药企业16家、高校及科研院所11家、医院5家、海关单位6家。2020年为国内数家知名新药安评中心提供Beagle实验犬资源服务，其中主要包括国家（成都）新药安评中心、山东欣博药物研究有限公司、云南省药物研究所等。2020年继续支撑广东省内高校，如中山大学、广东医科大学、广州医科大学等的教学用犬。海关工作犬服务方面，2020年完成广东各海关检疫工作犬供应与培训服务，为守卫国门做出应有贡献。

资源库利用自身资源与技术优势，继续加强与高校、科研院所的技术合作，提升科研人员整体素质水平，提高资源库技术支撑实力，提升资源库影响力。2020年，资源库与中科院遗传所、中山大学、广东省人民医院等科研团队开展基因编辑疾病模型犬、呼吸疾病模型犬、子宫衰老等项目的合作研究，支撑国家重点研发计划、国家自然科学基金等各级各类科技计划的研究，且获得良好实验结果。2020年，资源库共服务国家、省、市等各类科技计划项目7项，其中作为牵头单位承担3项，参与国家重点研发计划、国家自然科学基金等项目4项，有力推进了相关项目的研发进程。

（4）国家啮齿类实验动物资源库

新冠感染疫情期间，国家啮齿类实验动物资源库全力扩大生产，保障新冠小鼠模型〔hACE2-KI/NIFDC小鼠模型（人源化血管紧张素转化酶动物模型）〕的应急供应，满足国家新冠疫苗研发、药物筛选等应急项目任务对模型小鼠的需求。在新冠感染疫情暴发早期，小鼠模型"一鼠难求"，中检院及时扩繁并免费向国家新冠肺炎疫情防控动物专班供应hACE2-KI/NIFDC小鼠模型共计358只。2020年已经累计向国内33家单位提供hACE2-KI/NIFDC小鼠模型2504只，支持科技部、省市级新冠病毒抗体或者疫苗应急项目17项。目前，本模型已经成为我国CDE认可的、评价疫苗或者抗体体内效力的标准模型动物之一。

2020年资源库共计支撑了4项科技重大专项，其中包括：①中国医学科学院药物研究所的北京高校卓越青年科学家计划项目（BJJWZYJH01201910023028），为

其提供尽职尽责的实验动物供应及动物实验期服务工作；②"新发突发重大传染病动物模型的构建及标准化"项目，承担了艾滋病和毒性肝炎等重大传染病防治专项（编号：2017ZX10304402），建立了黄热病毒、肠道病毒、新型冠状病毒等15种病原体的动物模型制备标准操作流程，完成生物学特性测定，并申报了部分模型的团体标准；③"用于抗体成药性评价的人源化嵌合小鼠模型的构建及应用"（编号：2018ZX09101001），主要负责药物评价动物感染模型的建立；④新冠动物模型课题项目，主要负责新冠病毒模型动物的建立及供应。

此外，资源库积极举办科技公众开放日活动与学术交流培训等，宣传实验动物资源相关知识。

（5）国家遗传工程小鼠资源库

国家遗传工程小鼠资源库对外服务主要单位类型为高校与科研院所、医院、生物医药与CRO企业及科研单位。其中高校占比最大，医院占比也达到31%。2020年为全国28个省份的众多高校与科研院所（包括北京大学、复旦大学、中科院上海生命科学研究院、中科院合肥物质科学研究院等近800家单位）供应超过40万只遗传工程小鼠种质资源，直接供应实验小鼠超过10万只。服务总量居前5位的用户单位按服务人次从多到少依次为：中山大学中山眼科中心、江苏省人民医院、复旦大学、浙江大学、山东大学。

（6）国家禽类实验动物资源库

国家禽类实验动物资源库在整合我国资源的同时，对我国SPF禽资源共享和技术服务进行了规范化管理，促进我国SPF禽的标准化管理和供应。资源库对社会提供的服务项目主要包括：实物共享、数据共享、技术培训及其他服务。国家禽类实验动物资源库服务客户遍布全国20余个省份，涉及SPF鸡场、生物制品企业、大专院校、科研院所、疾病预防控制中心、海关和检验检测机构等众多企事业单位，其中兽用生物制品企业占全国同类企业的一半以上。2020年，为依托单位提供病原感染动物实验服务超过500批次，其中近100批次在ABSL-3完成。筹划建立在线服务系统（http://pla.caas.cn），提供超过6000组生物学数据、300余幅图像数据，实现社会共享，取得了良好的社会效益。

国家禽类实验动物资源库主持国家科技基础工作重点项目、科技平台试点重点项目、国际科技合作与交流项目、国家科技支撑计划项目、国家重点研发计划项目、黑龙江省自然科学基金重点项目、黑龙江省科技计划项目、黑龙江省高新技术产业化项目等70余项，当前正在执行国家重点研发计划项目"畜禽疫病防控专用实验动物开发"、黑龙江省自然科学基金重点项目"无特定病原体鸭种质资源创新与新品种选育"等，进行农业实验动物资源的多维度开发。

国家禽类实验动物资源库将面向科技创新、经济社会发展需求，创新现代禽类实验动物资源，加强优质科技资源有机集成，提升科技资源使用效率，为保障我国疫病防控技术研发和生物制品行业提升、有力促进动物健康养殖行业可持续发展提供长期稳定的强有力的条件支撑。

5.1.4 实验动物资源主要成果和贡献

（1）支撑科维福™新型冠状病毒灭活疫苗自主研发

支撑国家非人灵长类实验动物资源库依托单位国家昆明高等级生物安全实验室（P4）组织攻关项目研发及试验，快速开展新型冠状病毒灭活疫苗（Vero 细胞）、模型构建等研究，自主研发的科维福™新型冠状病毒灭活疫苗已于 2021 年 6 月 9 日首批上市，供应国内紧急使用，为我国抗击新冠感染疫情再添利器，国产新冠灭活疫苗继续扩增产能。该疫苗Ⅰ/Ⅱ期的临床结果显示，该疫苗具有良好的安全性和免疫原性，在接种机体后能够快速诱导系统的免疫应答，全程免疫后 14 天中和抗体与抗 S 蛋白抗体阳转率分别达到 96% 与 99.33%，能有效提供保护（图 5-1）。

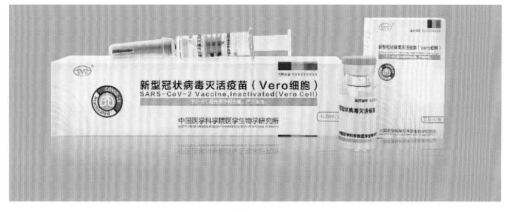

图 5-1 科维福™新型冠状病毒灭活疫苗

（2）采用多物种动物新冠感染疾病动物模型，建立新冠疫苗药效学评价体系

2020 年，新冠感染疫情肆虐全球，面对严重危害国际民生的疫情，国家人类疾病动物模型资源库首创了新冠感染动物模型，并通过受体人源化小鼠和恒河猴等 5 种动物模型体系，首次实现了对无症状感染、轻症、普通型、重症、危重症、恢复期、基础疾病复合感染等不同新冠感染病理阶段改变的精准模拟，为病原学与传播途径、临床救治方案与药物、疫苗研发等主攻方向突破了关键技术瓶颈，被 *Nature*

（2020年）评价为国际最早的新冠感染动物模型。构建了肺组织 ACE2 受体高度人源化的转基因小鼠，揭示了 SARS-CoV-2 感染、复制、病理和抗体产生规律，首次在体内证实了相关病毒受体，首次揭示了以巨噬细胞和 CD8+T 细胞浸润为主的新冠感染病理特征；基于恒河猴模型，首次证实了 SARS-CoV-2 病毒特异免疫反应对再感染的保护力，首次揭示了新冠病毒经呼吸道飞沫、密切接触、气溶胶、粪口、结膜等途径的传播能力，成果纳入国家卫生健康委发布的《新型冠状病毒肺炎诊疗方案（试行）（第六版）》，首创了新冠疫苗保护性的动物模型评价技术体系，并向全球公布；在新冠感染动物模型研制方面走在了国际前沿。

建立的新冠疫苗药效学评价技术，发表在 *Science*（2020a）、*Cell*（2020c）等杂志，被 *Nature*、*Cell*、*Science* 等杂志的 269 篇疫苗相关论文引用，为新型疫苗（重组蛋白、mRNA、DNA、减毒流感载体等）测试了不同生产工艺，含 BioNTech & 辉瑞的 mRNA 疫苗。评价了国家部署的 80% 的疫苗，其中 11 种进入临床试验，含军科院腺病毒载体疫苗、国药与科兴灭活疫苗、中科院重组蛋白疫苗及 BioNTech & 辉瑞 mRNA 疫苗等上市疫苗。评价了第一个进入临床试验和第一批紧急使用的疫苗（军科院腺病毒载体疫苗、国药及科兴灭活疫苗），以及国际上第一个上市的疫苗（BioNTech & 辉瑞 mRNA 疫苗）。

（3）自主研发的 hACE2-KI/NIFDC 人源化小鼠保障疫苗研发需求

2020 年是全国抗击新冠感染疫情的关键之年，我国率先研制的新冠病毒灭活疫苗亟待上市。国家啮齿类实验动物资源库的依托单位中检院正是疫苗上市前对其安全性、有效性进行检验、检定的机构，而用于疫苗的效力、效价检测和安全性评价的重要手段就是动物实验。面对国家重大需求，2020 年资源库着重生产了用于新冠疫苗检定所需的实验动物品系，如用于疫苗效力实验的 BALB/c 小鼠，用于异常毒性试验的 KM 小鼠、豚鼠等，集中力量保供中检院疫苗检定需求，为疫苗的如期上市及疫苗使用的安全性、有效性提供了重要支持。新冠疫苗应急检验中，圆满完成动物实验保障工作，积极主动帮助相关部门协调，均做到了 100%的保障供应。

资源库自主研发的 hACE2-KI/NIFDC 人源化小鼠（人源化血管紧张素转化酶动物模型），通过验证被证明对新冠病毒易感。2020 年疫情发生后，全力扩大生产，保障应急供应，满足国家新冠疫苗研发、药物筛选等应急项目任务对模型小鼠的需求。在新冠感染疫情暴发早期，即小鼠模型"一鼠难求"的非常时期，中检院及时扩繁并免费向国家新冠感染疫情防控动物专班供应 hACE2-KI/NIFDC 小鼠模型共计 358 只。2020 年全年累计向国内 33 家单位提供 hACE2-KI/NIFDC 小鼠模型 2504 只，

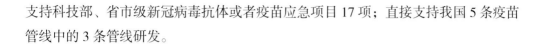

支持科技部、省市级新冠病毒抗体或者疫苗应急项目 17 项；直接支持我国 5 条疫苗管线中的 3 条管线研发。

5.2 实验细胞资源

5.2.1 实验细胞资源建设和发展

5.2.1.1 实验细胞资源

细胞是高级生命的基本组成单位和功能单位，体外培养的各种活细胞及由此衍生的培养细胞是国家生物科技资源的重要组成部分。其中，经过全面鉴定及质量分析，达到国际认可质量标准的实验细胞是国家重要的科技资源。

体外培养的各种细胞，可在液氮中冷冻保藏，用于研究时，再进行复苏、培养扩增。因为细胞培养及其质量控制是一种专门的复杂技术，所以专职的集约化的细胞培养、保藏中心是细胞资源保藏的必由之路。作为生物体具体而微的活的模型，体外培养的细胞广泛用于分子表达调控、分子功能验证等阐释生命基本规律的研究；是生物医学研究的源头材料，为疾病发生发展及治疗的研究所必需；在生物技术产品、基因工程产品研发等方面的作用也越来越显著。

5.2.1.2 国际实验细胞资源建设与发展

根据资源调查统计，截至 2020 年底，在世界培养物保藏联盟（WFCC）注册的成员共 966 个，分布在 76 个国家。其中，仅少数发达国家有实验细胞保藏，合计保藏各类细胞 720 种 32 000 余株系（简单数据累加，各国间实验细胞资源有较高比例的重复）。美国典型培养物保藏中心（ATCC）共收藏了 150 种动物的 4000 余株系细胞，包括 1097 株系肿瘤细胞（其中，人肿瘤细胞 700 株系）、910 株系杂交瘤细胞；美国国立卫生研究院（NIH）收集了上万株人类成纤维细胞和转化的淋巴细胞；美国圣地亚哥动物园濒危物种繁殖中心保藏了 353 种动物的 4000 余株系细胞；欧洲细胞库（ECACC）收藏了 45 种动物的 3000 余株系细胞；日本细胞库（RBRC）保藏细胞 2587 株系，包括人和小鼠正常来源的诱导多能性干细胞（iPS）及疾病来源的 iPS 细胞，此外还保藏了人和小鼠的多株胚胎干细胞、间充质干细胞，不同种群来源的转化的外周血淋巴细胞；韩国细胞库（KCLB）保藏细胞 355 株系，其中 215 株系是自己建立的各种肿瘤来源的细胞；德国细胞库（DSMZ）保藏细胞 865 株系，

以近 400 株系血液系统肿瘤细胞为特色。瑞士生物信息研究院的生物信息门户网站中细胞聚龙（Cellosaurus, https://web.expasy.org/cellosaurus）将细胞系相关知识整理建立数据库，并提供搜索服务。据 2021 年 5 月最新版统计，共收集了 128 806 个细胞系，其中，人类 96 820 个、小鼠 21 791 个、大鼠 2444 个，各国保藏机构的细胞也纳入了国家实验细胞资源共享平台。

国际细胞身份认证委员会（International Cell Line Authentication Committee）举行了 2 次 10 余株系错误细胞的鉴定及表决，我国刘玉琴和沈超 2 位委员为错误的签到及涉及中国建立细胞的追溯，做了大量工作。2020 年 ATCC、DSMZ 和 Cellosaurus 都在网页上提供了可用于新冠研究的细胞系专栏。ATCC 还研制了检测试剂盒、病毒 RNA 样品等。

5.2.1.3　国家实验细胞资源库建设情况

实验细胞包括人和动物正常细胞系、人和动物肿瘤细胞系、基因修饰细胞、杂交瘤、干细胞（含诱导型干细胞）、工程细胞（含专利细胞株）等。我国实验细胞的保藏，绝大部分集中在国家生物医学实验细胞资源库和国家模式与特色实验细胞资源库的各成员单位。另外，从事相关研究的高校及研究所的实验室、生物医药公司等也保存了不同数量的细胞系。这些细胞绝大部分从国家资源库获取，少量为自建专利细胞、基因修饰细胞。2020 年，国家实验细胞资源共享平台也在第一时间公布了可用于新冠研究的细胞资源，开通快速服务程序，并于春节第 2 天就开始了细胞复苏培养服务，全面支撑新冠方面的研究。

（1）国家生物医学实验细胞资源保藏情况

截至 2020 年底，国家生物医学实验细胞资源库总计保存了来源国内外的 357 种动物的细胞系 6018 株系 10 万余份。其中，昆虫 4 种、鱼类 40 种（亚种）、两栖爬行类 23 种（亚种）、鸟类 30 种（亚种）、哺乳类 260 种（亚种，包括 38 种非人灵长类），其中，国家 I、II 级保护动物 57 种。专利细胞株 1318 株，杂交瘤 1235 株，基因编辑酶 Cas9 稳定转染的细胞 310 株。2020 年，新增资源 258 株系 8000 余份，包括新型的肿瘤细胞、基因修饰的肿瘤细胞、杂交瘤细胞、野生动物细胞等，可提供共享服务实验细胞 3294 株系，可为后续各研究单位开展各种生物医学研究提供新的细胞模型。

（2）国家模式与特色实验细胞资源国内保藏情况

截至 2020 年底，国家模式与特色实验细胞资源库保藏人和 41 种动物的常用细胞系 900 余株系 4 万余份，其中，包括人和主要模式动物的肿瘤细胞 336 株系。参建单位保藏来源于我国 41 个民族的转化淋巴细胞 2496 株系 2 万余份。2020 年，平台完成实验细胞资源共享服务超过 13 000 份，新增各类标准规范的实验细胞资源 10 株系 1000 余份；另外成功构建畲族永生细胞系 42 株系，合作建立疾病相关细胞系 3 株系，共计 400 余份。

5.2.1.4 实验细胞资源国内外保藏情况对比分析

国内外细胞资源种类相同，各保藏机构结合科学研究的进展情况，加强新资源的建立与收集。近年来，ATCC 建立携带特定基因突变或融合的肿瘤细胞株，也利用 Cas9 基因编辑技术，为用户定制基因修饰细胞。日本细胞库（RBRC）近 10 年来新收藏了 700 余株系诺贝尔奖获得者 Yamanaka 及其他研究人员建立的人和小鼠正常来源的 iPS 细胞（诱导型干细胞）、疾病来源的 iPS 细胞、胚胎干细胞、间充质干细胞，还保藏了不同种群来源的转化的外周血淋巴细胞。欧洲细胞库（ECACC）近年新增 iPS 细胞 1700 余株系（表 5-6）。根据《美国动物保护法》规定，猴等动物来源的细胞不向国外提供服务。ATCC 近年新建的细胞唯独不向中国提供服务。国内转化淋巴细胞（人外周血转化淋巴细胞）因资源本身的独特性，开始逐步纳入平台共享资源。目前，随着国内科研水平的不断提高，今后将加强正常或疾病来源的 iPS 细胞的收集和保藏。

表 5-6 世界主要细胞保藏机构资源保藏情况

保藏机构	涵盖动物种属数量/种	人源细胞/株系	动物细胞/株系	肿瘤细胞/株系	杂交瘤/株系	转化淋巴细胞/株系	iPS/ES/MSC/株系	总量/株系
美国典型培养物保藏中心（ATCC）	150	1392	1811	1097	910	—	43	4000
美国国立卫生研究院（NIH）	1	—	—	—	—	10 000	—	10 000
美国圣地亚哥动物园濒危物种繁殖中心（CRES）	353	—	4000	—	—	—	—	4000
欧洲细胞库（ECACC）	45	819	600		400		1709	3500
日本细胞库（RBRC）	—	1540	843	—		245	244	2587
德国细胞库（DSMZ）	—	667	198	186	47	214	—	865
韩国细胞库（KCLB）	—	335	15	184	4	18		355
国家生物医学实验细胞资源库（NSTI-BMCR）	357	1500	4517	1063	1340	—	19	6018

续表

保藏机构	涵盖动物种属数量/种	人源细胞/株系	动物细胞/株系	肿瘤细胞/株系	杂交瘤/株系	转化淋巴细胞/株系	iPS/ES/MSC/株系	总量/株系
国家模式与特色实验细胞资源库（NSTI-GTCR）	41	369	200	336	150	2496	80	3400

注：因部分统计指标内容上有重叠，总量并非前几项之和。

5.2.2 实验细胞资源主要保藏机构

5.2.2.1 实验细胞资源特色保藏机构

国家生物医学实验细胞资源库和国家模式与特色实验细胞资源库是 31 个国家生物种质与实验材料资源库中 2 个实验细胞资源库，由长期从事实验细胞资源保藏的核心骨干单位组成，包括中国医学科学院基础医学研究所细胞资源中心（以生物医学研究开发所用细胞资源为特色）、中国科学院分子细胞科学卓越创新中心细胞库/干细胞库（以基础科学研究开发所需细胞资源为特色）、中国科学院昆明动物研究所昆明细胞库（以珍稀濒危动物原代培养细胞为特色）、武汉大学中国典型培养物保藏中心细胞库（以专利细胞保藏为特色）、空军军医大学细胞工程研究中心（以杂交瘤等工程细胞为特色）、中国食品药品检定研究院细胞资源保藏研究中心（以检定生产用细胞为特色）、中国科学院遗传与发育生物学研究所中华民族永生细胞库（以我国不同民族来源的转化淋巴细胞资源为特色）。这些单位都是国家级事业单位，平台工作是单位日常工作，有专职工作人员，场地设施、仪器设备完善，制定了各项规章及管理规范。各平台资源保藏情况如表 5-7 所示。

表 5-7　国家实验细胞资源各平台资源保藏情况（截至 2020 年底）

单位：株系

细胞平台名称	成员单位名称	保藏总量	可服务数量
国家生物医学实验细胞资源库	中国医学科学院基础医学研究所细胞资源中心	1330	821
	武汉大学中国典型培养物保藏中心细胞库	1989*	1989
	中国科学院昆明动物研究所昆明细胞库	2298**	277
	空军军医大学细胞工程研究中心	191	118
	中国食品药品检定研究院细胞资源保藏研究中心	210	88

细胞平台名称	成员单位名称	保藏总量	可服务数量
国家模式与特色实验细胞资源库	中国科学院分子细胞科学卓越创新中心细胞库/干细胞库	910	476
	中国科学院遗传与发育生物学研究所中华民族永生细胞库	2496***	100
合计		9168	9424

* 专利细胞为主；** 珍稀濒危动物原代细胞为主；*** 我国不同民族来源的转化的淋巴细胞资源为主。

（1）中国医学科学院基础医学研究所细胞资源中心

中国医学科学院基础医学研究所/北京协和医学院基础学院细胞资源中心专职从事实验细胞资源的收集整理和保藏。1999年在科技部、财政部科技基础性工作项目，国家卫生健康委/医科院共同支持下建立，2000年正式对外服务。牵头负责国家实验细胞资源共享平台的组织建设实施。2019年科技部优化调整后成为"国家生物医学实验细胞资源库"依托机构，是世界培养物保藏联盟WFCC（World Federation of Culture Collection）成员，其宗旨是与国际接轨，建设集科研、服务、培训等多功能为一体的细胞资源中心，为我国生命科学、重大疾病的研究和高水平人才的培养提供高质量的服务。作为专职机构，工作内容包括：①实验细胞资源的收集、整理及保藏；②实验细胞资源信息库建设；③实验细胞资源质量控制及评价；④细胞培养制剂制备和质量控制；⑤实验细胞资源建设及相关研究；⑥实验细胞资源的实物共享、信息及技术共享服务；⑦提供细胞培养相关制剂、开展合作研究、建立新型细胞模型等；⑧开展学术交流及培训。中心基础设施完备，包括超净培养室、制剂室、质检室、液氮库、冷库等350 m² 实验室及相应仪器设备，总库容9万余支。所中心实验室具备细胞水平研究相关的大型仪器。作为牵头单位，该中心负责细胞信息数据整理整合，是实验细胞资源共享平台网站的建设依托单位，负责其维护运行。在资源保藏和共享服务方面，中心目前保藏细胞资源1300余株系，可对外提供的细胞821株系，年实物服务3000余株次。中心开展实验细胞质量检测评价服务，其中支原体、种属鉴定、STR等检测对外提供技术服务。不定期举办内外学术交流、技术培训、咨询等。

该中心近年主要工作进展是自建特色资源填补空白、建立基因编辑酶稳定表达的细胞系、对已有资源进行知识挖掘及相关研究。具体包括：①建立永生化人脐静脉内皮细胞系PUMC-HUVEC-T1等，解决了无正确脐静脉内皮细胞系可用及其原代细胞培养困难的难题；②建立12个小鼠诱导多能性干细胞（iPS）的不同克隆株，

并完成相关功能鉴定；③建立与库藏细胞相应的 gDNA 和 cDNA 资源库；④建立稳定表达 Cas9 的 20 余种 300 株系常用肿瘤细胞系，完成质控及功能验证，已开始提供实物服务；⑤建立近 20 种 110 株系稳定表达不同荧光蛋白的细胞系，如 GFP、CFP、RFP、EGFP、mCherry、tdT 等荧光蛋白；⑥建立 7 株系肾透明细胞癌细胞系，并对其基因表达谱、基因突变及甲基化等方面进行了全面检测分析，可用于肾透明细胞癌的发生机制及新药研发等研究；⑦完成 400 余株系人源细胞系 STR 的检测，获得大量 STR 相关数据，结合国际已有的细胞系 STR 数据，建立了数据库，开发了分析软件，可用于进行细胞系 STR 谱的比对分析及身份认证；⑧挖掘库藏肿瘤细胞的干细胞标记，为这些细胞的利用提供深入的背景知识；⑨挖掘库藏肿瘤细胞常见靶向药物靶点突变情况，为肿瘤靶向药物研究提供背景知识。

（2）中国科学院分子细胞科学卓越创新中心细胞库／干细胞库

"七五"期间，中国科学院在上海细胞生物学研究所筹建中国科学院细胞库，并于 1991 年经中科院验收后正式启用。1996 年中国科学院典型培养物保藏委员会成立，细胞库为其成员之一。2002 年挂靠在中科院上海生科院，名称为中国科学院上海生命科学研究院细胞资源中心。2013 年，细胞库回归中科院生化细胞所。干细胞库成立于 2007 年 1 月，是科技部国家重大科学研究计划专项经费两次支持下（2007—2012 年和 2013—2017 年）在全国范围内深度建设的 4 个干细胞库之一。2016 年，干细胞库纳入中科院生物遗传资源库管理。2014 年底，细胞库与干细胞库整合后形成新的资源库，隶属于中科院生化细胞所，下属细胞库和干细胞库两个部门。2003—2018 年，细胞库作为科技部国家实验细胞资源共享平台上海分部。2019年，以细胞库和干细胞库为主体组建的国家模式与特色实验细胞资源库获批。资源库面向国家重大战略和社会发展需要，旨在收集、开发及保藏我国和世界的人和动物的细胞资源，研究和发展细胞培养新技术，研究和发展资源的保藏、鉴定、质量控制和分发的新技术，为我国生命科学和生物技术领域的研究工作和产业化提供标准化的实验细胞资源及相关技术服务。资源库现有工作场所建筑面积超过 700 m^2，其中，万级超净培养室 250 m^2。设立细胞保藏、扩增、检测、共享等核心区域，总库容能力达 5 万份，可对外提供细胞资源共享、细胞存储、细胞分析检定、细胞活力检测等相关技术服务。近年来，平台加强针对性收集，重点进行中国科学家自主知识产权的细胞种质资源创新，优先发展细胞和干细胞资源保藏、培养、扩增、诱导分化技术，依托自主技术方法建立原代细胞、干细胞、肿瘤细胞和抗体细胞资源体系，逐步形成我国细胞资源聚集地和细胞资源创新高地。现保藏有人和 41 种动物的细胞株（系）资源，共计 900 余株系 4 万多份，主要是人类重要疾病相关细胞系

（如肿瘤细胞），也收集、储存了几十种胚胎干细胞、成体干细胞和 iPS 细胞。

（3）武汉大学中国典型培养物保藏中心细胞库

武汉大学中国典型培养物保藏中心细胞库是专利局指定的专利细胞保藏中心。有 P2 实验室约 200 m²，其中万级约 60 m²、十万级约 140 m²，液氮库 60 m²，仪器用房 50 m²，办公用房 40 m²。购置了程控降温仪、定量 PCR 仪、多功能显微镜、大容量液氮等专用设备，具备开展实验细胞资源收集、培养、保存、质量控制的硬件条件，能对外提供实验细胞建系及鉴定、细胞系质量控制、细胞系安全保藏等服务，也提供国内研究生在细胞培养、细胞质量控制方面的开放服务及短期培训。在国家生物医学实验细胞资源库支持下，细胞保藏及服务能力急速提升，保藏专利细胞 1774 株系。

（4）中国科学院昆明动物研究所昆明细胞库

中国科学院昆明动物研究所昆明细胞库即中国科学院昆明野生动物细胞库，是在已故中国科学院院士施立明先生的倡导下，于 1986 年正式成立的，是我国规模最大、保藏最丰富、以保存动物遗传资源为主要目的的野生动物细胞库。1995 年，细胞库成为中国科学院典型培养物保藏委员会成员；2005 年，参加了科技部国家科技基础条件平台项目。目前，细胞库是国家实验细胞资源共享服务平台、中国科学院生物遗传资源库和中国西南野生生物种质资源库的成员单位，也是遗传资源与进化国家重点实验室的支撑部门。细胞库保藏有 357 种（亚种）动物的体细胞系 2298 株系，共计 2 万余份，包括昆虫 4 种、鱼类 40 种（亚种）、两栖爬行类 23 种（亚种）、鸟类 30 种（亚种）、哺乳类 260 种（亚种，包括 38 种非人灵长类），其中有国家Ⅰ、Ⅱ级保护动物 57 种。其中，277 株系标准化的人和实验动物的正常二倍体细胞和肿瘤细胞系，可供全国各地的科研单位、大专院校和医院等的科研人员使用。除细胞系外，细胞库还保藏有 200 余种动物的组织/DNA 样品、45 种动物的染色体特异探针、4 种动物（赤麂、中国穿山甲、鳝鱼和白颊长臂猿）的细菌人工染色体文库（BAC）和 Fosmid 文库。除提供实物服务外，细胞库还提供有关细胞培养、核型分析、荧光原位杂交等方面的咨询和技术服务。

5.2.2.2　国家实验细胞库共享服务情况

（1）国家生物医学实验细胞资源库

2020 年，国家生物医学实验细胞资源库提供细胞、制剂、技术检测等各类服务 5858 人次，其中，实验细胞资源的共享服务 5047 株次、制剂服务 558 人次、STR 检测及核型分析等技术服务 253 人次（图 5-2）。

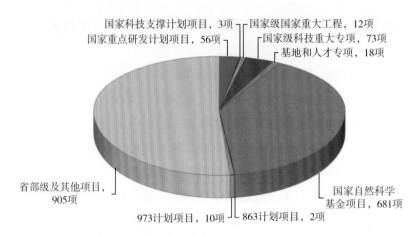

图 5-2 国家生物医学实验细胞资源库服务科研情况（不完全统计）

（2）国家模式与特色实验细胞资源库

据统计，国家实验细胞资源共享平台于 2020 年完成 476 条细胞资源信息的在线汇交，并已全部完成这些资源的标识工作。同时，在线递交动态资讯 3 条、典型服务案例 1 个，针对疫情防控需要重点遴选并推荐一批国际公认的肺部相关细胞和肺癌细胞资源作为本年度的主题资源，并在"热门资源"栏目展示。2020 年，平台对外提供的服务包括实验细胞实物资源（13 000 份或株）、细胞培养制剂（500 瓶或支）、各种质控（支原体、同工酶、核型、STR 谱、内/外源微生物、病毒）检测服务（350 份次）。平台在线服务系统当年浏览量超过 1 000 000 次，资源搜索超过 500 000 次，独立 IP 地址访问量约 200 000 个。2020 年，平台服务用户超过 7000 人次，包括高等院校 1000 多家、企业 500 多家、科研院所 500 多家、国防及政府部门 50 余家。前 5 位主要单位用户为浙江大学、中国科学院分子细胞科学卓越创新中心、上海交通大学（含医学院）、复旦大学、中国科学院上海药物研究所，服务总计 1167 份次，约占服务总量的 9%。据不完全统计，平台共支撑了 2900 余项各类科研项目的开展，包括国家自然科学基金项目 764 项、国家科技重大专项 14 项、国家重点研发计划项目 28 项、技术创新引导计划项目 9 项、基地和人才专项 10 项、863 计划项目 4 项、973 计划项目 7 项、国家重大科学研究计划 3 项、部委省市基金项目 1695 项、其他项目 347 项；支撑了 1886 篇各类论文的发表。2020 年，平台通过当面、电话和邮件等形式接待各类参观、技术答疑超过 7000 人次，切实解决用户在实验细胞培养过程中的技术难点。此外，平台还继续通过网上培训和科普视频的方式进行科学传播。其中，培训和科普视频《细胞培养中的常见污染类型及其预防措施》年度在线教学培训 300 余人次。

5.2.3 实验细胞资源主要成果和贡献

（1）特有人源二倍体细胞资源服务国家重点项目

国家生物医学实验细胞资源库自建并保藏有涉及 11 种组织来源的人二倍体细胞，组织样本去标识，符合伦理要求。这些细胞系属于有限细胞系，不能在体外进行无限扩增，且组织来源也较珍贵，拥有完全的自主产权，属于特有的细胞资源。这些细胞系都经过了一系列的质量检测，符合资源共享的要求，近几年来的使用频次也不断增多，得到了越来越多的科研工作者的认可，涉及近百项国家重点研发计划项目、国家科技重大专项、省部级科研项目等。

（2）国家模式与特色实验细胞资源库支撑我国基础研究重大原创成果

国家模式与特色实验细胞资源库始终坚持服务国家重大需求和世界科技前沿的使命和责任，为我国实施创新驱动发展战略提供高质量的科技服务，服务范围辐射至全国 31 个省份，遍及生物、医学、化学、药学、农学、环境、物理、材料、工程等十几个领域，资源用户包括数百位两院院士、杰青等国内外著名专家和知名学者。例如，长期为中国科学院分子细胞科学卓越创新中心许琛琦研究员团队提供免疫相关实验细胞，支撑其开展 T 细胞的功能调控和 CAR–T 细胞治疗新方法的研究，该用户多项成果在 *Nature*、*Cell* 等国际学术期刊上发表，并入选 2020 年度"中国生命科学十大进展"。此外，该平台还为中国科学院分子细胞科学卓越创新中心陈玲玲研究员、中国科学院脑科学与智能技术卓越创新中心蔡时青研究员等科研团队开展的 lncRNA 种属特异性及其功能、抗衰老新靶标基因等多项科学研究提供了多种标准规范的细胞和干细胞资源，2020 年支撑我国科研工作者在 *Cell* 和 *Nature* 等国际权威学术期刊上发表了多篇原创性学术论文。据不完全统计，从 2017 年至今，至少已有 5 位用户的科研成果入选当年度"中国生命科学十大进展"。

（3）利用实验细胞资源库资源及技术优势，全面支撑新冠研究及防控

新冠病毒如其他病毒一样，需要在人的细胞内繁殖扩增。国家生物医学实验细胞资源库凭借自身的资源优势及多年细胞共享服务的经验，针对新冠病毒的特点，迅速安排人力，整理库藏可用资源并在网上公布，开通快速通道，一步即可预定。除常规提供 T25 培养的细胞外，利用技术优势大量扩增细胞，方便用户迅速直接用于病毒扩增。为新冠感染发病机制、疫苗研究、药物研发及临床研究工作提供细胞等实物资源及相关技术服务支持。截至 2020 年 6 月，资源库为新冠肺炎病毒研究提供实验细胞资源 200 余株次。在助力新冠病毒科研攻关的过程中，资源库还为科研攻关提供了实验细胞资源相关研究的专业人才，并提供了细胞大量培养、药物筛

选、蛋白纯化、资源库构建等方面的技术支撑服务。

5.3　标准物质资源

　　标准物质是高度均匀、良好稳定和量值准确的实物标准，是《中华人民共和国计量法》中依法管理的计量标准。标准物质犹如一把尺子，具有复现、保存和传递物理、化学、生物与工程量等量值的作用，使用标准物质对于改进检测工作质量、提高检测准确度、保证检测结果的有效性具有重要意义，可为科技进步与创新、重大决策及经济社会发展提供坚实的物质支撑。

　　国家标准物质资源库积极打造从标准物质资源规划、研发与复制更新、管理、宣传推广、应用、统计分析、信息反馈，再到资源规划、研发与复制更新的循环与对接的闭环服务平台，开展多方位共享服务，支撑资源全生命周期链条式发展应用。实现了我国全部国家标准物质资源的信息化加工、共享与动态更新，实物资源共享规模在国际同行中处于第一梯队。围绕国家创新与发展体系核心需求，通过提升国家标准物质资源研发核心技术竞争力和国际影响力，不断推进标准物质资源在国家有效测量体系中发挥更大效用，支撑国家高质量发展。服务区域覆盖全国各省份（含港、澳、台），为我国食品安全、环境保护、医学检验、法庭科学、消费品贸易、核电安全、矿产资源等领域标准物质需求提供了权威和可靠的供应渠道，为我国相关领域政府决策、工农业生产中检测和监测质量控制与评价，以及资源的开发利用等提供了十分重要的技术保障。

　　国家标准物质资源库作为国家生物种质与实验材料资源库之一，始终将服务国家战略目标作为首要任务，围绕资源建设、共享服务、运行管理3个方面，以全面提升资源质量和运行服务水平，形成在资源数量、质量、品种、结构、分布和应用技术方面具有国际竞争力和国际影响力的智慧型国家标准物质资源库为目标，在资源研发、保存、应用体系建设等方面与国家创新与发展体系实现高度匹配和协同发展，力争使资源在国家经济、科技与社会发展中发挥更大效用。

　　近年来，资源库持续在化学成分量值溯源源头纯物质、药物与临床化学、食品中真菌毒素高端计量能力建立与知识传播等多个领域开展国际合作，支撑"一带一路"沿线国家发展，形成了具有国际影响力的技术示范效应，对提高相关产业国际竞争力及支撑全球技术扩散具有长远意义。

5.3.1 标准物质资源建设和发展

5.3.1.1 标准物质资源

标准物质（reference material，RM）是确保化学、生物等领域测量结果准确、可比、可溯源的重要工具。世界各地的实验室都在采用标准物质校准测量仪器，验证测量方法，开展测量质量控制，标准物质被形象地称作"化学砝码"。根据《国际计量学词汇—基础和通用概念及相关术语》（VIM3）及 ISO 国际指南 31《与标准物质有关的术语及定义》的规定，标准物质是指具有足够均匀和稳定的特定特性的物质，其特性适用于测量中或标称特性检查中的预期用途。有证标准物质（certified reference material，CRM）作为高级别的标准物质，是指附有由权威机构发布的文件，提供使用有效程序获得的具有不确定度和溯源性的一个或多个特性值的标准物质。

根据《中华人民共和国计量法》和配套标准物质管理办法的规定，我国将标准物质作为计量器具实施法制管理。国家标准物质分为一级与二级，它们都符合有证标准物质的定义。其中，一级标准物质需采用绝对测量法或两种以上不同原理、准确可靠的方法定值，溯源性及准确度具有国内最高水平，不支持重复研制。二级标准物质主要通过与一级标准物质进行比较测量定值，或者多家实验室采用一种或一种以上方法进行合作定值。为便于管理和应用，我国标准物质按应用领域分为十三大类，分别为钢铁、高分子、工程技术、核材料、化工、环境、建材、矿产、临床、煤炭石油、食品、物化特性、有色，并以标准物质编号的前两位数字 01～13 表示。此外，按照标准物质所提供特性量的种类，还可分为化学成分、物理特性和工程材料三大类。

5.3.1.2 国际标准物质资源建设与发展

（1）标准物质领域国际组织

国际标准化组织标准物质委员会（ISO/REMCO）是国际标准物质合作方面专门的国际组织，成立于 1975 年，目前有 33 个正式成员和 38 个观察成员。2020 年，标准物质技术委员会（ISO/TC334）成立，负责标准物质的标准化生产和使用，包括与标准物质有关的概念、术语和定义等。目前，包括 27 个正式成员和 14 个观察成员，秘书处设在南非国家标准局（SABS）。该技术委员会成立后，9 个已发表的和 4 个正在制定中的标准物质 ISO 导则划归该技术委员会直接管理。

（2）COMAR 数据库

为使全球科技工作者能快速、准确地了解和查询到全球最新、最全的标准物质信息，促进标准物质在世界范围内的广泛应用与推广，实现高质量的信息服务和

国际合作与交流，1990 年 5 月，由中国国家标准物质研究中心（NRCCRM）、法国国家测试所（LNE）、美国国家标准与技术研究院（NIST）、英国政府化学家研究所（LGC）、德国国家材料研究所（BAM）、日本国际贸易和工业检验所（ITIII）、苏联全苏标准物质计量研究所（UNIIMSO）7 个国家的实验室，签署了合作备忘录，承诺合作建立国际标准物质信息库（International Data Bank on Certified Reference Materials，COMAR），网址为 http://www.comar.bam.de。截至 2021 年 6 月 28 日，收录来自 25 个成员国的 197 家生产机构提供的有证标准物质（CRMs）7261 种。在 COMAR 数据库中，CRMs 按照应用领域被划分为八大类，分别是生物与临床、钢铁、工业材料、无机、有色金属、有机、物理特性及生活质量。截至 2021 年 6 月 28 日，各应用领域包含的 CRMs 数量及其占比如图 5-3、图 5-4 所示。

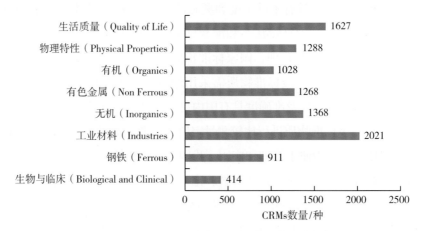

图 5-3　COMAR 数据库各应用领域中的 CRMs 数量

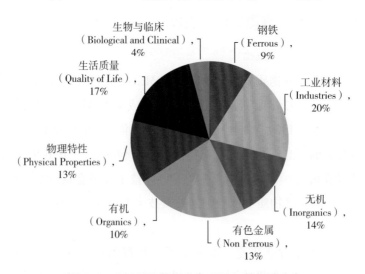

图 5-4　COMAR 数据库中 CRMs 的领域分布

（3）美国标准物质发展状况

美国标准物质研发起步早，处于世界领先水平。在美国国家标准与技术研究院（NIST）中，标准物质生产相关实验室包括：工程实验室（EL）、材料测量实验室（MML）和物理测量实验室（PML）。当前，美国标准物质1300余种，分为31个不同的类别，包括金属、高纯材料、燃料、法医、环境、健康和临床等。

（4）欧盟国家标准物质发展状况

欧洲联合研究中心（JRC）是欧盟委员会（EC）的科学机构，包含10个理事会。其中，"健康、消费者和标准物质理事会"专门负责欧盟委员会的标准物质生产。20世纪60年代起，欧盟委员会通过BCR项目资助标准物质的生产。1995年起，标准物质生产活动逐渐向欧洲标准局（IRMM）过渡，并于2002年起由IRMM独立负责。2016年，欧盟机构重组，IRMM更名为"健康、消费者和标准物质理事会"。

（5）亚洲国家标准物质发展状况

截至2021年6月28日，日本是COMAR数据库中提供CRMs最多的国家，共计1287种，覆盖高纯、无机、材料、环境、有机等多个领域。2020年，日本更新标准物质目录，新增标准物质14种，包括二氧化硫、C肽、人血清中的醛固酮等。2021年，韩国更新标准物质目录，发布标准物质900余种，主要包括化学成分、生物分析材料、物理特性、工业及工程材料、气体等几大类。

5.3.1.3 国家标准物质资源库建设情况

截至2020年12月底，国家标准物质资源库中国家标准物质信息种类达到13 269种。其中，一级标准物质2736种，二级标准物质10 533种。一级标准物质中矿产类标准物质最多，达到617种，占一级标准物质总数的23%；钢铁类标准物质354种，占一级标准物质总数的13%；临床类标准物质350种，占一级标准物质总数的13%。二级标准物质中环境类标准物质最多，达到4065种，占二级标准物质总数的39%；化工类标准物质2698种，占二级标准物质总数的26%；临床类标准物质1117种，占二级标准物质总数的11%；物化特性类标准物质737种，占二级标准物质总数的7%（表5-8、图5-5、图5-6）。

表 5-8　一级和二级标准物质信息资源数量

领域	一级标准物质 / 种	二级标准物质 / 种	总计 / 种
钢铁	354	541	895
高分子	2	9	11
工程技术	47	159	206
核材料	241	22	263
化工	120	2698	2818
环境	311	4065	4376
建材	42	8	50
矿产	617	295	912
临床	350	1117	1467
煤炭石油	78	106	184
食品	182	569	751
物化特性	188	737	925
有色	204	207	411
总计	2736	10 533	13 269

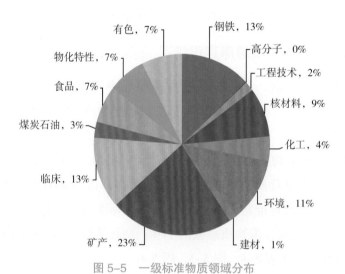

图 5-5　一级标准物质领域分布

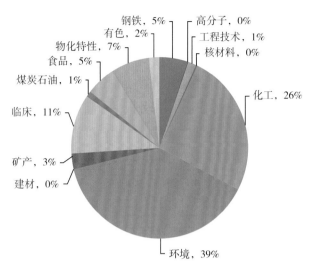

图 5-6 二级标准物质领域分布

新整合环境、化工等热点领域标准物质 556 种，其中一级标准物质 85 种，二级标准物质 471 种。一级标准物质中环境类标准物质 47 种、临床类标准物质 23 种、食品类标准物质 15 种。二级标准物质中环境类标准物质 212 种、矿产类标准物质 68 种、临床类标准物质 57 种。新整合的资源应用领域分布如表 5-9 所示。

表 5-9　2020 年新增一级和二级标准物质信息资源

领域	一级标准物质/种	二级标准物质/种	合计/种
环境	47	212	259
临床	23	57	80
矿产	0	68	68
化工	0	38	38
物化特性	0	36	36
食品	15	17	32
有色	0	24	24
钢铁	0	14	14
煤炭石油	0	5	5
合计	85	471	556

5.3.1.4 标准物质资源国内外情况对比分析

从资源总量上来看，我国的国家标准物质资源库中标准物质数量达到 13 269 种，处于世界首位。近年来新增国家标准物质资源主要分布于环境、化工、物化特性、核材料、食品、钢铁、临床等领域，体现了服务民生、满足重大需求、支撑高新领域的特点，但传统领域标准物质仍占据较大份额。一级标准物质研制单位基本为具有行业牵头地位的研究机构或国家级质检中心，在二级标准物质的研发中，出现了商业标准物质经营机构或私企与大学/研究机构合作研发的模式，重复研制现象较多。

以国家标准物质资源库为龙头，同时以主要研制单位的自建共享渠道为补充，我国的标准物质资源已实现了高效利用与共享。国家标准物质资源库保证稀缺资源的前瞻性布局及稀缺品种的有效供应，同时从保藏与应用技术上在国内实现技术引领。其他重点领域的研制单位及商业公司根据具体领域的应用需求，形成资源供应与利用的有效补充。

为促进我国标准物质资源的良性发展，市场监管总局计量司牵头制定了《标准物质管理办法》。以该办法为指导，我国建立了标准物质行政审批制度，形成了标准物质定级评审机制，通过定级评审的标准物质将获得定级证书并面向社会提供共享服务。以全国标准物质计量技术委员会为依托，制定了一系列标准物质技术规范，为标准物质的保藏与有效利用提供技术标准支撑。

国外标准物质研发围绕本国需求，由钢铁、矿产等传统领域向生物、临床、新材料等新兴领域拓展，并体现出重视核心与创新研发能力建设的特点。以美国 NIST 为例，近年来逐渐将标准物质与标准参考数据作为整体考虑，并建立综合性的数据库系统，包括食品及膳食补充标准物质、临床检验标准物质、职业卫生标准物质、核酸标准物质、工程特性标准物质、纳米材料标准物质、半导体薄膜标准物质、陶瓷及玻璃标准物质、生物柴油标准物质、犯罪现场调查用标准物质、发动机磨损检测用润滑油标准物质、细胞与组织工程标准物质、病毒标准物质等数据，形成研发实力和特色（表 5–10）。

表 5–10 各国家和地区国家级计量机构近期标准物质发展重点

各国家和地区国家级计量机构	发展重点
NIST（美国）	食品、膳食补充剂、临床与健康标志物、蛋白与金属组学、环境、纳米技术
IRMM（欧盟）	立法、生活质量、贸易

续表

各国家和地区国家级计量机构	发展重点
NMIJ（日本）	环境、临床、生物、食品中有害物质残留
KRISS（韩国）	立法、贸易、工业、量值溯源
NMIA（澳大利亚）	兴奋剂、法医、农药、兽药
BAM（德国）	高纯基准、材料表面、纳米、生物、工业过程分析、聚合物、环境、食品/饲料、生物毒素

截至 2020 年，标准物质相关校准测量能力国际互认排名前 8 位国家依次为中国、俄罗斯、韩国、日本、德国、美国、英国、墨西哥。各国标准物质相关校准测量能力国际互认情况如表 5-11 所示。

表 5-11 各国标准物质相关校准测量能力国际互认情况   单位：项

国家	中国	俄罗斯	韩国	日本	德国	美国	英国	墨西哥
互认数量	946	659	606	549	552	443	367	346

我国与俄罗斯、韩国、日本、德国、美国互认项目对比如图 5-7 所示。可以看出，我国在高纯、无机、有机及食品领域互认能力数量均排名第一，表现出国际优势；但是，水、金属及金属合金、土壤等是仍亟待发展的互认领域。

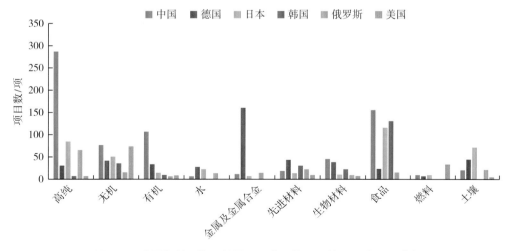

图 5-7 我国与俄罗斯、韩国、日本、德国、美国互认项目对比

5.3.2 标准物质资源主要研发机构

5.3.2.1 标准物质资源研发机构

截至 2020 年底，我国国家一级与二级标准物质资源研发机构有 490 余家，在国家一级与二级标准物质资源研发数量前 50 位机构中，研发数量前 10 位机构资源占比 37.6%，前 20 位机构资源占比 49.1%，前 30 位机构资源占比 56.8%，前 40 位机构资源占比 62.0%，前 50 位机构资源占比 66.4%，前 100 位机构资源占比 78.8%。

其中，国家一级标准物质资源研发机构约 170 余家，机构类型主要为国家或地方专业研究机构及国企，除综合性研发机构中国计量院外，各研发机构所研制标准物质的专业领域分布特征明显，其中，资源研发数量前 10 位机构资源占比 59.6%，前 20 位机构资源占比 69.7%，前 30 位机构资源占比 77.1%，前 40 位机构资源占比 82.5%，前 50 位机构资源占比 87.0%（表 5-12），前 100 位机构资源占比 99.6%。涉及钢铁、地质、冶金等传统领域的标准物质资源研发机构占比仍较大。

表 5-12 一级标准物质资源研发数量前 50 位的机构

序号	研发机构	标准物质种类/种
1	中国计量科学研究院	834
2	中国地质科学院地球物理地球化学勘查研究所	293
3	国家地质实验测试中心	127
4	中国医学科学院药物研究所	84
5	钢铁研究总院	78
6	山东省冶金科学研究院	64
7	核工业北京地质研究院	43
8	武汉综合岩矿测试中心	40
9	卫生部临床检验中心	37
10	煤炭科学技术研究院有限公司北京分公司	32
11	北京化工大学	31
12	北京航空材料研究院	30
13	沈阳冶炼厂	29
14	武汉钢铁（集团）公司技术中心	29
15	核工业北京化工冶金研究院	27

续表

序号	研发机构	标准物质种类/种
16	中非地质工程勘查研究院	27
17	本溪钢铁（集团）特殊钢有限责任公司	26
18	兵器工业西南地区理化检测中心	26
19	国家海洋局第二海洋研究所	26
20	沈阳有色金属加工厂	25
21	中国船舶重工集团公司第十二研究所	24
22	山东省地质科学研究院	24
23	中国医学科学研究院药物研究所	23
24	抚顺特殊钢股份有限公司	23
25	国防科技工业5012二级计量站	20
26	地质矿产部沈阳综合岩矿测试中心	18
27	中国农业科学院农业质量标准与检测技术研究所（农业农村部农产品质量标准研究中心）	18
28	上海材料研究所	18
29	中南冶金地质研究所	17
30	地质矿产部矿床地质研究所	17
31	鞍山钢铁集团公司	16
32	济南众标科技有限公司	16
33	上海钢铁研究所	16
34	中国地质科学院水文地质环境地质研究所	15
35	抚顺铝厂	15
36	核工业国营812厂	14
37	国家纳米科学中心	14
38	地质矿产部岩矿测试技术研究所	14
39	西南铝加工厂	14
40	核工业总公司814厂	14
41	中核建中核燃料元件有限公司	13
42	国防科技工业应用化学一级计量站	13
43	钢研纳克检测技术股份有限公司	13

序号	研发机构	标准物质种类 / 种
44	钢铁研究总院分析测试研究所	13
45	江苏省地质调查研究院	13
46	上海市计量测试技术研究院	12
47	内蒙古乾坤金银精炼股份有限公司	12
48	江苏省机电研究所有限公司	11
49	浙江省地质矿产研究所	11
50	中国疾病预防控制中心职业卫生与中毒控制所	10

5.3.2.2 国家标准物质资源库共享服务情况

2020 年，国家标准物质资源库通过遴选原则新增 198 种标准物质资源，纳入中心实物库集中共享，满足环境、食品、生物、地质等重点领域的需求。保证资源数量稳定增长的同时，努力探索调整和优化实物资源结构，多手段并举实现对标准物质资源质量的持续监督和优化。新增品种中，国际互认、国家一级或量值准确度水平最高、国内国际空白等高端和特色资源达到 116 种，占比接近 60%。

我国的国家标准物质信息 100% 通过国家标准物质资源库网站向国内外用户开放共享。以信息共享为抓手，推动标准物质实物资源共享。用户涉及企业、质量监督与检验检测部门、科研院所、高等院校、军事国防部门等，99% 服务对象为平台参加单位以外用户。平台资源广泛应用于国家食品安全、临床检验、环境监测、科技创新等各个领域。全年共享标准物质超过 65 万单元；服务法人单位 5940 家，其中 90% 为企业用户；提供实物共享服务 27 540 次，有力支撑了突发应急、国计民生与科技发展需求。

2020 年为支持新冠感染疫情防控，尤其是新冠感染患者的诊疗，国家标准物质资源库联合有关资源单位对新冠感染疫情防控相关标准物质资源进行整合，开辟面向各级医疗、疾控、诊断试剂和疫苗研发机构、相关设备计量校准机构的绿色服务通道。核酸检测、免疫检测、仪器校准等 3 个系列 21 种新冠病毒检测相关标准物质，在第一时间应用于疫情防控前线，累计向 25 个省市的 400 多家省市疾控中心、临检中心、一线医疗机构、第三方检测机构和试剂盒研发生产机构提供标准物质 2000 余套。有效提升了新冠病毒检测结果的准确性、一致性和有效性，为试剂盒生产企业注册认证、地方计量院相关标准物质研制提供量值溯源。

国家标准物质资源库每年选取不同领域及主题，举办多次系列标准物质的技术培训和学术交流会，为广大的标准物质用户及相关研制单位提供标准物质应用技术咨询服务及知识科普。

5.3.3 标准物质资源主要成果和贡献

（1）服务"一带一路"，推进资源国际化共享

国家标准物质资源库聚焦我国与"一带一路"沿线国家经济合作的重要领域——粮食等农产品领域，利用技术和资源优势，联合国际计量局（BIPM）、亚洲、非洲等国家和机构获批科技部国际科技合作项目，开展真菌毒素测量技术与标准物质等联合研究。资源库基于溯源源头建立、点面结合、分布实施的思路，研究真菌毒素纯度标准物质，建立计量溯源源头；于 2018—2019 年开展"一带一路"国际技术人员培训，为建立完善合作国家的真菌毒素测量量值溯源体系奠定基础；2020 年联合南非计量院、新加坡卫生科学局等计量机构组织开展了真菌毒素国际区域间能力验证，此次能力验证共有亚洲、非洲 9 个国家的 75 家实验室参与，通过全球范围的能力验证工作推进真菌毒素测量能力的建设和提升，促进测量结果的全球互认，为确保食用农产品安全、降低技术性贸易壁垒影响、实现贸易便利化提供技术基础，进而推动该领域经贸合作互信、共享共赢、可持续发展（图 5-8）。

图 5-8　国际区域间能力验证报告

（2）承担食品安全应急工作，支撑政府监管和高质量发展

食品安全问题事关社会稳定、大众健康和政府公信力，但食品领域违禁添加现象屡禁不止。随着溴酸钾和过氧化苯甲酰先后被我国禁止作为面粉处理剂使用，为了改善面粉外观和品质，部分企业采取了向面粉中添加非法添加剂的手段。

2020 年 2 月 26 日，国家标准物质资源库食品安全计量研究团队凭借扎实的科研积累和技术功底，接受了市场监管总局委托的面粉中三聚硫氰酸三钠盐、苯甲羟肟酸等 10 种违禁添加物应急筛查分析任务。在无标准方法、无有效参考资料的情况下，经过多个星期的连续奋战，完成了全部违禁物质筛查分析方法的建立，并对山东、河南、江苏、福建、河北等送检的 163 批实际样品进行了检测。其中，"小麦粉中三聚硫氰酸三钠盐的测定""小麦粉及其面粉处理剂中苯甲羟肟酸的测定"两个方法经评审专家组多轮论证，成功申报为新的食品补充检验方法，并于 2020 年 7 月 31 日发布实施（图 5-9）。资源库相关技术研发团队首次建立的三聚硫氰酸三钠盐、苯甲羟肟酸等分析方法，弥补了现阶段面粉中相关违禁物质检测方法的空白，不仅为食品安全风险监测提供技术支持，更有力地打击了行业内的违禁添加现象，对政府监管工作具有重要的实用意义，最终保障了我国食品产业的健康发展。

图 5-9　市场监管总局发布的食品补充检验方法公告

（3）快速响应，精准服务，支撑国家医疗健康领域重大需求

国家标准物质资源库通过对相关标准物质的编号、名称、供应状况信息的快速统计，号召承担单位中国计量科学研究院内各有关专业所紧急开展相关标准物质的制备和入库工作；资源库合作单位中国测试技术研究院、国防科技工业应用化学一级计量站对此项工作也给予了大力支持；标准物质服务部门的工作人员坚守岗位，

并开辟绿色通道，安排专人对接需求服务。

2020年2月1日，一份包含77种新冠感染疫情防控相关标准物质的供应清单和"'新冠'疫情防控相关标准物质启动绿色服务通道"的应急公告通过国家标准物质资源共享平台网站和微信公众号向社会各界公布（图5-10）。从2020年1月1日至2月10日，中国计量院提供相关标准物质约1370单元，同时还收到了来自疾病预防控制、试剂盒和疫苗研发、计量校准等相关部门或机构的需求反馈。此次应对新冠感染疫情的标准物质资源梳理，也为国家标准物质资源发展与建设进一步找准了定位，为保障国家重大需求奠定了基础。

图5-10　国家标准物质资源共享平台网站疫情相关通知

5.4　科研用试剂资源

5.4.1　科研用试剂建设和发展

5.4.1.1　科研用试剂行业资源数据

化学试剂行业是一个基础行业，同时也是科技发展的前沿领域，国内化学试剂研发与生产相关科研院所和企业千家以上，数量多、规模小、技术水平参差不齐。近年来，随时市场国际化，国内试剂研发和生产的竞争越来越激烈，淘汰了一批小企业，也壮大了一批高端水平的化学试剂企业。试剂行业创新指数不断提高，科研机构投入

加大，企业研发投入居国家和化工行业前列，产能规模提升，电商投入持续加大。国内化学试剂行业年增长率为 10%～20%，行业毛利率为 10%（通用试剂）～40%（特殊试剂）。2018—2019 年，试剂行业十强企业分别为国药集团化学试剂有限公司、西陇科学股份有限公司、上海阿拉丁生化科技股份有限公司、广东光华科技股份有限公司、上海泰坦科技股份有限公司、南京化学试剂股份有限公司、天津科密欧化学试剂有限公司、上海试四赫维化工有限公司、广东广试试剂科技有限公司、江苏强盛功能化学股份有限公司。十强企业 2016—2019 年销售总额持续增长，2019 年销售总额 116.6 亿元，相比 2017 年增长 31.0%，相比 2015 年增长 83.3%。2019 年化学试剂销售收入占企业销售总额的 49.2%，表明试剂龙头企业正迅速发展。

5.4.1.2 国内专用化学品资源

随着新领域的发展，相关试剂新品种新类别需求不断增多，试剂种类不断拓展，新的生产线相继投产，如电子、生物医药、诊断试剂、药用研发试剂及药物中间体、药用辅料、超净高纯试剂、食品添加剂、新能源相关高纯材料等。部分重点企业的专用化学品如表 5-13 所示。

表 5-13 部分重点企业的专用化学品

企业名称	专用化学品
国药集团化学试剂有限公司	分析试剂、无机试剂、有机试剂、指示剂、环保试剂、生化试剂、生物试剂、临床诊断试剂、特制化学品、精细化工产品、玻璃仪器、分析仪器、实验设备、仪器配件、实验室家具和实验室安全用品等。主导产品包括：电子功能信息化学品、科研求和分析检测、食品和化妆品、制药与医疗、新材料等
西陇科学股份有限公司	PCB 用化学品、食品添加剂、医药中间体、光伏材料。公司业务范围涵盖化学试剂、化工原料、诊断试剂、基因测序服务及第三方独立医学实验室。公司现有十二大生产基地、十一大物流配送中心、第三方独立医学实验室
广东光华科技股份有限公司	PCB 高纯化学品、PCP 复配化学品、分析试剂、金属氧化物、食品添加剂、医药中间体；"高性能电子化学品"和"锂电池材料"
南京化学试剂股份有限公司	3.5 万吨生产能力，自主生产经营品种 8000 多种；药用辅料、催化剂、电子化学品、定制化学品、食品添加剂
上海阿拉丁生化科技股份有限公司	分析色谱试剂、高端化学试剂、生命科学试剂、材料科学试剂等

企业名称	专用化学品
上海泰坦科技股份有限公司	为实验室提供一站式产品与服务，服务的领域涵盖生物医药、分析检测、食品日化、精细化工、新材料、新能源、石油化工、研发外包、化工建材、环保水质等
广东广试试剂科技有限公司	ACS 系列试剂：分析用标准溶液及杂质测定标准溶液和缓冲溶液；广泛试纸、精密试纸、指示类专用试纸；药用辅料；精细化学品；定制化学品
天津科密欧化学试剂有限公司	卡尔费体试剂；超纯、高纯、电子纯试剂；液相色谱纯试剂；气相色谱纯试剂；光谱纯试剂（SP、4N、5N）；紫外分光纯试剂；红外光谱纯试剂；荧光纯试剂；无水溶剂；环境分析试剂；基准试剂；对照品、标准品；标准溶液；标准物质；优级纯、分析纯试剂；指示剂、染色剂、特效试剂；生化培养基；实验室预制试剂；消毒剂；定制标准化学产品
上海试四赫维化工有限公司	化学试剂、偶氮类引发剂及其他精细专用化学品
天津市康科德科技有限公司	色谱试剂年产量为 5000 吨，主要涉及高纯色谱试剂、梯度洗脱级试剂、农残分析用试剂、液质联用试剂、高纯溶剂、卡尔费休试剂、标准溶液、气相色谱标样
北京化学试剂研究所	九大系列产品：锂电池电解液、锂离子电池电解液、超净高纯试剂、高纯物质、新型扩散源、光刻胶及配套试剂、金属表面处理专用化学品、标准溶液及实验试剂、其他精细化学品
阿尔塔科技有限公司	农药、兽药、食品、环境、医药等标准品
北京益利精细化学品有限公司	新能源锂电池材料、病理检测试剂（盒）
天津试剂四厂	钼酸盐产品系列
安徽时联特种溶剂股份有限公司	高纯溶剂、试剂系列产品和化工系列产品；高纯酚及精制环烷酸系列产品；利用石油化工废气（废氨气）生产精制合成氨（液氨）
福晨（天津）化学试剂有限公司	通用、高纯、环保、基准、生化试剂，分析用标准溶液，杂质测定标准溶液和缓冲溶液，精细化学品，催化剂，药用辅料，广泛试纸，精密试纸，指示类专用试纸及经济化学品等 3000 多种；年产 2000 吨化学试剂、1000 吨食品添加剂、1500 吨药用辅料

注：根据全国化学试剂信息站整理。

5.4.1.3　科研用试剂新领域

科研用试剂热点领域如表 5-14 所示。

 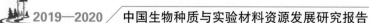

表 5-14　科研用试剂热点领域

领域	主要内容
离子液体	离子液体、催化剂、烷基化反应、绿色溶剂、咪唑、聚合物电解质、酯化反应、萃取分离、锂离子电池、丙烯腈、阴离子
纳米	氧化锌、纳米、纳米棒、水热法、纳米线、表面光电压谱、铼、纳米碳管、超临界流体、纳米晶、光致发光、稀磁半导体
固体碱催化	生物柴油、酯交换反应、固体碱催化剂、脂肪酸甲酯、大豆油、菜籽油、固体剂碱、生物柴油产业、酯交换法、气相色谱、植物油
光催化剂	二氧化钛、光催化剂、光催化活性、光催化降解、纳米管、溶胶－凝胶法、光催化性能、掺杂、银、光催化氧化、薄膜、甲基橙
光子晶体	光子晶体、光子带隙、光子禁带、缺陷模、平面波展开法、时域有限差分法、传输矩阵法、负折射率、胶体晶体、缺陷态、光子晶体光纤、局域模、自发辐射、光电子学、带隙结构
分子印迹	分子印迹聚合物、分子印迹技术、替米考星、分子识别、模板分子、酮洛芬、功能单体、分子印迹、印迹分子、传感器、固相萃取、高效液相色谱、选择性、交联剂、scatchard 分析、吸附性能
活性炭	活性炭、吸附、改性、活性炭吸附、活性炭纤维、吸附剂、吸附性能、吸附等温线、杂多酸、染料废水、硅钨酸、比表面积、吸附量、微波辐照、孔结构、催化剂、孔径分布
量子点	量子点、荧光探针、荧光标记、半导体量子点、量子点激光器、纳米粒子、铜离子、硒化镉、表面修饰、荧光共振能量转移、核壳结构、仿真、生物荧光标记、自组装

来源：《2018—2019 年度中国试剂行业发展情况调研报告》、全国化学试剂信息站。

5.4.2　科研用试剂资源主要研发机构

国内化学试剂行业部分上市公司陆续发布了 2018 年度的营收情况。相关上市公司基本情况如表 5-15 所示。7 家上市公司中有 2 家为中小板上市企业，5 家为新三板上市。营业收入最高是西陇科学股份有限公司，达到 34.4 亿元，比 2017 年同期增长 4.22%，但增长率较 2017 年（12.87%）放缓。西陇科学股份有限公司研发和扩充高纯试剂的品种，目前已拥有酸碱类、溶剂类、蚀刻类和光刻胶配套试剂多种，电子化学品高纯硝酸银、电子化学品高纯盐酸、电子化学品高纯无水乙醇、电子化学品高纯硫酸铜均获得了高新技术产品认定。积极推进"化工＋医疗"战略，积极寻求大健康领域的发展机会，通过对外投资和收购，医疗板块业务已经涵盖生物试剂、体外诊断、基因测序，并不断建设全生态医疗服务体系，发展培育新的业绩增长点。上海泰坦科技股份有限公司持续丰富产品线，开拓新客户，提升平台的便捷性和影响力，不断创新服务模式。南京化学试剂股份有限公司加大药用辅料及研发投入，推动技术升级和产品结构优化，增强品牌影响力，优化车间生产工艺和生产模式，利用大数据提高效率，促进整体经营状况保持良好的稳步增长态势。

表 5–15　国内化学试剂行业部分上市公司基本信息

公司名称	主要试剂产品	上市日期	证券类型	营业收入 / 万元
西陇科学股份有限公司	通用试剂、电子化学品、超净高纯溶剂、生物试剂、专用试剂	2011–06–02	中小板	344 484.96
广东光华科技股份有限公司	化工产品、化工原料	2015–02–16	中小板	152 022.01
上海泰坦科技股份有限公司	高端试剂、通用试剂、分析试剂、特殊化学品	2015–12–25	新三板	92 561.13
江苏强盛功能化学股份有限公司	常温有机过氧化物、试剂的生产和销售	2014–10–08	新三板	65 977.68
上海安谱实验科技股份有限公司	实验室试剂和标准品、实验室耗材的生产、批发和销售等	2015–02–11	新三板	45 384.83
南京化学试剂股份有限公司	化学试剂、药用辅料、电子化学品、定制化学品	2015–08–06	新三板	30 002.57
上海阿拉丁生化科技股份有限公司	化学试剂、生物试剂	2014–06–12	新三板	16 670.36

2019 年我国 A 股上市医药生物企业 293 家，总市值突破千亿元的药企有 3 家，分别为江苏恒瑞医药股份有限公司（2829.86 亿元）、深圳迈瑞生物医疗电子股份有限公司（1567.88 亿元）和无锡药明康德新药开发股份有限公司（1069.53 亿元）。2018 年底，我国共有 1000 余家体外诊断生产企业，其中，年产值超过 10 亿元的企业仅 10 余家（表 5–16）。国内市值最高的深圳迈瑞生物医疗电子股份有限公司体外诊断业务营收 46.26 亿元，与国际体外诊断龙头罗氏 130 亿美元、雅培 75 亿美元、丹纳赫 62.6 亿美元、西门子 46 亿美元相比差距巨大。整体来看，体外诊断试剂企业增长平稳，其中，三诺生物、万孚生物、塞力斯、基蛋生物、博晖创新增长超过 40%，迪安诊断、润达医疗、安图生物、迈克生物、艾德生物增长超过 30%。

表 5-16　体外诊断试剂、生物医药研发等部分上市公司的 2018 年报

公司	营业收入 / 万元	主要业务
深圳迈瑞生物医疗电子股份有限公司	1 375 335.75	医疗器械、体外诊断
北京利德曼生化股份有限公司	65 480.42	体外诊断
上海科华生物工程股份有限公司	199 021.36	体外诊断试剂
深圳华大基因股份有限公司	253 640.61	基因检测与分析
安徽安科生物工程（集团）股份有限公司	146 155.02	生物医药与检测
广州万孚生物技术股份有限公司	165 005.94	快速诊断试剂、快速检测仪器
中山大学达安基因股份有限公司	147 866.31	基因检测与分析
美康生物科技股份有限公司	313 512.29	体外诊断产品
无锡药明康德新药开发股份有限公司	961 368.40	医药研发服务
江苏恒瑞医药股份有限公司	1 741 790.11	药物
北京北陆药业股份有限公司	60 805.35	药物
浙江海昌药业股份有限公司	6225.10	原料药
上海复星医药（集团）股份有限公司	2 491 827.36	药物
乐普（北京）医疗器械股份有限公司	635 630.48	医疗器械、医药、医疗服务和新型医疗业态
湖南尔康制药股份有限公司	235 448.56	药用辅料、成品药、原料药
安徽山河药用辅料股份有限公司	42 855.65	药用辅料

5.4.3　科研用试剂资源主要成果和贡献

（1）针对新冠感染的检测试剂

当前批准上市的新冠感染检测试剂主要包括两类：一类是核酸检测试剂；另一类是抗体检测试剂。截至 2020 年 3 月 20 日，根据国家医疗器械应急审批程序，国家药监局已先后应急审批了 20 种新冠感染检测试剂，包括 12 种核酸检测试剂、8 种抗体检测试剂。其中，抗体检测试剂里又包括胶体金法 5 种、磁微粒化学发光法 3 种。涉及上海之江生物科技股份有限公司、上海杰诺生物科技有限公司、华达生物科技（武汉）有限公司、中山大学达安基因股份有限公司、广州万孚生物技术股份有限公司等。

核酸检测过程包括标本处理、核酸提取、进行 PCR 检测等多个步骤，平均检测时间需要 2～3 小时。该方法直接对采集标本中的病毒核酸进行检测，特异性强，敏感度相对较高，是当前主要的检测手段。抗体检测是对人体血液中的抗体水平进行检测，在疾病的感染早期，人体内可能还没有产生抗体，所以这种方法存在检测的窗口期。因此，抗体检测可用于对核酸检测阴性的病例进行辅助诊断，也可以对病例进行排查筛查，但是还不能代替核酸检测方法。用胶体金法测量全血样品抗体通常15分钟左右用肉眼可观察到检测结果，如果使用的是血清而不是全血，则还需要一段时间。用磁微粒化学发光法一般需要30~60分钟。

（2）新冠感染检测试剂盒的质量控制

中国计量科学研究院研制了高灵敏度核酸检测试剂盒，以及核酸检测、抗体检测和关键设备检测3个系列共19种国家级标准物质，为新冠病毒准确检测量身打造了精准"校正体系"，并第一时间应用到包括武汉市疾病预防控制中心在内的覆盖25个省市的310多家省疾控中心、临检中心、医疗机构、海关、高校、科研院所、第三方检测机构和试剂盒研发生产机构，有效提升了新冠病毒检测结果的准确性，切实减少了新冠感染的"漏检率"和"错检率"。

新冠病毒核酸检测是新冠感染患者确诊收治"第一关"和治愈出院"最后一关"的规定动作。新冠感染疫情暴发初期普遍采用的核酸检测法，由于试剂的质量稳定性、敏感性和特异性等问题，新冠病毒检测结果阳性率仅为30%~50%，影响患者快速分类诊断。国际上首次研制了高低两种不同浓度水平的新冠病毒核酸标准物质，可实现目前新冠病毒主要特征基因的覆盖。新冠病毒核糖核酸基因组标准物质涵盖了世界卫生组织（WHO）和中国疾病预防控制中心（CDC）推荐检测的新冠病毒全部特征基因，为新冠病毒核酸检测、产品研发生产等提供了可靠的"标尺"。同时，研发了新型检测方法和对应试剂盒——高灵敏数字PCR检测法和检测试剂盒。与现行通用的实时荧光定量检测法相比，该方法灵敏度显著提升，可对样本进行绝对定量。经全国18家疾控中心和检测机构临床验证，在病毒含量低的样本检测中具显著优势，适合用于对疑似样本的判断、密切接触人员的检测、住院治疗患者恢复期的检测，以及对标准物质、企业质控品等的定值。

国家卫生健康委在《新型冠状病毒肺炎诊疗方案（试行第七版）》中新增了血清新冠病毒特异性抗体病原学诊断标准，但是不同厂家试剂原料不同，检测方法不一，急需量值准确可靠的新冠病毒特异性抗体标准物质为其校准。中国计量科学研究院首次成功研制新冠病毒人源IgG单克隆抗体标准物质和核衣壳蛋白标准物质，为抗体和抗原检测试剂盒的研发生产，以及患者治疗期间的抗体检测、患者复阳的风险监测、单抗药物和疫苗的研发提供"定标"物质。

第 6 章

国际动态

6.1 政策规划

6.1.1 国际组织

2019 年 5 月 6 日，联合国生物多样性和生态系统服务政府间科学政策平台（IPBES）在巴黎发布的《生物多样性和生态系统服务全球评估报告》显示，近百万种物种可能在几十年内灭绝，而目前保护地球资源的努力可能会因为没有采取基于最佳知识和证据的大刀阔斧的行动而失败。报告评估了过去 50 年自然世界的变化，涵盖了所有陆地生态系统（南极洲除外）、内陆水域和海洋，全面描述了经济发展路径及其对自然影响之间的关系。报告提示，全球物种种群正在以人类历史上前所未有的速度衰退，物种灭绝的速度正在加速，可能对世界各地的人们造成严重影响。导致物种灭绝的主要原因是（按影响程度高低依次排列）：①土地与海洋的使用变化；②生物直接利用（包括捕猎、捕鱼与伐木）；③气候变化；④污染；⑤外来物种入侵。2020 年 9 月 15 日，联合国《生物多样性公约》秘书处发布了第 5 版《全球生物多样性展望》（GBO-5），针对自然的现状提供了最权威评估。GBO-5 包含生物多样性促进可持续发展、2020 年生物多样性现状及通往 2050 年生物多样性愿景之路 3 个部分的内容，对全球履行"爱知生物多样性目标（2010—2020 年）"进行了全面评估，再次重申了百万物种大灭绝的问题，引起了全球广泛关注。

森林对于实现生物多样性保护，应对气候变化和实现可持续发展的全球目标至关重要。2019 年 8 月 29 日，世界自然基金会（World Wide Fund for Nature，WWF）发布题为《树冠之下》的新报告弥补了此前全球对于森林生物多样性关注相对较少的不足。报告分析了全世界森林生物多样性的现状，提出了一项新的评估森林生物多样性的指标——森林特异性物种指数（Forest Specialist Index），首次对森林脊椎动物的趋势进行全球评估，并对对森林极为重要的灵长类动物进行研究，探讨了森林脊椎动物种群与树木覆盖率变化之间的关系，在深入了解森林生物多样性下降驱动因素的同时，还可以证明成功的保护干预措施能够保证生物种群恢复。此外，本报告还讨论了研究结果对森林健康和气候变化、生物多样性保护和森林政策的影响，并为围绕新政发展的讨论和谈判及生物多样性新框架，巴黎协定和可持续发展目标之间的协同作用提供了证据。2020 年 5 月，联合国粮食及农业组织（FAO）全球森林资源评估（FRA）行动发布《全球森林评估报告 2020》，该报告研究了1990—2020 年 236 个国家和地区 60 多个森林相关变量的现状和变化趋势，报告显示全球森林消失速度放缓，可持续管理不断推进。该报告的重要发现包括以下几个方面：全球森林覆盖率接近全球土地的1/3，世界森林总面积达40.6亿hm²，占土地总面积的31%；世界森林面积正在逐渐减少，但减少速度在减缓；非洲的森林面积净损失最高；森林砍伐仍在继续，但比例较低；世界90%以上的森林自然再生；人工林约占世界森林的3%；超过7亿hm²的森林在合法保护区内；原始森林覆盖面积约10亿hm²；超过20亿hm²的森林有管理计划；世界森林生长量正在下降；森林碳储量正在减少；大约30%的森林主要用于生产；世界上大约10%的森林被用于生物多样性保护；火灾是热带地区普遍存在的森林灾害；主要用于水土保持的森林面积正在增加；超过1.8亿hm²的森林主要用于社会服务。

6.1.2 美国

（1）动物基因组研究蓝图2018—2027年执行纲要

2008年，由美国农业部农业研究局（Agricultural Research Service，ARS）和国家粮食和农业研究所（National Institute for Food and Agriculture，NIFA）牵头发布了《农业动物基因组研究蓝图2008—2017年》，作为指导性文件指导动物基因组学研究。10年间蓝图中多数目标均已完成。例如，已获得了牛、猪、绵羊、山羊、鸡和鲶鱼的完整基因组，同时也已开发了用于各种规模的动物个体的综合基因分型技术和分析方法。但有些未达成的目标仍需进一步研究，同时随着新兴技术的发展，文件中未涉及的主题也需深入探索。2019年5月17日，美国农业部发布动物基因组研究新版蓝图（2018—2027年）——《从基因组到表型组：改善动物健康、生产和福利》。新版蓝图聚焦三大主题（表6-1），着重通过发挥基因组技术潜力来提高动物生产效率所需工作。

表6-1 新版蓝图三大主题介绍

主题	主题描述	具体行动
科学实践	专注于实施商业动物生产中的基因组选择的研究	美国农业动物的基因组选择：基因组技术的商业实施； 将基因组科学应用于动物生产； 通过精准育种和管理优化动物生产
科学发现	描述实现通过基因组增强动物选择所需的动物基因组的基本知识	了解基因组生物学以加速重要经济性状的遗传改良； 开发可用于牲畜的特定生物试剂，减少动物疾病的影响； 应用传感技术等精准农业技术帮助动物表型分析； 利用微生物技术提高动物生产的效率和可持续性

续表

主题	主题描述	具体行动
基础设施	描述计算和分析数据、增强促进该领域的培训	培养下一代动物科学家； 为农业动物开发先进的基因组工具，技术和资源； 为动物生产创建大数据工具和基础设施； 推进生物技术提高动物生产的可持续性和效率； 描绘和保存未来动物生产的遗传多样性

新版蓝图的实施有助于实现动物生产的 4 个主要目标：为不断增长的人口提供营养食品，提高动物农业的可持续性，提高动物健康和改善动物福利及满足消费者需求和选择。

（2）开放标本运动

考虑到生物标本作为主要科学数据的重要性，2020 年 12 月 16 日，Jocelyn Colella 在《生物科学》发文，进一步针对标本保藏等问题提出了开放标本运动（Open-Specimen Movement）建议，旨在将开放科学精神（即通过强调增加透明度、可重复性及数据共享来改变现代科学）应用于自然历史博物馆标本的存放、管理等方面。为了对公共博物馆中的标本和相关数据进行更好的保存，Jocelyn Colella 提出的开放标本运动建议鼓励科学期刊和出版商扩大开放数据倡议，同时通过资助机构和许可机构将标本保藏实践纳入数据管理计划（Data Management Plans，DMPs）等来提高标本存放的要求。

1）期刊和出版商对开放标本的要求

越来越多的期刊和出版商采用开放数据政策，要求作者保存并上传相关数据以增加文章数据的透明度、开放性及重现性。但其对数据方面的要求（尤其对特定数据类型的要求）来说，各期刊间差异较大。总的来看，目前最少关注的是标本问题（动物学和生态学的期刊体现较为明显）。例如，大多数提到标本的只要求对新物种进行描述即可，并未对其保藏做相关规定，这也容易导致部分相关数据来源（如测量值等）与期刊要求的保留原始数据之间的矛盾，而这一问题是对整个生物界敲出的警钟，警示研究人员需重点关注原始标本数据的保存。另外，除动物学和生态学类期刊外，更多的期刊应加入对物理材料永久保藏进行要求的队伍中来，在跨期刊开放数据要求不一致的问题上，需鼓励编辑和审稿人对作者提出标本保藏的要求，这对于促进规范标本保藏的生命科学文化变革至关重要[1]。

---

① https://academic.oup.com/bioscience/article/71/4/405/6030117.

2）资助和许可机构对标本存放的要求

在过去 10 年中，许多美国联邦机构已经有意识地转向开放数据框架，并通过法律要求和建议及相关行动来提高数据透明度和安全性。尽管如此，现有开放数据的要求高度可变且特定于某些机构，并且很少将标本作为主要数据来使用。但事实上，在促进科学发展、确保国家数据利益并为科学基础设施做出贡献方面，标本的存放与这些机构的使命密切相关。目前，基于馆藏的研究机构在其馆藏管理指南和许可申请中，都提到了通过对标本的永久保藏确保发布数据以标准化和开放形式进行呈现。总之，将标本管理明确纳入提议的 DMPs、许可证申请和强制性年度报告将有助于缩小现有差距，并创建更加统一的标本存放文化。

3）将标本整合到 DMPs 中

DMPs 描述了在项目执行过程中要收集、存储和共享的数据类型，以确保长期的数据使用、重用和延用。鉴于标本保藏的价值，除了通常被认为是 DMPs 一部分衍生数据资源的计划之外，制定明确的标本存放、可访问性计划等是至关重要的。标本管理的最佳实践适用于标本或数据生命周期的所有阶段，包括规划（Planning）、获取（Acquisition）、使用（Use）、保存（Preservation）和传播（Publication and Sharing），这一过程凸显了标本馆藏在数据安全中的关键作用。在设计全面的、具有标本意识的 DMPs 时有几个考虑因素是确保广泛保存和获取材料所必需的，而博物馆馆藏在这一过程中具有核心作用。

时间久远和地理范围广泛的生物样本收集的累积价值不仅在于通过单一调查获得的即时见解，还在于随着技术的发展、访问范围的扩大及数据流的增强而使标本相关数据大量预期外的未来用途变得关联性越来越高。作为标本保存和管理的关键基础设施，自然历史博物馆的记录使标本的普遍保存、可用性、安全性和未来的广泛使用成为可能，体现了开放科学伦理（Open-scienceethic）。在博物馆内建立标本基础设施是扩展标本网络的基础，从而可以公开地管理、使用和共享原始的生物多样性记录。将标本纳入现有的 DMPs 和年度报告要求并增加期刊的开放数据要求，将确保科学的可重复性，并有利于防止国家和全球生物多样性不可替代的记录丢失。而这可以通过编辑审核主要科学文献、批准和许可申请的推荐人及年度报告来实现，随着时间的推移，这些措施可以转变目前现状并使其趋于正常化。在全球快速变化和生物多样性丧失的时期，这种新的转变将确保野外采集标本的持续利用，并促进基于标本的科学透明度和可重复性。

6.1.3 欧盟

2020 年 5 月 20 日，欧盟发布了《欧盟生物多样性 2030 战略》，通过加强对自然的保护和恢复，改善和扩大保护区网络及制订一项雄心勃勃的欧盟自然恢复计划，使生物多样性在 2030 年前得以恢复[①]。

（1）建立一个连贯的保护区网络

保护区一般具有相对较高的生物多样性，而目前的生物保护区网络（包括受到严格保护的区域）并不足以保护生物多样性，这需要全球的共同努力，而对于欧盟来说，其本身也需要为保护和恢复自然做出进一步贡献，并建立一个真正连贯的跨欧洲生物多样性保护区网络。到 2030 年，欧盟对自然保护的主要承诺包括：从法律保护欧盟至少 30% 的陆地面积和 30% 的海域，并整合生态走廊作为真正跨欧洲自然网络的一部分；严格保护至少 1/3 的欧盟保护区，包括所有剩余的欧盟原始森林和古老森林；有效管理所有保护区，确定明确的保护目标和措施，并进行适当的监测。

（2）欧盟自然恢复计划：恢复陆地和海洋生态系统

仅仅保护现有的自然并不足以让自然回归到人们的生活中，为了扭转生物多样性丧失的局面，世界需要在自然恢复上更加努力，而有了新的欧盟自然恢复计划，欧洲将走在世界生物多样性保护的前列。到 2030 年，欧盟对自然恢复计划的主要承诺包括：于 2021 年提出具有法律约束力的欧盟自然恢复目标，但须进行影响评估，到 2030 年，大量退化和富含碳的生态系统得到恢复；生境和物种的保护趋势和状况不再恶化；至少 30% 达到有利的保护状态或至少显示出积极的趋势。扭转传粉者减少的情况。化学杀虫剂使用减少 50%，具有高危险性的杀虫剂使用也减少 50%；至少 10% 的农业区具有高度多样性的景观特征；至少 25% 的农业用地处于有机耕作管理之下，农业生态实践显著增加；欧盟种植 30 亿棵新树，完全符合生态原则。在污染土壤场地的修复方面取得重大进展；至少 2.5 万 km 自由流动的河流得到恢复；受到外来入侵物种威胁的红色名录物种数量减少 50%；化肥造成的营养损失减少 50%，化肥的使用至少减少 20%；达到 2 万居民以上的城市至少有一个城市绿化计划；在敏感地区（如欧盟城市绿地）不使用化学杀虫剂；为实现良好的环境状况，对敏感物种和生境的负面影响（包括通过捕鱼和采掘活动对海底的负面影响）大幅减少；副渔获物被消除或减少到允许物种恢复和保护的水平。

①　https://4post2020bd.net/wp-content/uploads/2020/05/EU-Biodiversity-Strategy.pdf.

（3）促进变革

欧盟目前没有全面的治理框架来指导国家、欧洲或国际各层面所商定的生物多样性承诺的执行，为了弥补这一差距，欧洲委员会将建立一个新的欧洲生物多样性治理框架来推动规划义务和承诺，并制定路线图来指导其实施，委员会也将在2023年评估这一方法的进展和适用性，并考虑是否需要一个具有法律约束力的治理方法。所有环境立法都依赖于适当的实施和执行，在过去的30年里，欧盟已经建立了一个坚实的立法框架来保护和恢复其自然资本，但在落实方面却并不理想，这给生物多样性和经济成本带来较大影响，因此加强欧盟环境立法的实施和执行是生物多样性战略的核心。同时，为确保环境和社会利益与商业战略更好地融合，欧盟委员会将通过现有的平台建立一个欧洲商业促进生物多样性运动，进行依赖自然的经济或社会需求创新。此外，欧盟还将加强其生物多样性验证框架，以确保欧盟的资金支持有利于生物多样性的投资。衡量和整合自然的价值及提高知识教育和技能以健全的科学为基础的生物多样性来建立一个完整的社会方法。

（4）全球生物多样性议程

生物多样性是欧盟对外行动的优先事项，也是实现联合国可持续发展目标努力的一个组成部分。它将通过欧盟的"绿色协议外交"和即将到来的绿色联盟，被纳入双边和多边合作的主流。欧盟委员会将与欧洲议会和成员国密切合作，以确保欧盟的雄心壮志，并为维护世界生物多样性做出一切努力。保护生物多样性是一项全球性挑战，未来10年将对全球的生物多样性具有决定性作用，但全球在《生物多样性公约》下很大程度上并未做出足够的努力，因此需要提高全世界的雄心和承诺水平；此外，欧盟需要通过国际海洋治理、贸易政策及国际合作等外部行动来提升其生物多样性保护的雄心，为全球生物多样性的恢复做出较大贡献。保护和恢复生物多样性是维护地球上人类生命的质量和连续性的唯一途径。该战略中提出的承诺为雄心勃勃的必要变革铺平了道路，这些变革将确保今世后代在健康环境中的福祉和经济繁荣。履行这些承诺将考虑到跨部门、区域和成员国面临挑战的多样性，认识到有必要根据《欧洲社会权利支柱行动计划》确保社会公正、公平和包容，并将需要欧盟、其成员国、利益攸关方和公民的共同努力。委员会邀请欧洲议会和理事会在《生物多样性公约》第十五次缔约方会议之前批准这一战略。为了确保这一战略的充分政治自主权，委员会将在理事会和欧洲议会提出固定进度节点，同时将在2024年前审查该策略，以评估进展情况及是否需要采取进一步行动来实现其目标。

6.1.4 英国

2019 年，英国财政部针对生物多样性经济学开展独立评估，这一评估委托英国剑桥大学教授达斯古普塔及一个由经济学家和科学家组成的国际专家小组共同完成，于 2021 年 2 月 2 日正式发布《达斯古普塔报告》（Dasgupta Review）。报告阐释了有关生物多样性的经济学价值，敦促各国政府超越传统产品和服务生产措施，以应对过去 70 年来自然界的"大规模恶化"。

2020 年，英国皇家植物园发布的《2020 年世界植物和真菌状况报告》显示，全球 40% 的植物物种正面临灭绝的危险。目前，针对 2020 年后全球生物多样性保护的框架和目标尚未形成明确方向，但发达国家已开始积极应对，加强野生植物种质资源收集保藏的行动。英国千年种子库继 2015—2019 年开展"全球树木种子"项目后，于 2020 年初获得英国加菲尔德·韦斯顿基金会（Garfield Weston Foundation）的资助，将在未来 3 年中，对不丹、泰国、墨西哥、莫桑比克等 8 个发展中国家进行木本植物的种子采集保存和相关研究，继续扩大其在全球野生植物种子库的领先地位。

2021 年 1 月 11 日，英国总理宣布英国将在未来 5 年内为保护和恢复自然与生物多样性的气候变化解决方案投入至少 30 亿英镑，这笔资金将从英国现有的 116 亿英镑国际气候融资承诺中划拨，并将在保护生物多样性丰富的土地和海洋转向可持续的粮食生产和供应及支持世界上最贫困人口的生计方面带来转型性变革。由该资金支持的方案将包括旗舰海洋保护蓝色星球基金、维护森林和解决非法木材贸易和森林砍伐的项目、保护红树林等生境的倡议，以保护群落免受气候变化影响。

英国的蓝带计划（Blue Belt Programme）旨在加强海外领土覆盖超过 400 万 km² 的海洋保护，迄今为止，该计划已得到英国近 2500 万英镑的资助。作为该计划的一部分，2021 年 4 月 3 日，英国率先启动世界上最大的海洋野生生物监测系统以帮助保护水下生物。这项为期 4 年的计划名为"全球海洋野生生物分析网络"（Global Ocean Wildlife Analysis Network），预计将耗资 200 万英镑，收集横跨加勒比海、南大西洋、印度洋、太平洋和南大洋（Southern Oceans）的重要生物信息，这些信息将支持英国海外领土保护其海洋环境。

6.2 国际研究与开发进展

6.2.1 植物资源

（1）高质量基因组获取

近两年，随着基因测序技术的进步，研究者完成了许多重要粮食作物、经济作物、水果、蔬菜、树木等高质量基因组绘制工作，对于研究基因功能、培育优质品种、改进培育方式等都具有重要意义。

意大利、德国、加拿大等国际研究小组完成了硬粒小麦全基因组的测序，为硬粒小麦育种和小麦衍生产品的安全性新标准制定奠定基础。武汉大学研究团队解析了世界首个高精度草棉参考基因组，解决了困扰已久的棉花 A 基因组进化起源问题，为棉花遗传改良提供基因组资源。华中农业大学研究者绘制了玉米活跃表达基因参与的高分辨率三维基因组图谱，揭示了玉米三维基因组结构调控基因的表达进而影响表型变异的潜在机制，有助于玉米功能基因组和复杂农艺性状研究。中国农业科学院作物科学研究所研究人员对水稻及其近缘野生种基因组中的非编码 DNA 进行注释，发现与水稻淀粉含量、籽粒大小等重要性状相关的非编码 DNA 变异，为水稻农艺性状变异研究提供了新思路。

中国农业科学院果树研究所研究者完成的软籽石榴"突尼斯"的高质量基因组图谱，为解析软硬籽石榴品种分化遗传机制提供支撑，为软籽石榴遗传改良奠定基础。该研究所还完成了高质量杜梨参考基因组序列组装工作，获得世界首个野生梨高质量基因组图谱，为梨基因组研究、功能基因挖掘、梨属植物驯化及野生资源利用提供保障。中国热带农业科学院完成了高质量的野蕉（*Musa balbisiana*）基因组装配，为开发育种最佳香蕉品种奠定了基础。

华北理工大学与加拿大农业与农业食品部、美国佐治亚大学的研究人员合作，解析了国际上首个香菜基因组序列，搭建了香菜等伞形科作物多组学数据共享及分析平台，推进伞形科作物比较基因组学和功能基因组学的研究进程。中国热带农业科学院等绘制了胡椒染色体级别精细基因组图谱，初步阐述胡椒碱生物合成分子机制，为被子植物演化及胡椒碱生物合成提供新见解。广西农业科学院蔬菜研究所研究者发布染色体级别高质量茄子基因组序列，是目前连续性最好的茄科作物基因组，为茄科植物的选育和改良提供便利。

南京林业大学研究者完成高质量染色体级别的簸箕柳参考基因组，有助于杨柳科物种比较基因组研究，为木本植物研究提供高质量基因组资源。中国热带农业科学院热带生物技术研究所和中国农业科学院深圳农业基因组研究所合作发布白木香基因组精细图谱，为野生白木香种群保护生物学、沉香结香机制和香味基因及树种的进化研究奠定基础。中国科学院昆明植物研究所等研究团队在国际上首次获得染色体级别高质量巴西橡胶树优良品种 GT1 的参考基因组序列，揭示大戟植物基因组的染色体进化、胶乳生物合成与橡胶树驯化，对未来橡胶优异种质资源保护、发掘与育种利用研究具有重要意义。中国林业科学研究院亚热带林业研究所研究者成功组装全球首个染色体级别的高质量山苍子基因组图谱，并由此揭示樟科物种进化及其精油合成的分子机制。

苔藓类包括苔、藓和角苔三大分支，是现存最早的陆生植物，代表了植物演化过程中从水生到陆生的过渡类群。中国科学院植物研究所与其他几个单位研究人员合作获得了第一个高质量的芽胞角苔（*Anthoceros angustus*）参考基因组，成为苔藓类中完整解析高质量参考基因组的最后一个类群。美国康奈尔大学 Boyce Thompson 植物研究所、瑞士苏黎世大学、日本金泽大学等研究人员合作分析 3 个角苔属植物的高质量基因组，鉴定了支撑植物获取碳、氮特殊方法的基因。中国科学院华南植物园科研人员完成了首个喀斯特植物怀集报春苣苔的全基因组测序，并在此基础上揭示了喀斯特植物适应性进化机制。

中国科学院遗传与发育生物学研究所、英国约翰英纳斯中心和华大基因合作完成了对分子和发育遗传学模式作物金鱼草（*Antirrhinum majus* cv. JI7）的全基因组序列测定，极大加速模式生物的基因组学和进化研究。德国慕尼黑工业大学绘制了模式植物拟南芥的 30 种组织的转录组、蛋白质组和磷酸化蛋白质组定量图谱，为研究其他植物的发育与逆境应答过程奠定了基础。

（2）种质资源优化

基因功能研究是植物资源挖掘和性状改良的重要基础。近两年，研究者在植物的抗病、抗虫、耐寒等重要功能挖掘方面取得较多进展。日本埼玉大学牵头的联合研究小组确定了水稻中控制苯并双环（β- 三酮类除草剂）抗性基因 *HIS1* 的作用机制，研究成果有助于培育新的抗除草剂作物。中国科学院植物研究所发现参与水稻镉吸收和籽粒镉积累的 *OsCd1* 基因及其低镉积累的自然变异株 OsCd1V449，该成果对水稻镉积累分子机制的阐释和低镉水稻品种的培育具有重要参考价值。中国科学院遗传与发育生物学研究所和中国农业科学院作物科学研究所研究者从中国小麦地方品种"葫芦头"中发现新型小麦白粉病抗性基因 *Pm24*，有助于促进小麦抗病性分子设计育种。安徽农业大学与中国农业科学院作物科学研究所合作，利用CRISPR/Cas9系统对玉米糯性定向突变，更快地获得了糯性玉米亲本及糯性玉米杂交种，为定向改良遗传转化困难的商业杂交种提供成功示范。南京农业大学研究团队在菊花基因库中鉴定出78种具有抗蚜、耐寒等优异抗性的菊花近缘种质，首次发现了菊花抗蚜与耐寒育种的最优种质，为我国菊花高效育种和品质更新做出重要贡献。日本神户大学工程生物学研究中心研究者通过改良的聚球藻PCC7002，以迄今为止最高生产效率合成虾青素，改良菌株以CO_2为唯一碳源，虾青素产量达3 mg/g干细胞重。

（3）重要机制研究

近两年，植物科学家对光合作用过程、植物共同进化和驯化过程、植物激素调控机制的研究更加深入，还建立藻类基因文库和柑橘全基因组变异数据库，为基因功能解析提供重要参考。

美国密歇根州立大学研究者发现蓝藻中的类活化蓝藻蛋白（Activase-like Cyano-Bacterial Protein，ALC）有助于提高二氧化碳的固定能力，该研究加深了对光合作用的认识，为设计可持续生物生产系统提供新思路。中国科学院植物研究所研究人员首次发现相分离（形成液滴）可以调控叶绿体蛋白运输，从而调控叶绿体的生物发生，为研究细胞精确调控各种生理活动拓展了思路。

美国宾夕法尼亚州立大学研究人员发现高粱（*Sorghum bicolor*）基因组对其寄生杂草黄独脚金（*Striga hermonthica*）发生局部适应性突变。英国谢菲尔德大学研究人员发现共生植物以不同的比例从重要的有机和矿物来源中获得磷，磷资源使用的差异与该植物根系对磷的适应性相一致。中国科学院遗传与发育生物学研究所与广州大学等单位合作调查与大豆物候相关的驯化过程，发现了两个长日照条件下控制开花期的关键位点*Tof11*和*Tof12*，揭示了其进化与选择分子机制。

中科院遗传发育所与山东农业大学合作发现防御激素茉莉酸可通过启动全基因组范围内的转录重编程调控植物免疫和适应性生长，揭示了增强子调控茉莉酸信号通路的作用机制。德国霍恩海姆大学研究人员发现了植物硫肽激素（Phytosulfokine，PSK）调控干旱诱导的番茄花脱落的作用，并揭示了PSK的生成和作用机制，为认识脱落的分子调控提供新见解。中国科学院遗传与发育生物学研究所研究人员发现水稻中一个正调控水稻根部乙烯反应新组分——GDSL家族脂酰水解酶MHZ11，及其与其他激素互作的新机制。

光合作用机制研究可以帮助作物生长和结果应对粮食需求，改进植物吸收更多二氧化碳应对气候挑战。美国普林斯顿大学领导的研究小组建立了一个公开的藻类

基因文库，鉴定出 303 个与光合作用相关的基因，为光合作用过程提供新的见解。中国农业科学院柑桔研究所构建的柑橘全基因组变异数据库 CitGVD，集成了基因组变异位点注释、相关基因注释及有关种质的详细信息，是第一个园艺类作物全基因组变异数据库，为构建其他农作物的类似平台提供了范例。

此外，有药用价值的植物资源是中医药研究与发展的物质基础，许多早期现代药物就是植物的天然代谢产物。2020 年，中医药疗法在抵抗新冠感染疫情过程中也发挥了重要作用。根据东汉末年的《伤寒杂病论》中记载的 4 种经典药方组合而成的清肺排毒汤包含麻黄、炙甘草、杏仁、白术等 21 味中草药。但中药的化学成分十分复杂，需要对其作用机制进行深入研究，明确其发挥疗效的主要成分。目前，研究人员对单个成分的研究结果为后续研究奠定了基础。从白术中分离的倍半萜及其类似物在细胞水平对 H1N1 和 H3N2 流感病毒表现出一定的抗病毒活性。麻黄碱和伪麻黄碱是中药麻黄的主要活性成分，具有松弛支气管平滑肌药理作用，临床上多应用于镇咳、平喘。黄芩中的黄芩素和几种相关的类黄酮是对 NF-κB 通路起作用的抗炎剂。中国科学院上海药物研究所、中国科学院大学、中国药科大学等机构合作揭示黄芩苷和黄芩黄素具有抑制新冠病毒关键蛋白酶作用的结果也印证了上述结论。紫菀中分离的环五肽（Astin-C）具有强烈的免疫抑制作用，可选择性诱导活化的 T 细胞凋亡。甘草、山药、茯苓和猪苓中丰富的三萜化合物以通过激发细胞受体的表达、刺激淋巴细胞增生、增强 NK 细胞活性等途径参与机体的体液免疫及细胞免疫。

6.2.2　动物资源

（1）基因组挖掘

近两年，中外学者完成多种昆虫、海产养殖动物、两栖动物和哺乳动物的高质量基因组测序，为其物种进化、性状功能研究、疾病防控、优质育种等提供重要基础。

中国科学院昆明动物研究所 2015 年完成了所有蝴蝶模式种金凤蝶及其近缘种柑橘凤蝶的基因组研究，2017 年又启动了蝴蝶谱系基因组计划，2020 年 1 月已经测定了在中国分布的所有科共 67 种蝴蝶的基因组 C 值，并对其线粒体基因组进行组装，其中 1 亚科 23 属 59 种的线粒体基因组为首次报道，研究者还结合公开数据构建了 6 科 29 亚科 145 属 264 种蝴蝶的系统发育树，并在此系统发育框架上探讨了 6 科 24 亚科 71 属 106 种蝴蝶基因组大小的进化。中国林业科学研究院成功构建出包含 30

条染色体的马尾松毛虫高质量基因组，这是对枯叶蛾科昆虫基因组的首次解析，将为马尾松毛虫和其他枯叶蛾科昆虫的功能和进化研究提供重要依据。中国农业科学院蔬菜花卉研究所和美国康奈尔大学研究者合作绘制了农业害虫温室白粉虱的染色体级别基因组图谱，揭示了温室白粉虱发育特异性表达和抗药性分子机制，对深入开展白粉虱功能基因组学研究、植物—昆虫—微生物及病毒互作、粉虱类害虫抗性治理应用均具有重要意义。多国科学家联合从基因复制和突变2个角度，揭示了苹果蠹蛾在全球入侵过程中的寄主适应性进化和抗药性分子机制，为苹果蠹蛾的综合治理提供了新思路与新方法。

虾蟹类基因组是公认的高复杂性基因组，要获得高质量基因组存在很多困难，中国科学院海洋研究所主导国际研究团队历时10年成功破译了凡纳滨对虾基因组，获得了世界上首个高质量的对虾基因组参考图谱，为甲壳动物研究及对虾基因组育种和分子改良提供了重要理论支撑。盐城师范学院江苏省盐土生物资源研究重点实验室牵头的中外合作团队，第一次获得了我国重要淡水和海水经济蟹类中华绒螯蟹和三疣梭子蟹的高质量基因组图谱，为经济蟹类育种、养殖和疾病防控工作提供重要的基础平台。青岛农业大学海洋科学与工程学院研究者完成海湾扇贝北部亚种和南部亚种（紫扇贝和海湾扇贝）基因组测序和分析，为从分子水平解析海湾扇贝属扇贝及其杂交后代的生长、抗逆性、育性和寿命等重要性状的决定机制及分子育种奠定基础。

中国科学院昆明动物研究所发布了首个高质量的染色体水平的哀牢髭蟾参考基因组，为更广泛的比较基因组分析和哀牢髭蟾特殊性状的功能研究提供了有价值的染色体水平基因组数据。

树鼩是一种小型哺乳动物，为灵长类动物的近亲，有望成为生物医学研究动物模型。中国科学院昆明动物研究所人员完成了新版的树鼩基因组高精度测序、组装和注释，填补了第一版基因组中约73%的拼装缺口，将为树鼩动物模型的研究提供基础数据。美国华盛顿大学研究人员追踪老鼠细胞发育成器官的重要时期，捕获了200万个不同细胞的基因表达情况，获得迄今为止同类研究中最大的数据集。中国农业科学院深圳农业基因组研究所研究者发布了中国优良地方猪——陆川猪的染色体级别的高质量定相（Phased）基因组序列，填补了亚洲家猪缺少高质量参考基因组的空白，更为基因组组装提供了新的方向。中国科学院动物研究所和英国桑格研究所研究人员合作，首次构建了染色体级别的大熊猫基因组（$2n=42$ 条染色体），并与食肉目中2个质量较好的狗和猫的染色体级别基因组进行比较分析，发现食肉目物种染色体进化与其感觉系统的进化可能存在密切关系。

（2）实验动物研究

疾病动物模型的构建不仅能帮助我们了解疾病的病理特征，也有助于药物及疫苗研发。近两年科学家在建立动物模型方面不断取得突破。

中国科学院深圳先进技术研究院与美国麻省理工学院等机构合作，借助CRISPR技术在非人灵长类猕猴上成功改造了与自闭症高度相关的 *SHANK3* 基因，成功建立新型转基因自闭症灵长类动物模型，为更加深入地理解自闭症的神经生物学机制并开发更具转化价值的治疗手段提供了更好的研究基础。中国科学院研究人员通过体细胞核移植方法克隆出 5 只基因编辑猕猴，作为生物节律紊乱研究的动物模型。该方法也可用于产生各种基因疾病的猴子模型，但仍需解决克隆、动物权利和基因编辑等相关难题。

普林斯顿大学研究者通过突变使关键蛋白亲环素 A 在小鼠体内在与人类相当水平下促进丙肝病毒的复制，开发了改进型的丙肝病毒感染的小鼠模型，有助于研究病毒感染机制和开发新型疫苗。中国科学院昆明动物研究所研究者利用 I 型干扰素受体敲除的小鼠和野生型 C57Bl6 小鼠建立感染模型，发现寨卡病毒可以通过乳汁感染新生的乳鼠，导致乳鼠产生神经系统的病变和病症，该研究首次利用动物模型研究证实在母乳被 ZIKV 感染后，自然哺乳可能存在感染婴儿的风险。

中国科学院武汉病毒研究所的研究发现，恒河猴感染 SARS-CoV-2 后出现类似轻症感染者的症状。中国医学科学院医学实验动物研究所的研究者用 SARS-CoV-2 感染具有人类 *ACE2* 基因（SARS-CoV-2 受体）的转基因小鼠时，发现小鼠出现轻度病症，表现出体重减轻和肺炎的征兆。恒河猴和转基因小鼠可用于研究病毒感染后免疫系统作用或病毒传播方式等，也可以用于测试药物和疫苗，但轻度感染的动物模型无法帮助科学家了解重症病例。澳大利亚动物健康实验室研究团队发现雪貂很容易感染 SARS-CoV-2，且雪貂的肺部生理与人类相似，后期有望通过测试雪貂之间的病毒传播情况，来深入了解该病毒的人际传播状况。荷兰多家研究机构的研究人员利用食蟹猴作为非人灵长类动物模型描述了 SARS-CoV-2 感染的特征，并与 MERS-CoV 感染和 SARS-CoV 的历史数据进行了比较，该研究又提供了一种新的新冠感染动物模型。

（3）重要机制发现

以色列特拉维夫大学研究团队发现了地球上首个不需要氧气就可以生存的已知多细胞寄生动物，名为鲑生粘孢虫。它生活在鲑鱼肌肉中，由不到 10 个细胞组成。该发现证实了对厌氧环境的适应能力并非单细胞真核生物独有，多细胞寄生动物也可以通过进化获得，为了解生物从有氧代谢到无氧代谢的进化提供了可能。美国能源部劳伦斯伯克利国家实验室的研究者发现有益昆虫 *Odontotaenius disjunctus* 的消化道中的微生物能够将木质纤维素转化成可直接利用的能量物质。这些甲虫利用木质纤维素的机制，有助于生产天然衍生的生物燃料和生物产品。惊吓反应对骨鳔鱼类的辐射适应性起到了重要作用，中国科学院水生生物研究所与耶鲁大学合作发现，信息素受体基因（*OlfC*）在骨鳔鱼类中的显著扩增与骨鳔鱼类惊吓反应的分子机制密切相关。中国科学院成都生物研究所研究者发现，一些无尾两栖类蝌蚪可能利用其肝脏作为主要的脂肪储存器官，尤其是峨眉林蛙（*Rana omeimontis*）蝌蚪，为研究脂肪的储备、动员及调节提供了一个全新的模型。美国佛蒙特大学主导的研究团队从青蛙胚胎中提取活细胞，创造出了世界上第一个毫米级"活体可编程机器人"，提供更深入了解生物整体组织方式的样本，有助于了解青蛙细胞是如何根据其历史和环境来计算和存储信息的。

6.2.3　微生物资源

（1）微生物物种认识

微生物广泛存在于世界的每一个角落，微生物的重要性也越来越受到重视，新物种不断被发现和认知。中国科学院科研人员发现了一类广泛存在于城市污水处理系统中的新型微生物，并命名为"中科微菌科"（*Casimicrobiaceae*），将为深入研究活性污泥中微生物消除氮、磷和各类有机污染物提供菌种资源。中国科学院武汉病毒研究所研究员石正丽团队联合杜克 – 新加坡国立大学医学院王林发团队发现新型蝙蝠丝状病毒（命名为勐腊病毒，MLAV），并进行了特征鉴定。美国加州大学等国际研究团队对"巨大噬菌体"（Megaphage）DNA 进行测序，重建 351 个新的噬菌体序列，发现迄今为止最大的噬菌体，其基因组长度 735 kb，比噬菌体的平均基因组大近 15 倍。

对细菌和病毒基因组信息的解读，为研究其致病机制、传播方式、早期识别和应对策略等提供重要信息。2019 年 6 月，国际科研团队完成了迄今最大规模的肺炎链球菌"基因组普查"，对来自 51 个国家和地区的约 2 万份病菌样本进行基因组测序，相关数据对了解不同菌株的分布和进化有重要意义，有助于确定未来的疫苗研发方向。2019 年 8 月，来自英国、澳大利亚和美国的科学家们通过研究绘制出了甲型流感病毒基因组的结构，描述了对甲型流感病毒的遗传分析及其基因组的特性，该研究将加速新型疫苗的开发，帮助评估疾病流行严重程度从而采取适当的措施。2020 年 1 月，中国国家基因组科学数据中心发布"2019 新型冠状病毒资源库"，整

合了世界卫生组织（WHO）、中国疾病预防控制中心（CDC）、美国国家生物技术信息中心（NCBI）、全球流感序列数据库（GISAID）等机构公开发布的冠状病毒基因组序列数据、元信息、学术文献，对不同冠状病毒株的基因组序列做了变异分析与展示。2020 年 2 月，中国国家微生物科学数据中心发布"全球冠状病毒组学数据共享与分析系统"，通过集成冠状病毒基因与全基因组数据，并整合相似性比对、系统进化分析等工具，实现全球病毒组学数据集成与流程化的分析挖掘，帮助进行病毒的变异、溯源、进化等研究，并促进国内外冠状病毒数据汇集与综合分析及共享。

（2）微生物资源利用

随着微生物新种不断被发现，其独特的生理功能不断被挖掘，经改造后的工程菌为人类生产和生活提供优质的细胞工厂。

美国弗吉尼亚大学、耶鲁大学和加州大学的研究者发现地杆菌（*Geobacter*）可通过一种特殊蛋白质制成的整齐有序的纤维来传输电能。美国马萨诸塞大学研究者利用地杆菌的导电蛋白纳米线，开发了一种新型发电设备，利用空气中的水分发电，已实现为小型电子设备供电。这种前所未见的生物结构有望被用于生物能源生产、污染清理、生物传感器制造等研究，也可植入医疗设备应用。国际研究团队首次揭示了海洋细菌（*Formosa agariphila*）生物催化石莼多糖的完全降解途径，明确细菌体内 12 种酶的生化功能，促进利用藻类生产生物燃料和分离有价值糖类的研究。美国 Donald Danforth 植物科学中心研究人员在罂粟加工废物流中发现了一种甲基杆菌（*The bainfresser*），它含有吗啡喃 N– 去甲基化酶（*morphinan N-demethylase*）基因，可用于开发生产阿片类解毒剂的可持续性方法。美国罗切斯特大学和荷兰代尔夫特理工大学的研究人员使用具有从金属氧化物等化学物质中去除氧分子能力的希瓦氏菌（*Shewanella Oneidensis*），将氧化石墨烯转化为石墨烯，使大规模生产环保节能的石墨烯成为可能。

随着生物技术的发展，对微生物进行基因改造可以实现更加多元的应用。韩国浦项科技大学和首尔国立大学的研究者开发了一种名为 *Vibrio sp. Dhg* 的新型工程菌，可作为棕色大型藻类的生物精炼平台，快速代谢藻类中的海藻酸，提高生物质的发酵效率和经济可行性。韩国高级科学技术研究所研究者对不透明红球菌（*Rhodococcus opacus*）从葡萄糖生产脂肪酸的路径进行改造，产生比以往高很多倍的脂肪酸，这些脂肪酸可作为生物柴油的基础。瑞士查尔姆斯理工大学研究者重新编程面包酵母的碳代谢过程，获得高产的植物天然产物（如类黄酮和生物碱）。美国得克萨斯大学和华盛顿大学研究者将微生物细胞工厂嵌入水凝胶的固体支持物，实现了生物工厂的便携性，并优化按需生产药物和化学制品。美国加州大学研究者开发了一种由细菌驱动的水测试系统，利用细胞作为传感器监测不断变化的环境并对其做出反应，实现连续监测饮用水中的重金属污染情况。

（3）人类微生物组

自2007年人类微生物组计划（Human Microbiome Project，HMP）提出以来，美国、欧盟、中国、加拿大、爱尔兰、韩国和日本等开展了多项研究。研究成果表明，微生物菌落是人类生物学不可缺少的组成部分，在人类健康和提高生活品质方面起着重要作用。美国弗吉尼亚联邦大学研究团队发现微生物进入子宫通过破坏母体免疫平衡，导致自发性早产和/或通过释放微生物产物破坏胎膜完整性引起胎膜的过早破裂进而导致早产，为预测早产提供了新启示。国际研究者系统地解析了与炎症性肠病（Inflammatory Bowel Diseases，IBD）发生相关的肠道微生物变化，发现IBD患者个体的代谢产物库多样性较低，与微生物多样性变化趋势较为一致，该研究结果为临床治疗提供了方向。美国麻省总医院布罗德研究所和哈佛医学院的研究人员首次揭示肠菌活泼瘤胃球菌（*Ruminococcus gnavus*）合成并分泌具有鼠李糖骨架和葡萄糖侧链的复合葡萄糖多糖，可触发免疫反应，与克罗恩病的发生相关。美国加州大学旧金山分校研究人员发现肠道微生物会影响和促进小鼠的自闭症样行为，改变它们的代谢状况和大脑中的基因表达。

微生物组与人类疾病的相关性不断被证实，因而这方面研究有助于疾病早期发现。2020年3月，美国加州大学圣迭戈分校研究者合作开发了一种新颖的方法，通过血液中存在的微生物DNA（细菌和病毒）的简单分析就可以识别癌症和癌症类型，有望改变常规观察和诊断癌症的方式。

此外，人体内微生物资源丰富，还可作为重要化学分子的来源。美国普林斯顿大学研究者发现人类微生物组是开发新型抗生素的来源。利用计算机算法搜索人类微生物组基因组片段，发现了Ⅱ型聚酮合成酶BGCs（TII-PKS BGCs），而TII-PKS是抗癌药物阿霉素的重要组成部分。因此，该研究有望开启从人体微生物组中开发药物的全新模式。

6.2.4 人类相关资源

（1）基因组资源

近年来，包括美国、英国、新加坡、法国、芬兰在内的多个国家均已将基因科技作为精准医疗和精准预防的核心科技支撑，纷纷开启了大人群基因组计划，以

实现"先天无残"和"后天少病"的目标。2019年4月，印度计划实施一项涉及1万人的基因组测序项目，除了富裕的城市人群，印度科学与工业研究理事会将对来自全印的约1000名农村年轻人进行基因组测序，绘制基因组图谱，以便进一步开展疾病防治的相关研究。2019年12月，阿联酋正式启动全球首个全民基因组计划——"阿联酋全民基因组计划"，运用大规模人群基因组数据，为阿联酋人民建立可预测、可预防和个性化治疗的全民医疗卫生体系。该计划将与中国华大集团、英国牛津纳米孔公司和其他合作伙伴合作实施。

特定人群和特定人体组织的基因组测序为进化研究和疾病研究提供重要信息。中国科学院昆明动物研究所、西藏大学、青海省高原医学科学研究院等发布了第一个利用长片段序列从头组装的藏族人群的高质量参考基因组，并解析了藏族人群全基因组水平的结构变异元件数据集，为今后藏族高原适应的医学和进化研究提供重要的基础数据资源。中国科学院上海营养与健康研究所/马普计算生物学研究所发布了基于20万人基因组的单核苷酸变异数据库——PGG.SNV。该数据库涵盖了800多个现存人类族群和来源于古DNA研究的100多个已消亡人类族群，在代表性人群数量和样本量上均超过目前被广泛使用的由西方学者主导的gnomAD数据库，提供了人群、个体、基因和变异多个层面的种群遗传多样性和进化参数的估计，有助于更深入地解析人类基因组变异的功能和表型效应及理解其进化和医学意义。荷兰和澳大利亚多个研究机构的研究人员对转移性实体瘤开展了有史以来最大规模的全基因组研究，并对新发现进行了编目，为科学家们提供研究相关的数据集。

（2）干细胞研究

近年来，干细胞疗法已成为生命科学和医学的研究热点。干细胞可以分化成多种功能细胞和组织器官，用于治疗多种疾病。中国香港城市大学和韩国天主教大学等研究机构利用2种类型的干细胞同时再生心肌细胞和心脏血管系统，为开发修复发生心肌梗死的心脏的疗法提供了希望。威斯康星大学麦迪逊分校的科学家发现诱导内源性神经干细胞可以帮助中风或其他类型神经病变后的组织再生。悉尼大学研究人员使用人类干细胞开发能够止痛的神经元，通过一次治疗即可持续缓解小鼠疼痛感，有望开发非上瘾性患者疼痛管理策略。美国华盛顿大学圣路易斯医学院的研究人员通过靶向细胞骨架让人干细胞更有效地分化为产生胰岛素的细胞，从而控制小鼠血糖水平，并在功能上治愈糖尿病持续9个月时间。基因修饰后的间充质干细胞作为细胞载体参与肿瘤靶向治疗的实验证明，干细胞在到达肿瘤或炎症部位后，能持续稳定产生治疗因子，起到抑制肿瘤的作用。美国卡内基科学研究所科学家首

次发现了肌腱干细胞的存在，或可用来改善肌腱的愈合，彻底改变跟腱损伤的修复方式。

干细胞在临床上的治疗效果也捷报频传，北京大学 – 清华大学生命科学联合中心研究人员利用经 CRISPR 基因编辑的成体造血干细胞，实现在患有艾滋病合并急性淋巴细胞白血病患者中长期稳定的造血系统重建。国际研究人员使用干细胞基因疗法治疗 9 名 X 连锁慢性肉芽肿病（X–linked Chronic Granulomatous Disease，X–CGD）患者，其中，6 名患者目前病情缓解停止其他治疗，证明了干细胞基因疗法治疗 X–CGD 的有效性。美国、瑞典、英国和巴西研究人员发现非清髓性自体造血干细胞移植在减缓或预防复发缓解型多发性硬化症方面的效果优于疾病改善治疗。韩国 Anterogen 公司开发了一种使用脂肪间充质干细胞（ASC）治疗糖尿病足溃疡的新药 "Allo-ASC-DFU"，其 II 期临床试验（NCT02619877）的结果显示间充质干细胞治疗糖尿病足溃疡安全有效。

外泌体是直径为 40 ~ 100 nm 的包装囊泡，内含特定的蛋白质、脂质、细胞因子或遗传物质。来源于不同组织的外泌体具有特异性蛋白分子和行使功能的关键分子。越来越多的研究证实，干细胞外泌体具有与干细胞相似的心脏保护功能，能促进血管生成、减少细胞凋亡、减少应激带来的损伤；由于间充质干细胞对肿瘤的调节作用可通过旁分泌外泌体介导，因此外泌体在肿瘤微环境的形成、肿瘤的侵袭与转移、肿瘤细胞免疫等方面均发挥重要的作用；外泌体还参与了糖尿病及其相关并发症的发生与发展，可作为糖尿病早期诊断和分期的生物学标记及治疗靶点。总而言之，干细胞来源的外泌体在心血管系统、外伤性脑损伤、肌肉骨骼系统、肝损伤、肾损伤等方面都展现出强大的修复再生和保护能力，外泌体有望成为再生医学 "无细胞" 治疗的一种新兴修复工具，打破不可逆损伤这一修复障碍，使再生成为可能。

（3）脑细胞研究

大脑是人类最复杂的器官，经过不懈努力，科学家对于脑细胞介导的功能研究取得了阶段性进展。美国洛克菲勒大学的神经科学家在小鼠脑中的海马区找到一群神经细胞在面对食物时发送少吃一点的信号，激活这群神经元所在的脑回路还会让小鼠减少与食物有关的记忆，该研究发现与认知处理和记忆形成有关的脑区会影响进食行为，人类可以通过训练学会改变与食物的关系。美国犹他大学的科学家发现了一种新的特殊脑细胞亚群，称为 Hoxb8 小胶质细胞，并发现其与强迫症、焦虑症相关，该研究推动了针对焦虑症患者以小胶质细胞为重点的新药研发。美国西奈山医院的科学家们鉴定大脑中能促进机体慢性疼痛维持的关键蛋白，这种名为 G 蛋白

信号调节子亚单位 4（Regulator of G Protein Signaling 4，RGS4）的特殊蛋白或可作为一种新型潜在靶点帮助开发治疗人类慢性疼痛等疾病的方法。在大脑发育过程中，神经元凋亡是移除过量细胞的调节机制。英国弗朗西斯·克里克研究所等机构的科学家们阻断这些细胞死亡过程，并使其发展成为功能性神经元细胞。这种细胞死亡模式的改变或帮助物种适应来自新环境的压力。

6.3　国际机构

6.3.1　美国国家植物种质系统

美国国家植物种质系统（National Plant Germplasm System，NPGS）是保护农业重要植物遗传多样性多方合作的成果，主要通过种质获取（Acquiring）、保存（Conserving）、评价和鉴定（Evaluating and Characterizing）、记录（Documenting）及分发（Distributing）的方式来支持农业生产。其由美国农业部（United States Department of Agriculture，USDA）内部研究机构农业研究服务（Agricultural Research Service，ARS）进行管理，且 NGPS 的资金主要来自美国国会的拨款。NPGS 的用户组成了作物种质资源委员会（Crop Germplasm Committees，CGC），他们为 NPGS 基因库和收集提供技术支持，指导确定藏品特征的优先顺序和技术等，同时帮助审查资助植物研究和科学严谨性评估拨款的提案。目前，已有的 44 个 CGC 代表了美国几乎所有具有经济重要性的主要和次要作物。

根据 2021 年发布的年度 CGC 主席简报（Annual CGC Chair Briefings），在种质资源获取保藏方面，NPGS 网站上保藏有种子 532 389 份，仅在国家遗传资源保存实验室（National Laboratory for Genetic Resources Preservation，NLGRP）保藏的种子有 10 359 份，植物品种保护（Plant Variety Protection，PVP）的种子有 11 054 份，其他基因库大约保藏有 50 万份；在采用克隆方式进行植物资源保藏上，NPGS 网站收集保藏有 28 863 份，通过体外收集 1750 份，NLGRP 克隆冷冻收集 3751 份，NLGRP 花粉冷冻收集 73 份。

NPGS 虽然在植物种质资源保藏上取得了一定的成果，但其也面临一些关键的挑战：①管理和扩大 NPGS 的业务能力和基础设施以满足对种质和相关信息不断增长的需求；②雇佣和培训新员工以填补 NPGS 人员退休的职位空缺；③开发和应用克隆种质的超低温保存和/或体外保存方法；④管理具有转基因特性的材料（和繁殖种群）和外来物种出现的管理措施和程序；⑤获取和保藏额外的种质，特别是农作物野生亲缘种质等。未来针对这些关键挑战，NPGS将进一步完善，为保护美国植物种质资源和遗传多样性等方面做出更大的贡献。

6.3.2　澳大利亚种子库联盟

澳大利亚具有丰富的生物物种多样性，为使澳大利亚本土植物多样性得到理解、重视和保护，由12个区域性种子库和机构建成了澳大利亚种子库联盟（Australian Seed Bank Partnership），其汇集了来自澳大利亚领先的植物园、州环境机构和非政府组织的专业知识，旨在通过种子、组织培养和超低温保存等方式，开展对澳大利亚本土物种的收集、保藏、研究和知识共享等，以补充植物园活体保存量的不足，最终捍卫澳大利亚植物区系，该联盟的建立弥合了政策制定者、研究人员、种子收集者与实地保护和恢复活动之间的差距。

（1）收集

目前，澳大利亚各地政府、非政府组织和社区团体使用安全的地窖（Vaults）来收集和保存本地种子，在较大的环境压力下，保护种子库为澳大利亚独特的植物群提供了面向未来的保险政策。澳大利亚种子库联盟的许多倡议都涉及季节性种子采集实地考察的协调，该联盟专业的种子收集人员遵循国际公认的收集、清洁和储存种子的协议，同时对采种区时间、相关植被和土壤类型等综合数据进行记录，这些信息对种子库未来在保护中发挥的作用至关重要。收集人员需要通过持续的训练、野外经验及对植物物种知识的了解（如种子必须在成熟后且自然分散之前将其从植物种群中收集起来），从尽可能多的种群中取样来确保每个物种的高度多样性。

（2）研究

建立优质的种子库是澳大利亚种子库联盟计划的重要组成部分。种子必须在特定的温度、光线和湿度等受控条件下保存才能保持活力，否则说明它已经死亡或处于休眠状态。休眠可确保种子在有利的气候条件下（如充足的降雨）萌发以使幼苗存活，但在野外，种子的休眠通常会因季节性天气模式、极端气候（如丛林大火或洪水）等中断。澳大利亚种子库联盟的挑战之一是了解许多植物物种的未知休眠或复杂休眠信号，以便能在实验室中复制所需的条件，从而将联盟的种子收集任务用作长期的种质资源保护工具。另外，有些种子不能储存在标准的种子库条件下也是该联盟需要面临的一个挑战，这就需要采用冷冻保存的使用等来保护这些顽固的种子（Recalcitrant-Seeded）。

　　（3）支持生态系统恢复

　　澳大利亚种子库联盟积极参与了解澳大利亚植物知识，以帮助恢复植物群落和景观。该联盟已经建立了新的种群，发现了新物种，并重新发现了之前认为在野外已灭绝的物种。通过在该领域中应用科学知识等，该联盟正致力于了解原生生态系统中发挥作用的更广泛过程。例如，下层林木物种是植物群落的关键组成部分，它们在生态系统恢复力（即在受到干扰后恢复的能力）稳定性中发挥重要作用，但由于人们对许多下层林木物种的了解不足使它们经常被排除在恢复项目之外。此外，该联盟还专注于更广泛的生态，支持从阿尔卑斯山（Alps）到阿瑟顿（Atherton）等大范围景观的恢复和连通，这项至关重要的研究可以为可能因气候变化而灭绝的植物种群争取时间。

　　（4）知识共享

　　澳大利亚种子库联盟将在现有的保护种子库、恢复生态系统从业人员及社区团体的网络中进行技能和知识的共享，这将帮助该联盟充分利用资源、开发和利用区域专业知识及通过将种子保存在不同位置来管理损失的风险。该联盟将把现有保护种子库的广泛数据链接到一个易于获取的资源中，这将有助于人们了解联盟已为澳大利亚资源保护所做的努力，同时能够指导联盟未来的采集工作重点。通过在联盟组织和更广泛的社区之间的知识共享，澳大利亚种子库联盟希望人们对澳大利亚的种子科学有更深入的了解，同时认识到种子是未来的植物，并在每个生态系统中都发挥着至关重要的作用。

6.3.3　美国典型培养物保藏中心

　　美国典型培养物保藏中心（American Type Culture Collection，ATCC）是一个私人的非营利性组织，是微生物培养的国家储存和分配中心，是全球领先的生物材料资源标准组织，成立于1925年，致力于标准参考微生物、细胞系和其他材料的获取、认证、生产、保存和开发等。目前，ATCC主要在细菌学、细胞培养、分子生物学、真菌学、蛋白质和病毒学6个领域进行收集，ATCC的馆藏包括细胞系和微生物等多种用于研究的生物材料。

　　（1）细胞生物学领域

　　ATCC细胞生物学馆藏是同类中规模最大、种类最多的，其由来自150多个不同物种的3600多个细胞系组成，应用包括动物和肿瘤细胞模型、分析开发和药物发现；ATCC原代细胞集合包括优质原代细胞及支持成功培养原代细胞所需的培养基、试剂和相关信息；ATCC 人端粒酶返转录酶（human Telomerase Reverse Transcriptase，hTERT）永生细胞系代表了细胞生物学研究的一大突破，结合了原代细胞的体内特性与传统细胞系在体外连续生存的能力。ATCC 已向研究界提供了干细胞资源，包括小鼠胚胎干细胞（Embryonic Stem Cell，ESCs，ES）、人 ES 细胞、人间充质干细胞（Mesenchymal Stem Cells，MSC）、人诱导多功能干细胞（induced Pluripotent Stem Cells，iPScells），同时 ATCC 还提供了多种产生免疫球蛋白的杂交瘤等。

（2）微生物学领域

自 1925 年以来，ATCC 一直是微生物参考菌株的主要来源，为生产可重现结果所依赖的高质量材料设定了最高标准。ATCC 细菌学集合有 750 多个属中的 18 000 多个菌株，馆藏超过 3600 种有效描述种类的培养物和近 500 种噬菌体。ATCC 真菌学馆藏保藏 7600 多个丝状真菌和酵母菌的代表种，包括 4100 种菌株 1500 属，同时真菌学馆藏中还保藏超过 32 000 种酵母遗传菌株，包括历史悠久的酵母遗传储备中心（Yeast Genetic Stock Center，YGSC）菌株、酿酒酵母缺失突变体（Saccharomyces Cerevisiae Deletion Mutants）及新隐球菌开放阅读框（Open Reading Frame，ORF）缺失菌株等，其中，生物医学真菌和酵母约有 330 种，共有 2000 多种分离物。ATCC 原生生物馆藏是美国唯一的分类学上多样化的服务集合，也是世界上唯一的寄生虫原生动物大型服务库，使用形态学和分子技术鉴定培养物。

6.3.4 德国微生物菌种保藏中心

德国微生物菌种保藏中心（Deutsche Sammlung von Mikroorganismen und Zellkulturen，DSMZ）成立于 1969 年，是德国的国家菌种保藏中心、欧洲最全面的生物资源中心。DSMZ 拥有 20 000 多种不同的细菌和真菌菌株、700 种人和动物细胞系、800 种植物细胞系、1300 种植物病毒和抗血清及 4800 种不同类型的细菌基因组 DNA。此外，DSMZ 研究人员还开发了许多成功的生物信息学工具和数据库，如对原核生物搜索工具、对真核生物研究的微卫星在线分析工具等，旨在研究、收集和利用微生物和细胞生物多样性，总体来看，其任务主要包含研究和收集 2 个方面。

（1）研究

DSMZ 不仅是欧洲最全面的生物资源中心，而且还是最先进的研究所，其在生物信息学、人和动物细胞系、微生物（基因组、生态与多样性）、植物病毒等领域进行跨学科的研究。在人和动物细胞系领域，研究人员通过细胞生物学、功能性肿

瘤基因组学、分子遗传学等方法，开展细胞培养技术、致癌作用的各个方面及将细胞系用作各种肿瘤实体的模型系统等研究。在微生物生态与多样性领域，DSMZ 旨在将关键的生态系统过程与细菌功能进化联系起来，通过创新的技术对尚未开发但很重要的生物分类群进行栽培和鉴定，研究活动集中在细菌相互作用、细菌种群基因组学和多样化、细菌群落的关键功能等方面。在植物病毒领域，DSMZ 研究活动集中在植物病毒学、分子植物病毒学和抵抗机制方面，以通过支持生产不含病毒的植物和种子等方式促进植物健康。

（2）收集

DSMZ 目前拥有 73 700 多种生物资源，其微生物开放性馆藏包含 28 900 种培养物，代表大约 1 万种 2000 属；人和动物细胞系资源集合包括从多种组织及许多杂交瘤中分离出来的 840 多种灵长类、啮齿动物、两栖动物、鱼类和昆虫来源的永生细胞培养物。此外，DSMZ 的生物资源库还包含范围不断扩大的植物病毒分离物和高质量血清学试剂及相应的阳性对照，用于农业和园艺作物中重要植物病毒的常规检测。在数字馆藏方面，作为世界最大的生物资源中心之一，DSMZ 致力于通过建立与馆藏相关研究的数据中心来改善对数据的访问，包括基于基因组的分类学和命名的数据、原核表型数据等。同时，DSMZ 未来将通过维持对真菌、病毒、藻类和细胞系的 BacDive 方法，把高质量的数据应用于科学研究，诸如组学等复杂的数据类型，之后也将逐渐被纳入 DSMZ 的数字馆藏当中。此外，DSMZ 还对全球生物多样性信息设施 GBIF、德国生物数据联合会 GFBio 和德国生物信息学网络基础架构提供相关数据服务。

6.3.5 英国皇家植物园——邱园

英国皇家植物园（Royal Botanic Gardens，RBG）——邱园（Kew）坐落于英国伦敦西南泰晤士河畔，始建于 1759 年，原本是英皇乔治三世的皇太后奥格斯汀公主的一所私人皇家植物园，起初只有 3.6 hm²，200 多年间，邱园在原址上进行了多次扩建，规模达到了约 120 hm²。1965 年，邱园在距其 50 km 处的西苏赛克斯（Sussex）郡开辟了 240 hm² 的韦克赫斯特（Wakehurst）卫星植物园，其总面积增长至 360 hm²，成为世界三大植物园之一。2003 年，邱园被联合国评为世界文化遗产。目前，邱园已经从单一从事植物收集和展示的植物园成功转型为集教育、展览、科研、应用于一体的综合性机构。

（1）职能与战略

英国 1983 年颁布的《国家遗产法案》规定了邱园的法定职能和权力。根据法案第 24 条，其职能是：①对植物科学和相关学科进行调查和研究，并传播调查和研究的结果；②就管理机构当时所关注的植物科学方面的问题提供指导和建议；③提供与植物有关的其他服务（包括检疫）；④照料其收集的植物，保存的植物材料，与植物有关的其他物品、书籍和记录；⑤将这些藏品作为国家参考藏品，确保供人们学习之用，并根据科学需要和董事会的资助情况，允许增加和调整这些藏品；⑥让公众有机会进入邱园，并从其收藏中获得知识和享受。

邱园的使命是"成为全球植物和真菌知识的宝库，加深对所有生命赖以生存的世界植物和真菌的认识"。根据《邱园科学战略 2015—2020 年》，邱园的战略重点分为 3 个方面：①开展全球植物和真菌多样性及其对人类用途的研究；从邱园丰富的馆藏中挑选并提供丰富的数据证据；②传播邱园的植物和真菌科学知识，从而最大限度地发挥其对科学、教育、保护政策和管理的作用；③邱园目前的优先事项使其能够策划、使用、增强、探索和共享全球资源，为英国和全球利益相关者提供可靠的数据和强大的研究基础。为了达成以上战略目标，邱园制定了科研战略产出任务如下：①建设世界植物在线门户；②调查世界植物状况；③调查热带重要植物区；④研究植物和真菌的生命树；⑤储备世界的种子；⑥建立有用的植物和真菌门户；⑦开展数字化收藏；⑧培训下一代植物和真菌科学家；⑨构建植物园科学。

这些研究产出将由来自 6 个研究部门的多个学科团队实现，这些团队由科学理事会办公室、图书馆、艺术与档案馆提供相应支持。6 个研究部门分别是：生物多样性信息学与空间分析部、馆藏部、比较植物与真菌生物学部、保护科学部、鉴定与命名部，以及自然资本与植物健康部。

（2）现状与发展

目前，邱园拥有世界上已知植物的 1/8，即将近 5 万种植物，收藏种类之丰，堪称世界之最。邱园内设有 26 个专业花园和 6 个温室园，其中，包括水生花园、树木园、杜鹃园、杜鹃谷、竹园、玫瑰园、草园、日本风景园、柏园等。园内还有与植物学科密切相关的设施，如标本馆、经济植物博物馆和进行生理、生化、形态研究的实验室。此外，邱园还有 40 座具有历史价值的古建筑物。

邱园"千年种子库"（Millennium Seed Bank）于 2000 年建成，是世界上最大的野生植物种质资源保存库。作为世界上最宏伟的植物保护项目，"千年种子库"工程始于 1992 年，工程投资达 8000 万英镑。目前，该种子库不仅储存了英国本土的植物种子，还收集保存了全球 24 000 份重要和濒危的种子。它不仅有充足的空间保

存种子标本，同时还有先进的种子研究和加工设施。另外，为检验保存的种子是否还有生命或已发生了变化，研究人员每隔 10 年将取出每种植物的少许种子进行发芽试验。到 2020 年，邱园计划将全世界 25% 的野生植物物种，大约 75 000 种植物种子纳入"千年种子库"计划，以应对植物物种在原生地所遭受的灭绝威胁。

邱园的科学家不仅重视物种多样性的保护，同时也非常重视相关的科普工作。每年有将近 10 万名学生在邱园接受科普教育；邱园开设了包括保护生物学、植物学、园艺学和菌类分类等短期或专业的课程；向学生提供实习的工作岗位；还建立了图书馆和艺术档案馆，成为植物科学研究和保护的全球性资源。

近年来，邱园加大了植物应用研究力度，加快了自主品牌的开发。2018 年 10 月，邱园成立了一个商业化的植物化学部门，负责商业资助的科学研发和认证工作，包括授权邱园产生的知识产权，以及通过邱园的品牌认可第三方产品。在此之前，2018 年 1 月，邱园与宝洁公司达成协议，开发一系列邱园许可的护肤、护发和美容产品。在 2018—2019 年，这些合作公司为研发工作提供了大量资金，证明它们在未来为邱园提供重要收入来源方面颇具潜力。邱园董事会还商定了一些关键领域的战略，包括与学校、信息技术部门、会员等的合作。这些战略将帮助邱园实现公司战略，该战略持续时间为 2020—2021 年。

为确保战略目标的实现，邱园近期制订了一项公司业务计划，该计划列出了 2019—2020 年的 26 个优先事项，可归纳为邱园的 5 个战略目标：①邱园藏品以极高的标准进行管理，广泛用于造福人类；②邱园科研活动为解决当今人类面临的重大挑战做出显著贡献；③使不同类型的观众了解植物和真菌的重要性；④使邱园成为植物和真菌科学、保护和园艺公共教育的杰出提供者；⑤邱园是一个可持续和充满活力的组织，与他人合作产生积极的全球影响。

6.3.6 美国杰克逊动物实验室

美国杰克逊动物实验室（Jackson Laboratory，JAX）成立于 1929 年，是一家独立的、非营利性生物医学研究机构，总部位于美国缅因州巴港，实验室拥有全球最完备的小鼠资源库，小鼠品系超过 10 000 个，每年提供数量超百万只，是世界最大的遗传保种和遗传研究中心之一。JAX 是哺乳动物遗传学和人类基因组学领域的全球领导者，并且正在以更高精度和更快速度取得科学突破和改进疗法，其以探索精确的疾病基因组解决方案为主要任务，为全球研究人员提供重要的资源、数据、工具和服务，以改善人类健康。

（1）主要研究领域

自成立以来，JAX 一直将小鼠用作哺乳动物遗传学和人类疾病研究的实验模型，除其庞大的小鼠品系库外，其在小鼠数据和专业知识方面积累的资源在世界上首屈一指。杰克逊哺乳动物遗传学实验室主要研究癌症、阿尔茨海默病、衰老、自身免疫性疾病和许多其他人类疾病的遗传机制。主要使用小鼠作为模式生物，除了为携带人类患者突变而设计的自交系小鼠模型外，JAX 还开发了先进的小鼠种群以使数据更易于解读。随着 2012 年杰克逊基因组医学实验室的建立，JAX 已建立了其作为领先的人类基因组学研究机构的地位，利用人类数据和临床合作来加速将研究结果转化为临床成果，通过改善护理、降低成本及延长寿命等来改变医学，其专注于人类基因组学，补充了哺乳动物遗传学专业知识以发现人类疾病源于基因组的原因，并开发出个性化的诊断和治疗方法。所开展的生物医药研究工作、模式动物和实验技术不仅帮助 26 项高水平研究成果获得诺贝尔奖，而且成为世界高水平生物医药产业发展的关键环节和核心支撑平台。

（2）机构设置

JAX 包括 8 个研究中心，分别为 JAX 癌症中心（JAX Cancer Center，JAXCC）、罕见孤儿病中心（Rare and Orphan Disease Center）、JAX 衰老研究中心（JAX Center for Aging Research）、JAX 生育与生殖遗传学中心（JAX Center for Genetics of Fertility and Reproduction）、JAX 精密遗传学中心（JAX Center for Precision Genetics，JCPG）、JAX 阿尔茨海默病和痴呆研究中心（JAX Center for AD & Dementia Research）、系统成瘾性神经遗传学中心（Center for Systems Neurogenetics of Addiction，CSNA），以及鲁克斯基因组与计算生物学中心（Roux Center for Genomics and Computational Biology）。其中，JAXCC 是美国国家癌症研究所（National Cancer Institute，NCI）指定的癌症中心，也是 1983 年第一个获得 NCI 认证的哺乳动物遗传研究实验室，其任务是通过对人类产生影响的基础发现来寻找精确的癌症基因组解决方案，旨在了解和进行靶向癌症基因组复杂性的研究，并辅以支持全球癌症研究的机构教育、资源和服务计划。JAXCC 的研究人员将人类癌症基因组学与小鼠生物学和遗传学相结合，从 RNA 生物学到染色质动力学、从癌症的生物模型到计算机模拟模型、从遗传多样的菌株到人源化小鼠、从单细胞基因组学到疾病多物种移植、从基因组工程技术到基因组诊断，JAXCC 将先进的基因组技术带入了通过与临床研究人员的合作伙伴关系解决持续存在的癌症问题，通过与 SWOG（美国西南肿瘤协作组）的合作，该策略的成功使 JAXCC 与冷泉港实验室癌症中心（Cold Spring Harbor Laboratory Cancer Center）一起成为被纳入国家临床试验网络的前 2 个基础科学癌症中心。

（3）JAX® 小鼠

JAX 在体内药理学领域为基础研究和治疗开发提供确定的解决方案以推进肿瘤学、免疫学和神经生物学领域相关临床前模型和功效测试服务研究。与其他小鼠相比，JAX® 小鼠有以下优势：有严格的遗传质量控制（Genetic Quality Control，GQC）流程，提早在小鼠育种之前检测发现繁殖错误并立即消除，从而可以有效地防止遗传污染；有独特的遗传稳定程序（Genetic Stability Program，GSP）专利，通过每隔 5 代利用冷冻胚胎重建小鼠品系育种群，有效避免及消除由拷贝数变异（Copy Number Variation，CNV）等引起的遗传漂变；JAX® 小鼠育种库提供了动物实验模型行业数量最多的近交品系、杂交品系和基因变异品系小鼠模型；JAX® 小鼠具有完整的定量标识数据表征；在健康监测方面，JAX 确保所有的动物房严格执行健康质量高标准并将小鼠健康监测情况生成监测报告。JAX® 小鼠品系按照治疗领域（心血管疾病、代谢性疾病、肿瘤、罕见疾病、神经生物学疾病、自身免疫性疾病及炎症）分各种表征人类疾病的模型。例如，NSGTM 小鼠品系免疫缺陷程度最高，是癌症跨物种移植、肿瘤免疫学、干细胞生物学、传染病研究及疾病新疗法功能有效性评估的首选动物模型；人源化 NSG™ 和 NSG™-SGM3 小鼠移植了人类造血干细胞，是研究癌症、传染病及造血机能的优质有效动物模型，广泛用于疾病新疗法的临床试验评估；人源化 CD34+ 小鼠（hu-CD34）可用于分析潜在新药调节免疫系统的安全性和有效性，是一个强大的体内平台；人源化 PBMC（hu-PBMC）小鼠用作体内模型，用于研究和评估感染性疾病和移植排斥研究的化合物。此外，JAX 利用 CRISPR/Cas9 技术进行基因组编辑，可以更快且更方便地生成新的小鼠模型。

6.3.7　美国国家自然历史博物馆

美国国家自然历史博物馆（American Museum of Natural History，AMNH）于 1869 年在纽约成立，AMNH 拥有 45 个展厅，是全美博物馆的发源地，是世界著名的科学和文化机构之一，同时也是自然科学的主要研究和教育中心，其在生命科学领域相关化石的收藏、探究与展览方面令人叹为观止。

（1）人类起源与文化

在对人类文明的演化研究上，考古学家们倾注了大量心血。在人类起源方面，AMNH 的安妮和伯纳德·斯皮策人类起源展厅（Anne and Bernard Spitzer Hall of Human Origins）将化石与 DNA 研究结合在一起以探索人类最深的奥秘，记录着从早期人类祖先到现代智人（*Homo sapiens*）长达数百万年的人类历史。其中，1974年研究人员在埃塞俄比亚发现的 318 万年前南方古猿的化石，被誉为人类的始祖，在庆祝这一非凡的发现时，研究人员根据甲壳虫乐队的歌曲《缀满钻石天空下的露西》而将其命名为"露西"（Lucy），露西是美国国家自然历史博物馆的著名展品，它由同一个体（大概是女性）的骨头组成，是迄今发现的最完整的骨骼之一。在人类文化方面，AMNH 常设非洲、亚洲、南美等各地区展厅以展示过去和现在的文化。例如，墨西哥和中美洲大厅（Hall of Mexico and Central America）通过公元前 1200 年至 16 世纪早期的文物，展示了中美洲前哥伦比亚时期的不同艺术、建筑和传统。

（2）化石

AMNH 的化石馆是纽约市的主要景点之一，其中，包括大卫·科赫恐龙翼（David H.Koch Dinosaur Wing）及哺乳动物及其灭绝亲属的莉拉·艾奇逊·华莱士翼（Lila Acheson Wallace Wing）等。科赫恐龙翼有 2 个展厅，分别为鸟臀目恐龙厅（Hall of Ornithischian Dinosaurs）和蜥臀目恐龙厅（Hall of Saurischian Dinosaurs），前者探索了鸟臀目恐龙的 2 个进化分支，而后者这一群体进化分支延伸到当今唯一活着的恐龙群体——鸟类，霸王龙和迷惑龙的造型展示是后者展厅的一大特色，科赫恐龙翼总共陈列着 2 个主要恐龙群体大约 100 个标本，其中 85% 是真正的化石。华莱士翼则展示了哺乳动物从古至今多样性的兴衰，对哺乳动物来说，其可被追溯到近 3 亿年前，但该馆所展览的藏品都是在非禽类恐龙灭绝后出现的类群，包括有袋动物、犰狳、树懒等。在生命科学领域，AMNH 还包含了对生物多样性和环境的相关展示，为地球上壮观的美景和丰富的生命提供了生动的愿景，重现了地球上最多样化的生态系统之一——Dzanga-Sangha 热带雨林的一部分；同时"生命光谱"（Spectrum of Life）展示了 35 亿年的进化对生物多样性的影响，包含了从微观到深海巨大而神秘的生物在内的 1500 多种标本和模型。不仅如此，AMNH 拥有 48.5 万种关于自然历史的图书、照片、电影和手稿收藏，同时还为公众进行广泛的教育活动，并出版月刊《自然史》，世界上最大的海登天文馆也是 AMNH 的一部分。通过广泛的科学研究、教育和展览计划，AMNH 推动了其发现、解释和传播有关人类文化、自然世界和宇宙信息的全球使命。

6.4　前沿技术

6.4.1　微生物组

微生物组是指一个特定环境或生态系统中全部微生物及其遗传信息，包括其细胞群体和数量、全部遗传物质（基因组），它界定了涵盖微生物群及其全部遗传与生理功能，其内涵包括了微生物与其环境和宿主的相互作用。在自然界的各种生态系统中，微生物以群落（即"微生物组"）的形式广泛存在并相互作用，从而深刻地塑造着地球生物圈的功能。

在生殖健康方面，2021 年 7 月 7 日，中国科学院北京生命科学研究院赵方庆研究团队在 *Nature Communications* 上发表了研究论文 "Translocation of Vaginal Microbiota is Involved in Impairment and Protection of Uterine Health"，报道了关于生殖健康方向微生物组研究的最新成果。科研人员从解析大人群队列的微生物组学数据入手，在此基础上引入动物模型和菌群移植实验，开展了阴道和宫腔微生物交互规律及对子宫内膜的损伤和保护作用的研究。该研究首次证实，女性生殖系统跨位点的微生物交流是决定宫腔健康与否的重要因素。在作物微生物组方面，由以色列魏兹曼科学研究所伊丽莎·科伦布鲁姆博士领导的国际研究团队，在德国莱布尼兹植物遗传与作物植物研究所杰德热·希曼斯基博士的参与下，通过研究番茄根发现微生物组也可以系统地控制根系分泌。Maggie Wagner 团队与 North Carolina State University 的 Manuel Kleiner 等合作在 *PNAS* 发表了题为 "Microbe-dependent Heterosis in Maize" 的研究论文。该研究发现，玉米根系生物量和其他性状的"杂种优势"强烈依赖于地下微生物群落组成。2020 年，美国 University of Kansas 的 Maggie Wagner 团队在 *New Phytologist* 上的一项研究结果表明，玉米自交系与杂交种的根际微生物组装完全不同，并且一些杂种优势宿主特征会影响根际微生物组特征，这表明植物性状的杂种优势与根际微生物组的优势有关，但是目前尚无进一步的证据揭示微生物组在杂种优势形成中的作用。在数据模型研究方面，中国科学院青岛生物能源与过程研究所单细胞中心提出了一种基于大数据搜索的理论模型，通过建立一个全球性的微生物组相互转化网络，从多个尺度探索不同生态系统之间菌群的内在关联与演化规律。相关研究成果以 "A Scale-Free, Fully Connected Global Transition Network Underlies Known Microbiome Diversity" 为题，发表于 *mSystems*（《美国微生物学会会刊》）。

6.4.2　3D 生物打印

3D 生物打印，是借助 3D 生物打印机，制造出细胞支架，再将细胞种入支架中，使细胞得以生长，并根据需要长成组织或器官。自 2003 年美国克莱姆森大学团队首次实现了活细胞打印，将 3D 生物打印研究推到前台，科学家已经对该技术的应用前景进行了大胆展望，其中最具野心的预测就是未来人体器官可以像汽车零配件一样，磨损了可修复，损坏了可替换。

在生物打印材料方面，英联邦科学与工业研究组织（CSIRO）开发出适用于 3D 打印医疗部件的硅树脂。这种树脂无细胞毒性，高度透明，具有可调的机械性能，能够以高分辨率打印复杂的设计，包括不规则形状、薄壁和空心结构。CSIRO 相信其新开发的硅树脂可以帮助生产 3D 打印牙科设备、助听器和耳蜗植入物。加拿大麦吉尔大学领导的团队从材料角度出发，提出了全新的生物打印方式，结合材料的相变特性，制备出高度连通且具有细胞大小孔径的多孔水凝胶，该成果论文目前已被英国皇家化学学会接收，并将在 *Materials Horizons* 杂志上发表。

3D 打印组织方面，卡内基梅隆大学（CMU）研究人员发明了一种新型的水凝胶印刷方法，制作了一个供医院器官使用的全尺寸模型，研究人员通过研究实现了第一个 3D 打印全尺寸人体心脏生物模型，在内外科医生如何进行心脏术及研究其他疾病方面取得了重大突破。来自宾夕法尼亚州立大学的研究人员开发了一种方法——通过使用 2 种不同的"生物墨水"3D 打印出硬组织和软组织来修复损伤。该团队在老鼠身上进行的测试显示，该技术可以在几分钟内修复这种啮齿动物颅骨和皮肤上的洞。

在生物打印平台方面，清华大学的研究人员开发了一种微型生物打印平台，通过内窥镜进入人体，在体内进行组织修复。为了测试这种新方法，研究人员在胃模型中通过生物打印双层组织支架成功修复了胃部伤口。他们用明胶－海藻酸盐水凝胶与人胃上皮细胞和人胃平滑肌细胞作为生物墨水，模拟胃的解剖结构，10 天的细胞培养显示，打印的细胞仍然保持着较高的活力和稳定的增殖，这表明打印组织支架中的细胞具有良好的生物学功能。

6.4.3　mRNA 疫苗

面对新冠病毒的挑战，人类最有力的对抗武器是疫苗。针对这次新冠感染疫情，首次应用就一战成名的 mRNA 疫苗被 *MIT Technology Review* 评选为 2021 年"全球十大突破性技术"之一。mRNA 疫苗是近年来新兴的一种疫苗形式，其基本原理

是通过特定的递送系统将表达抗原靶标的 mRNA 导入体内，在体内表达出蛋白并刺激机体产生特异性免疫学反应，从而使机体获得免疫保护。

mRNA 疫苗与传统疫苗生效机制完全不同，传统疫苗使用活病毒、死病毒或病毒外壳部分物质，用于训练人体免疫系统的适应能力。相比之下，mRNA 疫苗含有基因物质，由脂质体包裹着，当注射到身体后，肌肉细胞会吸收 mRNA，并产生某种病毒蛋白，免疫系统会及时产生抗体和 T 细胞来抵御病毒侵入。使用外源 mRNA 导入人体实现细胞内蛋白表达的本质就是让人体自身细胞成为"工厂"，生产所需的蛋白分子。该技术显然不局限于新冠疫苗，还可以针对 HIV 和 Zika 病毒设计和开发 mRNA 疫苗。该疫苗是基于一种此前从未用于治疗的技术，可能会改变未来医学发展。

在新冠感染疫情中，mRNA 疫苗展现出了惊人的保护效果。在 2020 年初，中国科学家公布了新型冠状病毒基因序列后，BioNTech 公司和 Moderna 公司紧急启动了 mRNA 疫苗的研发项目。2020 年 12 月 2 日，全球首款 mRNA 疫苗 BNT162b2 在英国获得紧急使用授权。2021 年 8 月 23 日，BNT162b2 在美国获得 FDA 正式批准上市。2020 年 6 月 19 日，由军事科学院军事医学研究院与地方企业共同研究，开发形成的新型冠状病毒 mRNA 候选疫苗（ARCoV）正式通过国家药品监督管理局临床试验批准，是国内首个获批开展临床试验的 mRNA 疫苗。

6.4.4 类器官技术

类器官（Organoid）是多能干细胞在体外特异性因子诱导及 3D 基质胶的包埋培养条件下培育而成的具备三维结构的微器官，其主要特点是含有器官特有的多种细胞类型，与人体器官拥有高度相似的组织学和基因型特征，并部分重现该器官的特有生理功能。

类器官技术近些年发展迅速，相比于其他药敏筛选方法，类器官芯片具有速度快、通量高及临床相关性强等优势。但传统类器官培养平台尚有一些技术瓶颈限制其应用，如无法构建免疫微环境模型、不能再现血管化过程及难以实现多器官共培养等。

2020 年 6 月 3 日，哈佛医学院等机构在 *Nature* 上发表文章，称利用人类多能干细胞培养出可以长出毛发的皮肤类器官。研究人员通过对人多能干细胞进行培养，在培养的过程中，通过添加骨形态发生蛋白 4 和转化生长因子 – β 抑制剂来诱导表皮形成，通过添加生长因子 FGF2 和骨形态发生因子抑制剂来诱导真皮形成，最终经过 4 ~ 5 个月的培养，形成了包含包囊、皮脂腺、神经、肌肉和脂肪的完整皮肤组织。随后将其移植到免疫缺陷小鼠的背上皮肤后，55% 的皮肤上生长出毛发，表明移植后的皮肤具有与人体皮肤相似的生长分化潜能。

2020 年 12 月 16 日，韩国浦项科技大学 Kunyoo Shin 教授和首尔国立大学医院 Ja Hyeon Ku 带领的团队开发的体外重组人体类器官"膀胱类组装体"，这是世界上第一个体外重构的类器官。膀胱类组装体是一种具有上皮细胞、基质细胞和肌细胞的多层微型器官组织结构，在实验室中，利用组织基质，将干细胞和多种细胞进行三维重构，在单细胞水平，这些膀胱类组装体在细胞组成和基因表达方面表现出成熟人膀胱的特性，并能模仿正常组织应对损伤的体内再生反应动力学。研究团队还开发了患者特异性尿路上皮癌类组装体，可以完美模拟体内肿瘤的病理特征。

斯坦福大学医学院 Sergiu Pasca 副教授领导的团队构建的"3D 皮质－运动神经类组装体"，是世界首次构建出的一种负责自主运动的人类神经回路的工作模型。研究人员首先利用人体干细胞培育出一种类似于大脑皮层或后脑/脊髓的类器官，其次在培养皿中，让它们与人类骨骼肌球体自组装生成 3D 皮质－运动类组装体。该系统证明了 3D 培养具有非凡的自组装能力，形成可用于理解发育和疾病的功能性回路。类组装体的开发突破了当前类器官技术不能模拟成熟器官结构、缺乏组织内微环境及组织内各细胞间相关作用的局限性，有助于癌症等难治性疾病的精确建模。该类组装体被用于新药研发和精准治疗。

6.4.5　人工智能

蛋白质（Protein）是构成生命体的重要物质，其功能在很大程度上取决于它独特的三维结构。多年以来，科学家一直致力于通过建模方法来精准预测蛋白质结构的研究，许多科研团队通过计算机程序来检测组成蛋白的氨基酸，并以此来推测蛋白质的三维结构。

在"AI+ 生物研发"领域，2020 年 3 月，美国 IBM 公司借助 Summit 超级计算机进行人工智能筛选药物分子，在 8000 多种化合物中筛选出 7 类有望消灭新冠病毒的候选药物。2020 年 7 月，中国李兰娟院士研究团队采用人工智能算法，从 151 种上市药物中筛选出 5 种药物，成为对抗新冠病毒的有效武器。2020 年 11 月，在第 14 届国际蛋白质结构预测竞赛（CASP）中，Alphabet 旗下公司 DeepMind 开发的新一代 AlphaFold 人工智能系统获得中位数 92.4 GDT 的高分，精准预测了蛋白质如何从线性氨基酸链卷曲成 3D 形状，破解了长期困扰生物学界蛋白质是如何折叠的这

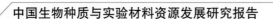

一难题。根据结果显示其可预测大部分蛋白结构，部分预测的蛋白结构与晶体实验相当，并与冷冻电镜、X射线晶体学形成互补，共同帮助蛋白结构的解析，而且将有利于其在新药研发中的应用。

2021年7月，谷歌旗下人工智能公司DeepMind在研究"Highly Accurate Protein Structure Prediction with AlphaFold"中宣布，人们首次发现了一种通过计算来预测蛋白质结构的方法。即使在不知道相似结构的情况下，AI也可以在原子层面上精确预测蛋白质结构。DeepMind公司公开了进阶版的AlphaFold2人工智能系统的源代码，并且详细描述了它的设计框架和训练方法。与初版的AlphaFold相比，AlphaFold2解析蛋白结构的速度有了显著的提升。华盛顿大学医学院蛋白质设计研究所（Institute for Protein Design）的研究者们很大程度上重现了DeepMind在蛋白质预测任务上的表现，他们联合哈佛大学、得克萨斯大学西南医学中心、剑桥大学、劳伦斯伯克利国家实验室等机构研发出了一款基于深度学习的蛋白质预测新工具RoseTTAFold，在预测蛋白质结构上取得了媲美AlphaFold2的超高准确率，而且速度更快、所需要的计算机处理能力也较低。